机工IT

一本书读懂边缘计算

史皓天 段嘉 刘沁源 编著
边缘计算社区 组编

第2版

机械工业出版社
CHINA MACHINE PRESS

本书是一本介绍边缘计算的技术科普书。全书共 6 章，介绍了什么是边缘计算、边缘计算的相关技术有哪些、边缘计算适用的场景，介绍了边缘计算行业组成和生态现状，最后通过业界专家的视角，分享了业界对于边缘计算行业的看法和展望，深入浅出地介绍了边缘计算的技术、现状及发展前景。

本书内容专业、全面，覆盖当前技术前沿，用通俗易懂的表述满足大众了解和掌握边缘计算的需求。本书适合边缘计算及物联网行业相关从业者、对边缘计算感兴趣的读者阅读。

图书在版编目（CIP）数据

一本书读懂边缘计算 / 边缘计算社区组编；史皓天，段嘉，刘沁源编著．—2 版．—北京：机械工业出版社，2023.1（2024.1 重印）

ISBN 978-7-111-72437-7

Ⅰ．①一…　Ⅱ．①边…　②史…　③段…　④刘…　Ⅲ．①无线电通信-移动通信-计算　Ⅳ．①TN929.5

中国国家版本馆 CIP 数据核字（2023）第 010247 号

机械工业出版社（北京市百万庄大街 22 号　邮政编码 100037）

策划编辑：王　斌　　　　责任编辑：王　斌

责任校对：梁　园　李　婷　　责任印制：单爱军

保定市中画美凯印刷有限公司印刷

2024 年 1 月第 2 版・第 3 次印刷

169mm×239mm・15.25 印张・1 插页・214 千字

标准书号：ISBN 978-7-111-72437-7

定价：89.00 元

电话服务　　　　　　网络服务

客服电话：010-88361066　　机　工　官　网：www.cmpbook.com

010-88379833　　机　工　官　博：weibo.com/cmp1952

010-68326294　　金　　书　　网：www.golden-book.com

封底无防伪标均为盗版　　机工教育服务网：www.cmpedu.com

推荐序

RECOMMENDED

受邀为这本边缘计算社区组织编写的《一本书读懂边缘计算第 2 版》作序，深感荣幸。

边缘计算是近年来兴起的一个新型的计算模式。溯其源头，边缘计算这个概念的提出至少有 13 年的历史了。2009 年，我在微软研究院的同事 Victor Bahl 组织了一个关于云计算的暑期研讨会。卡耐基·梅隆大学的 Mahadev Satyanarayanan（Satya）提出了将云计算推至设备端的想法，并且首次用了“Edge Computing”这个词。Satya 是计算机系统领域的专家，多年从事嵌入式和移动计算的研究。国内比较知名的微软原执行副总裁及百度集团原总裁陆奇博士就是 Satya 的博士生。当时的计算系统以“云+移动端”为主流，例如，微软的口号就是“Cloud First, Mobile First”（云优先，移动优先）。Satya 敏锐地意识到移动计算与云计算的互补性，并提出在云的“边缘”将二者完美结合的先进理念。

在之后的若干年里，学术界和工业界曾为这种计算模式叫“边缘计算”还是“雾计算”争执不下。现任普渡大学的校长蒋濛（Mung Chiang）就是雾计算的倡导者，并由他发起了 OpenFog Consortium 基金会。其实边缘计算和雾计算还是稍有区别。虽然二者都认为在物联网和移动设备普及的世界里，由于响应时间、隐私保护和数据所属权等原因，计算应从云端逐渐推到边缘。但是边缘计算更强调设备接入和最后一公里的计算能力，而雾计算更强调感知、存储、计算可以发生在从端到云的连续过程中，无处不在。后来，雾计算被提及得越来越少（我一直怀疑是 Fog 这个词发音没有 Edge 响亮），边缘计算成为整个行业的统一共识。

我曾经问过一个问题：边缘计算到底更像云还是更像端？说它像云是指它资源虚拟化、远程管理、动态资源分配等功能，说它像端是指它更轻量级、分布式的运行模式。我个人认为，边缘计算不同于私有化部署的单机服务器或小集群，它所具有的云的特征正是边缘计算的生命力所在。这一点并没有被许多边缘计算和边缘云的设计者意识到。当前仍然有许多关于边缘云的概念误用和系统误设计。我很欣慰本书为边缘计算提供了一个系统的解读，也希望大家带着更多类似的问题来阅读此书。

正如书名一样：一本书读懂边缘计算，本书所含内容也相当丰富。本书条理清晰、通俗易懂、紧靠前沿、实战性强。对于有一定工作经验和知识积累的技术工作者、科研工作者，大学计算机专业、人工智能专业的硕士、博士研究生，这是一本非常不错的认识云计算和边缘计算的工具书与参考书。

2018 年我从微软回国，继续从事人工智能物联网（AIoT）的研究和产业化工作。边缘计算是二者结合所必需的系统结构，也是业界急需的知识结构的重要一环。我非常欣慰地看到由国内的年轻技术专家撰写此书，他们经历过顶尖的互联网公司（华为、阿里），又经历过实体公司（美的、招商局），有过大量实战项目历练。我为国内能够涌现出这么多优秀的技术专家（很多领域已经世界领先），愿意把自己宝贵的经验归纳总结并形成文字分享出来而感到欢欣鼓舞，这是一件非常令人尊敬的事情。

刘劼

微软研究院原首席研究员、公司合伙人

哈尔滨工业大学人工智能研究院有限公司总经理

前言

PREFACE

情不知所起，一往而深，与边缘计算结缘已有十年之久了，但真正深入了解边缘计算，是在 2019 年公司的私有云 PaaS 平台完成建设之后，进入“上云入湖”的推广阶段。因为业务偏传统行业，遇到很多核心系统难以上云的难题，进而开始规划分布式云及边缘计算，从而亲历了整个边缘计算平台的建设过程。

其实在很早之前就应用过边缘计算的场景，只是那时候没有明确的边缘计算这个细分领域，边缘计算是与业务应用融合在一起规划设计的。例如，在华为期间负责的运营商 RBT 彩铃产品。彩铃的整体架构分为中心式内容配置管理服务、分散式边缘通话拦截处理及音乐播放的一体机服务。彩铃产品化比较彻底，针对中心管理通过 USDP 构建全球统一的业务中台，通过 RBT 前端业务定制交付全球 200 多个运营商；针对边缘将所有能力集中到一个小型的插拔式一体机中，与通信处理设备一起部署在各个移动基站。当呼叫通信时如果用户订购了彩铃，就会在呼叫阶段拦截话路，播放彩铃音乐，一旦对方接通就会触发恢复正常通话。彩铃业务是在华为运营商业务领域排名前五的成功产品，这与超前的技术架构设计是分不开的，同时是非常典型的边缘计算应用场景。

当前，边缘计算场景就更加丰富多样，总体上可以分为面向消费者的边缘计算，即网络定义的边缘计算场景；还有公共城市等智慧化社会，以及实业/产业领域的边缘计算，即业务定义的边缘计算。再加上近几年云计算快速发展。从传统云计算演进至云原生时代，借助云原生技术构建云边一体化边缘计算平台成为共识，为了更好地普及传播边缘计算的概念和知识，由边缘计算社区发起，边缘计算社区创始人史皓天和段嘉（巨子嘉，边缘计算社区合伙人）主要负责，对《一本书读懂边缘计算》的内容重新组织并进行了系统化的更新，推出了这本《一本书读懂边缘计算　第2版》，全书共6章：

第1章　什么是边缘计算：从边缘计算的基本概念、前世今生、现状及发展趋势三个方面介绍，引导用户入门。

第2章　边缘计算的关键技术：介绍了边缘计算是中心云的拓展适配，大部分技术都是与中心云一致的，针对边缘计算主要是做云边网络，基础应用轻量化，以及云边协同管理是关键。

第3章　云原生边缘计算技术：借助云原生实现云边一体化平台是大趋势，本章对云原生核心——Kubernetes 平台架构及原理进行了详细介绍；Kubernetes 从中心走向边缘面临的挑战及技术解决方案；边缘容器 OpenYurt 的核心技术，以及云原生边缘计算平台建设思路。

第4章　边缘计算的应用领域：主要介绍从消费互联网用户体验优化、传统产业业务上云及智能化，以及新型智慧化社会计算三大类应用中整理的常见的参考案例。

第5章　边缘计算生态圈：主要从边缘计算企业生态与边缘计算产品生态两方面进行介绍。首先介绍的边缘计算应用，主要以物联网轻量化应用居多，当前正处于爆发式发展阶段。然后介绍边缘计算硬件，由于边缘分散，数量巨大，边缘设备一定是单一功能内聚，边缘一体机是最好的产品及存在形态。

第6章　边缘计算大家谈：分别是小枣君的“边缘计算的发展前景与应用”，范桂飓的“电信运营商视角的边缘计算”，张云锋的“面向物联网和边缘计算的云网演进”，以及宁宇的“漫谈边缘计算”，从多个角度分享几位专家对边缘计算的认识。

本书的一大特色是既有前沿的技术分析和介绍，也有贴近实际应用场景的讲解。对边缘计算感兴趣的互联网科技从业者或者高校师生来说，本书可以提供一个全新的视角帮助理解“边缘计算”。对于一部分想进军边缘计算的创业者来说，本书也可以提供有价值的思考与启发。

本书适用读者

本书适合对边缘计算感兴趣的科技行业从业人员、云计算行业从业人员，也适合对物联网、移动通信感兴趣的读者，同时高校师生也可以把本书当作参考读物。

读者反馈

由于笔者水平有限，书中难免会出现一些错误或者不准确的地方，恳请读者批评指正，如果遇到任何问题或者技术交流都可以通过以下联系方式与笔者进行沟通。

电子邮件：www@byjs.com.cn。

感谢

感谢施巍松教授及其团队为这本书第 1 版提供的大力支持，施巍松教授为中国边缘计算发展做出巨大贡献，为人低调且谦虚，高尚品格值得后辈晚生学习。感谢哈尔滨工业大学人工智能研究院有限公司总经理刘劼为本书作序并给予指导。感谢宁宇老师、小枣君（周圣君）、刘云新老师、刘玉书老师的参与，本书能最终成稿离不开他们的支持。

感谢机械工业出版社的编辑王斌（IT 大公鸡）老师，他对本书的内容提出了很多宝贵的建议，并且一直推动本书的撰写进度，很有耐心地一路支持着我们；同时感谢出版社的其他工作人员，他们的辛勤付出才让本书得以顺利出版。

特别感谢我们的朋友：北京邮电大学的孙松林，天津大学的王晓飞，中山大学的陈旭，中国石油大学的曹绍华，鹏城实验室的杨婷婷，特大号的小黑羊，EMQ 的鲍宏宇鲍总，金发华金总，谐云科技的魏欢，南方电网深圳数研院的王李明，华信咨询设计研究院的唐汝林，中兴通讯的姜涛（Jack），浙江移动的傅文军，亚马逊云科技的王巍，云讯智能的张立岗，燧原科技的毛健，华为开源的任旭东任总，EdgeGallery 社区陈道清，华为 2012 无线技术实验室的卢建民主任，火山引擎边缘计算的沈建发、闵阁、祁佳文、张勇，阿里云的黄玉奇（徒远）、何淋波（新胜）、李克、赵伟、倩大倩、郭辉平等。感谢这些朋友们长期以来给予我们的支持和帮助。

边缘计算社区创始人　史皓天

边缘计算社区合伙人&元启智数合伙人　段嘉（巨子嘉）

目录

CONTENTS

第1章

什么是边缘计算

云计算的发展已有三十载，随着近十年互联网产业的高速发展，云计算技术日益成熟，广泛应用到社会的各个方面，逐步成为全社会通用的基础设施。云计算先后经历了以“设备”为中心的计算时代，以“资源”为中心的云时代，以“应用”为中心的云原生时代三个阶段。随着物联网、人工智能等技术的不断发展，尤其是产业互联网的发展，中心式的云计算的支持能力开始显得不足；与之对应的分散式的边缘计算，能够有效补充中心式云计算的能力，承接产业互联网的落地使命，云计算也正式进入以“感知”为中心的边缘计算时代。

1.1 边缘计算的基本概念

从整个计算机技术发展历史来看，以二十年为周期，算力在中心式与分散式之间周期性交替循环，当前，算力从中心式的云计算交替演进至分散式的边缘计算，如图 1-1 所示。

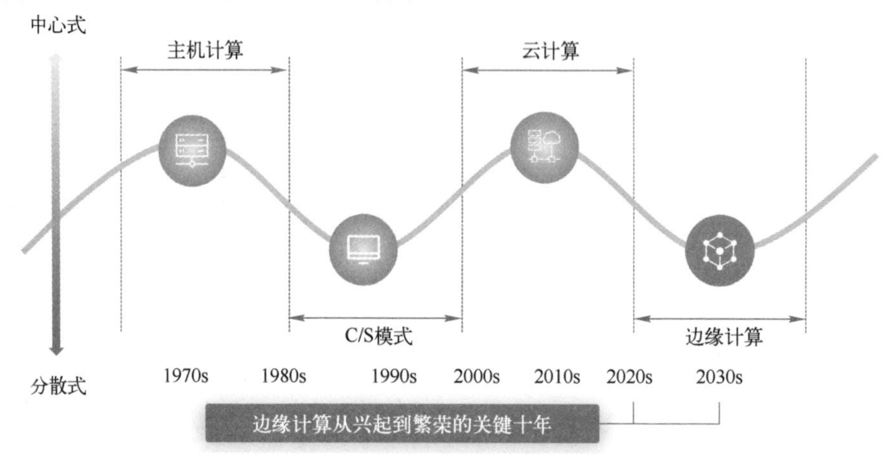

图 1-1 算力从中心式的云计算交替至分散式的边缘计算

1.1.1 边缘计算的定义

边缘计算作为中心式云计算的延伸，将云计算的能力拓展至业务边缘侧，实现大规模业务数据全部上传至云端就能够完成计算，在边缘侧直接完成数据处理并快速响应业务；同时具有良好的隐私性和安全性，是智能化社会与产业互联网建设的重要支撑技术。如果中心式云计算是由技术创新驱动的，那么边缘计算则是由业务价值驱动的；边缘计算生于业务，长于业务。

尽管边缘计算近几年得到广泛重视，发展迅猛，但业界对边缘计算的理解似乎并不一致。那到底什么是边缘计算？边缘计算有哪些分类？边缘计算与中心式云计算又是怎么样的关系呢？接下来，先从边缘计算的定义来初步了解边缘计算的特性及其定义。

1．边缘计算的定义

边缘计算的边缘是相对的，是网络的边缘（有骨干网与移动网），是业务运作的边缘（有虚拟业务与实体业务），是中心管控的边缘（有强管控与弱管控），如图 1-2 所示。当前，边缘计算技术正处于发展阶段，学术界和工业界还没有统一的定义。

图 1-2　边缘计算的边缘是相对的

以 IT 云计算领域视角，边缘计算是中心云计算的拓展。边缘计算产业联盟对边缘计算的定义是：在靠近物或数据源头的网络边缘侧，融合网络、计算、存储、应用核心能力的开放平台，就近提供边缘智能服务，满足行业数字化在敏捷连接、实时业务、数据优化、应用智能、安全与隐私保护等方面的关键需求。

以 CT 电信领域视角，边缘计算最初也被称为移动边缘计算（MEC），欧洲电信标准协会（ETSI）对 MEC 的定义是："移动边缘计算在移动网络的边缘、无线接入网（RAN）的内部以及移动用户的近处提供了一个 IT 服务环境以及云计算能力"。

对边缘计算的定义各有侧重，但核心的思想基本是一致的，边缘计算是基于云计算核心技术，构建在边缘基础设施之上的新型分布式计算形式，在边缘端靠近最终用户提供计算能力，是一种靠近数据源的现场云计算。最大程度降低传输时延是边缘计算的核心价值。

2．与传统中心式云计算的区别

中心式云计算凭借其强大的数据中心，为业务应用提供大规模池化、弹性扩展的计算、存储、网络等基础设施服务。但是中心式云计算适用于非实时、长周期数据、业务决策场景；边缘计算聚焦在实时性、短周期数据、本地决策等业务场景，比如当下热门的音视频直播、IoT、产业互联网、虚拟现实、元宇宙等场景，将工作负载下沉至离终端设备或者靠近最终用户的地方，以此实现更低的网络延迟，提升用户的使用体验。

面对万物互联的高带宽、超低时延的应用场景时，尤其是边缘产业应用场景，云计算在以下3个方面存在不足。

1）数据处理的及时性：传统的中心式云计算受限于远程数据传输速率以及集中式体系结构的瓶颈问题，无法满足大数据时代各类应用场景的实时性要求。如在工业领域中运用云端融合技术解决大数据处理的实时性、精准性等问题，实现工业大数据的处理分析决策与反馈控制的智能化和柔性化。

2）安全与隐私：在传统的中心式云计算使用场景中，所有数据都要通过网络上传至云端进行处理，计算资源的集中带来了数据安全与隐私保护的风险。云计算中不安全的应用程序接口、账户和证书认证体系缺陷等问题会对数据安全造成很大的威胁。

3）网络依赖性：传统的中心式云计算对外依赖通畅的网络，当网络不稳定时，用户的使用体验会很差。在没有网络接入的地方无法使用云计算服务。因此，云计算极度依赖于网络。

边缘计算使得大部分应用场景可以在边缘侧完成数据处理，无需将数据全部传送至云计算中心，可以最小化服务延迟和带宽消耗，有效降低云计算服务器的负载，显著降低网络带宽的压力，提高数据处理的效率。对于云计算无法适应的时延敏感计算、低价值密度和应急场景等问题，边缘计算技术也可以较好地解决，边缘计算技术本身的特点使其具有以下 4 个优点。

1）实时数据处理和分析：边缘计算节点的部署更靠近数据产生的源头，数据可以实时地在本地进行计算和处理，无须在外部数据中心或云端进行，减少了处理延迟。

2）节约成本：智慧城市和智能家居中的终端设备产生的数据量呈指数增长，边缘计算能够减少集中处理，通过实时处理更快地做出响应，进而改善了服务质量。数据本地化处理在管理方面的开销相比于传统的云计算中心要少很多。

3）缓解网络带宽压力：边缘计算技术在处理终端设备的数据时可以过滤掉大量的无用数据，只有少量的原始数据和重要信息上传至云端，显著降低网络带宽的压力。

4）隐私策略实施：物联网系统高度集中且规模较大，边缘设备的数据隐私保护不容忽视，通常用户不愿意将比较敏感的原始传感器数据和计算结果传送到云端。边缘计算设备作为物联网传感器等数据基础设施的首要接触点，能够在将数据上传到云端之前执行数据所有者所应用的隐私策略，提升数据的安全性。

1.1.2 “章鱼”式的边缘计算

中心式云计算的诸多不足加速了边缘计算的产生，边缘计算将云计算的能力下沉至网络边缘的数据生产侧，将传统云计算的云中心处理任务迁移至边缘计算，很好地弥补了中心式云计算存在的问题。

当然，边缘计算并不能完全取代云计算，二者的发展与应用相辅相成。边缘计算与云计算共同协作能够有效减少数据传输、合理分配计算负载，并高效进行任务调度。边缘计算基础设施在网络边缘侧提供计算卸载、数据处理、数据存储和隐私保护等功能。

边缘计算的核心目标是快速决策，作为中心云计算的延伸，将计算能力拓展至“最后一公里”。因此不能独立于中心云，而是放在云-边-端的整体架构之下，有中心式管控决策，也有分散式边缘自主决策，即“章鱼”式的边缘计算。

章鱼是无脊椎动物中智商最高的，有巨量的神经元，在捕猎时灵巧迅速，腕足配合极好，并不会打结，关键在于“一个大脑+八个小脑”的分布式神经系统。如图 1-3 所示，章鱼全身神经元在中心式脑部占 40%，其余 60%在分散式腿部，形成 1 个大脑总控协调 + 8 个小脑分散执行的结构。1 个大脑擅长全局调度，进行非实时、长周期的大数据处理与分析；8 个小脑侧重局部、小规模数据处理，适用于现场级、实时、短周期的智能分析与快速决策。

“章鱼”式边缘计算采用中心云+边缘计算的分布式架构，中心云主要是全局管控调度，完成非实时、长周期的计算处理；而边缘计算侧重执行，实现局部、小规模数据处理，完成现场级、实时、短周期的智能分析与快速决策；海量终端采集到数据后，在边缘完成小规模计算并快速决策处理；而复杂大规模的全局性决策处理，则将数据汇总至中心云，进行深入分析处理。中心云与边缘云统一管控、智能调度，进而实现算力的优化分配。

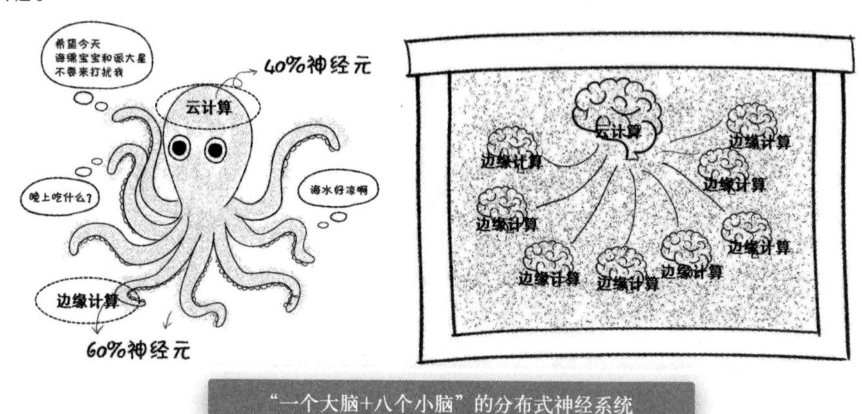

图 1-3 章鱼分布式神经系统

1.1.3 边缘计算的位置

边缘计算位于中心云及终端之间，将云计算能力由中心下沉至边缘，通过云边协同的架构解决特定的业务需求。在靠近网络边缘、业务边缘，以及管控的边缘端侧进行计算，最大程度降低传输时延，是边缘计算的核心价值。

中心云与边缘侧之间的网络传输路径并不简单，如图 1-4 所示，是经由接入网（距离 30km，延迟 5～10ms）、汇聚网、城际网（距离 50～100km，延迟 15～30ms），到骨干网（距离 200km，延迟 50ms），最后才到数据中心（假定数据中心 IDC 都在骨干网）。耗时数据是正常网络拥塞的拨测统计值，即业务侧感知的实际延迟数据，虽然不是非常精确，但是辅助架构决策足够了。

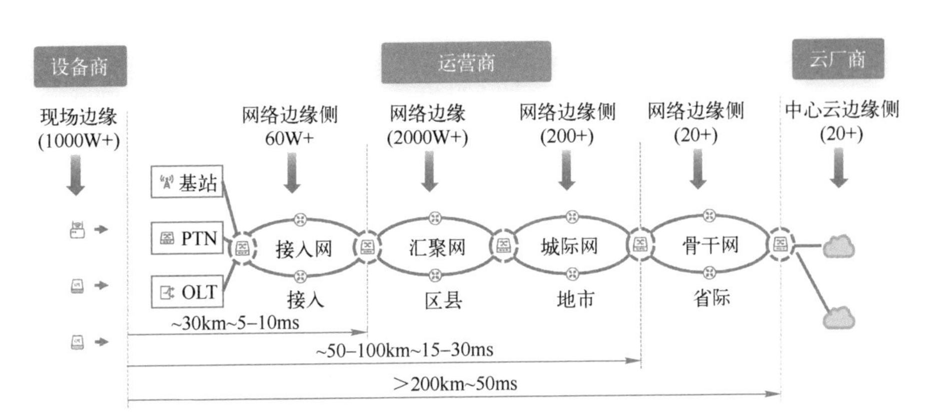

图 1-4　中心云与边缘侧之间的网络传输路径

云计算能力由中心逐步下沉到边缘，首先想到就是依据当前的网络节点，沿着骨干网到接入网，最后到边缘现场逐步下沉，节点数量逐渐增多，覆盖范围缩小，运维服务成本快速增加。

按照国内的网络（国内有多张骨干网，分别是电信 CHINANET 与 CN2，联通 CNCNET 以及移动 CMNET）现状，骨干网节点（基本上对应省会城市，数量 20+），城际网节点（基本上对应地市，数量 200+），汇聚网节点（基本上对应区县，数量 2000+），接入网节点（假设对应移动基站，数量 60W+，实际更多），还有就是数以万计的业务现场计算节点。这些节点都可以安置边缘计算，范围太广，难以形成统一标准。这就是中心云计算是由技术定义，而边缘计算一定是网络与业务需求定义的原因。

边缘计算参与者众多，包括云厂商、设备商、运营商三大关键服务商方以及一些新型 AI 人工智能服务商等（如图 1-5 所示）。它们都是从各自现有优势延伸，为存量的用户提供全站式服务，通过业务上下游，拓展更多客户及市场空间。

1）设备商：在互联网时代默默耕耘，借助物联网逐渐构建单一功能的专业云。比如海康、大华等比较典型的视频设备厂商，它们结合平台能力，构建专业的软硬一体的云能力。

2）云厂商：从中心化的公有云开始下沉，走向分布式区域云，区域云之间通过云联网打通，形成一个覆盖更大的云。国内阿里云、华为云、腾讯云等都在开始加速建设区域数据中心，扩大云的覆盖范围；Google 也发布了分布式云，其也属于边缘计算的范畴。

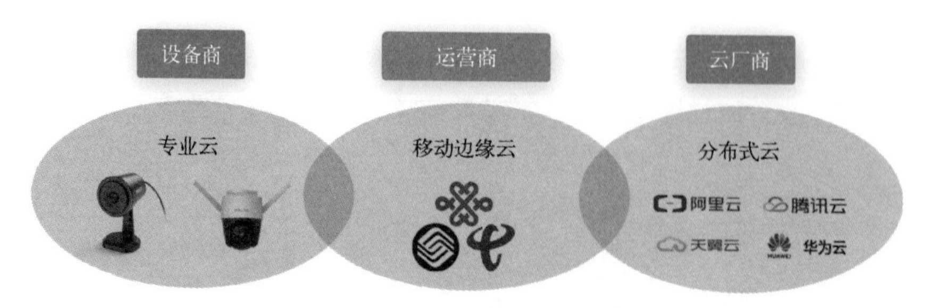

图 1-5 边缘计算参与者（设备商、运营商、云厂商）

3）运营商：在互联网时代，运营商被公有云及繁荣的移动应用完全屏蔽，只能充当数据流量管道，但是在边缘计算时代，业务及网络定义边缘计算使运营商重新回归，并且不可替代。尤其是运营线通过 5G 引领边缘计算浪潮，在移动基础设施之前构建移动边缘 MEC 能力，在智慧化社会、产业边缘（港口、公路、能源、光伏）等边缘计算场景将有广阔的空间。

1.1.4 边缘计算的类型

中心云计算是由技术创新驱动的，边缘计算则是由网络与业务需求定义，业务价值驱动，按需建设按照场景使用。

1. 网络定义的边缘计算

通过优化终端与云中心网络路径，将中心云能力逐渐下沉至靠近终端，实现业务就近接入访问。从中心到边缘依次分为区域云/中心云、边缘云/边缘计算、边缘计算/本地计算三大类型，如图 1-6 所示。

1）区域云/中心云（Provider/Enterprise Core）：将中心云计算的服务在骨干网拓展延伸，将中心化云能力拓展至区域，实现区域全覆盖，解决在骨干网上耗时，将网络延迟优化至 30ms 左右，但逻辑上仍是中心云服务。

2）边缘云/边缘计算（Provider Edge）：将中心云计算的服务沿着运营商的网络节点逐渐拓展延伸，构建中小规模云服务或类云服务能力，将网络延迟优化至 15ms 左右，比如多接入边缘计算（MEC）、CDN。

3）边缘计算/本地计算（End-User Premises Edge）：主要是接近终端的现场设备及服务能力，将终端部分逻辑剥离出来，实现边缘自主的智能服务，由云端控制边缘的资源调度、应用管理与业务编排等能力，将网络延迟优化至 5ms 左右，比如多功能一体机、智能路由器等。

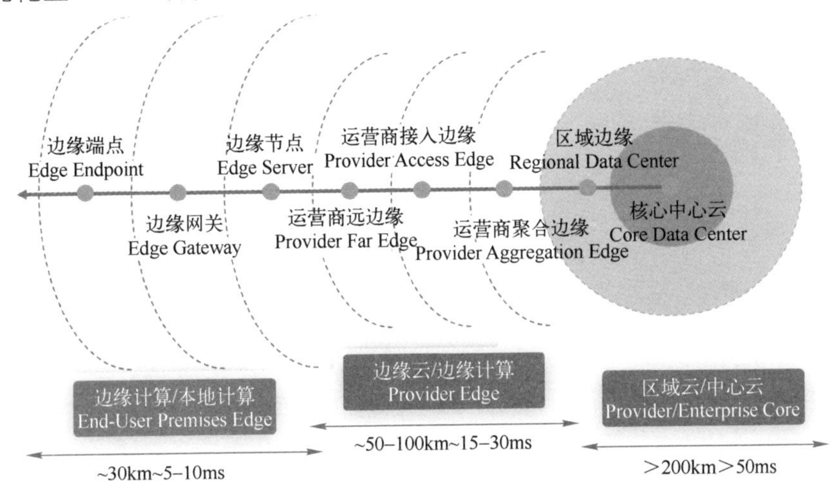

图 1-6 网络定义的边缘计算类型

总的来说，基于网络定义的边缘计算，更多的是面向消费互联业务及新型 toC 的业务，主要是将云中心的能力及数据提前下沉至边缘，除了经典的 CDN、视频语音业务外，还有近两年大火的元宇宙等。

当前大部分面向消费互联业务都是通过安置在骨干网的中心云计算能力支持，时延在 30～50ms，远远小于本身云端后端业务处理的延迟；算力下沉至边缘的初衷，主要是实现中心云海量请求压力分散，用户体验的优化等，但对业务都属于锦上添花，并非雪中送炭。

这里说一下网络产品，如图 1-7 所示是运营视角的完整的网络产品，包含上云网络、云间网络、云内网络；但是中心式云计算的技术，是将数据中心内部网络全部虚拟化，即云内网络，衍生出 VPC、负载均衡等诸多产品；数据中心外部则几乎完全屏蔽运营商网络，只提供弹性公网 IP 及互联网出口带宽服务，中心云计算与运营商网络并没有融合。

但从中心云计算演进到边缘计算，对将中心云与边缘链接起来的网络依赖极强，如果中心云是大脑，边缘计算是智能触角，那么网络就是神经，就是动脉血管。

但是整体网络规划与建设，尤其是国家骨干网的规划与建设，如图 1-8 所示的 CN2 骨干网示意图，是在云计算发展之前，并不是专门服务云计算的，所以中心云计算与运营商网需要融合，即云网融合，云网融合最终目标是“云中有网，网中有云”；实现云能力的网络化调度编排，网络能力的云化快速定义。借助新型业务需求和云技术创新，驱动运营商网络架构深刻变革升级开放。

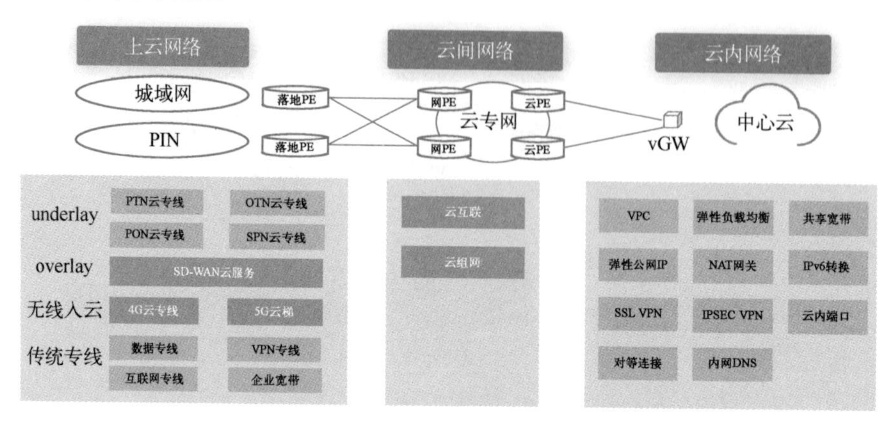

图 1-7 云计算网络产品分类（运营商视角）

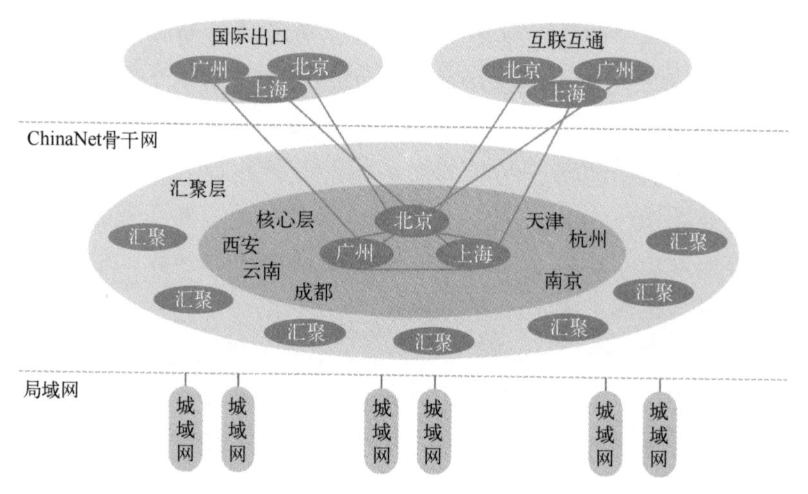

图 1-8 电信运营商 CN2 骨干网（示意图）

当前，网络的能力极大地限制着云计算的发展，在边缘计算及物联网建设过程中尤为明显；云网融合与算力网络依然还是运营商的“独角戏”，进展缓慢；新一代 5G 颠覆性技术变革，引爆整个领域的颠覆性巨变，但是只是解决了海量设备接入及设备低延迟接入的问题，后端整体配套及解决方案明显跟不上；就当前情况来看，依然还是 5G 找业务的尴尬局面，未来 5G 在实体产业（港口、码头、矿山等）领域，相比消费者领域，会带来更大变革与价值，来日方长，拭目以待。

2．业务定义的边缘计算

除了面向消费者的互联网边缘场景，边缘计算更多的是面向实体产业及智慧化社会衍生的场景。

对于实体产业场景来说，由于历史原因，在边缘及现场，存在大量异构的基础设施资源；通过业务需求驱动边缘计算平台的建设，不仅需要整合利用现有的基础设施资源，同时要将中心云计算技术及能力下沉至边缘及现场，实现大量存量业务运营管控上云，海量数据统一入湖，以此支持整个企业的数字化转型。

对于智慧化社会衍生场景来说，越是新型的业务，对网络时延越敏感，数据量越大。结构化数据逐渐转化成非结构化数据，需要人工智能、神经网络等智能化技术支持。

如果需要一个时延基准做参考，以此来决策是否需要边缘计算的能力，建议 30ms 的延迟为准，即一次请求从接入到骨干网的耗时不超过 30ms；当前新型对网络时延敏感的业务场景，都采用的是云端总控管理，设备现场实时计算这种分布式架构策略，以此降低对网络的强依赖。如图 1-9 所示，针对业务将边缘计算分为智能设备/专业云及产业边缘/行业云两种类型。

1）智能设备/专业云：基于云计算能力，围绕智能设备提供整体化的解决方案，包含智能设备、云端的服务以及端到云之间的边缘侧服务，比如视频监控云、G7 货运物联等。

2）产业边缘/行业云：基于云计算能力，围绕行业应用及场景，提供套件产品及解决方案，比如物流云、航天云等。

总的来说，基于业务定义的边缘计算，更多的是面向智能设备及实体产业，对智能设备，从 AVG、密集式存储、机械手臂等单一功能的智能设备，到无人机、无人驾驶车等复杂的智能设备，云计算能力不仅是支撑设备控制管理应用的运行，同时借助中心云计算能力拓展至边缘侧，解决了产业系统上云后无法集中化、标准化管理的难题；对产业边缘，通过云计算技术，结合行业场景的抽象总结，构建行业通用的产品及解决方案，随着整个产业互联网加速建设，是边缘计算未来发展的重点方向。

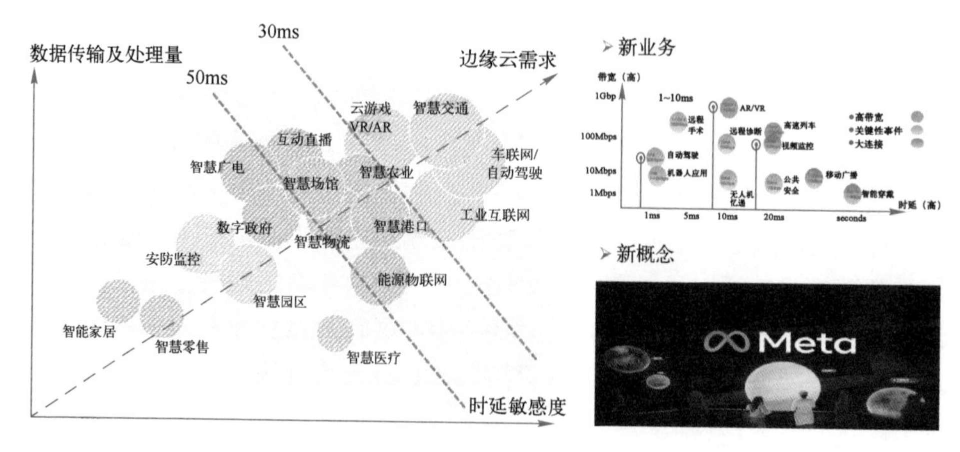

图 1-9 面向业务将边缘计算分类

对于规模较大的一些企业，云边场景非常复杂，中心云计算平台与边缘计算的平台建设，不仅应对业务需求，同时还要面临诸多基础设施的问题：**在中心云计算**面临多云使用多云互通问题；**在边缘网络链路**面临多运营商的骨干网，多云运营商网络及多云的云网融合问题；**在端侧接入网**面临多运营商 5G 网络的共享问题等，很多问题只能通过治理的手段应对，无法从技术平台层面彻底解决。

1.2 边缘计算的前世今生

1.2.1 CDN——从缓存到内容分发

CDN（Content Delivery Network），即内容分发网络（如图 1-10 所示）。CDN 是构建在网络之上的内容分发网络，依靠部署在各地的边缘服务器，通过中心平台的负载均衡、内容分发、调度等功能模块，使用户就近获取所需内容，降低网络拥塞，提高用户访问响应速度和命中率。CDN 的关键技术主要有**内容存储**和**内容分发技术**。

CDN 技术的基本原理是**广泛采用各种缓存服务器**，将这些缓存服务器分布到用户访问相对集中的地区或网络中，在用户访问网站时，利用全局负载技术将用户的访问指向距离最近的、工作正常的缓存服务器上，由缓存服务器直接响应用户请求。

图 1-10　CDN—内容分发网络

此外，CDN 还有安全方面的好处。内容进行分发后，源服务器的 IP 被隐藏，其受到攻击的概率会大幅下降。而且，当某个服务器故障时，系统会调用临近的正常的服务器继续提供服务，避免对用户造成影响。正因为 CDN 的好处很多，所以，目前所有主流的互联网服务提供商都采用了 CDN 技术，所有的云服务提供商也都提供 CDN 服务。

CDN 从 1999 年开始起步，发展初期经历了互联网泡沫破裂，服务商数量锐减，发展近乎停滞；2008 年兴起的 OTT、IPTV 等视频应用极大地激发了对流量和带宽的需求，CDN 行业开始进入持续的爆发式增长，国内 CDN 市场增长率常年保持在 25%～39%的水平。目前国内持有 CDN 牌照的企业大约有 2050 家，包含传统的 CDN 厂家、公有云服务商、电信运营商、P2P CDN，以及视频企业等。未来 CDN 发展趋势大致分为五个方面：

1）CDN 成为通信网基础设施组成部分：目前 CDN 承担 IP 网大量的流量，尤其是视频流量比例高达 80%，CDN 产品的定位需要从通信网络能力的辅助补充，调整为通信网的基础设施。CDN 处于承载网和业务网之间，以重叠网形态存在，设备有存储和内容路由管理两种类型；核心技术是内容路由，与 DNS 相结合采用路由映射，巧妙地解决了内容分发的问题；未来与算力网络深度融合，直接作为网络基础设施能力整体对外提供。

2）CDN 补齐原生可信安全能力：当前在 CDN 的设计中，并没有考虑可信安全等问题，未来 CDN 建设应按基础设施标准规划建设，要求

CDN 具备原生的可信安全能力，并且应随着内容下沉到边缘，这样只有通过 CDN 原生安全才能保障端到端的安全。

3）CDN 与算力网络融合：CDN 本质是内容分发，以下行为主。但是所有 CDN 产品都有上行通道，即回源通道。只要开放数据上行通道，CDN 节点就具备计算与存储边缘计算能力，实现数据网一体化能力。

4）CDN 与移动网融合：在 4G 网络建设时就有规划将 CDN 存储下沉，但没有成功，原因是在 4G 网络中通信锚点很高，CDN 存储下沉用户仍然要经过通信锚点绕行，存储下沉失去了意义。但是在 5G 网络中，为了实现低时延，通信锚点必须下沉，这样 CDN 存储就可以与移动网络完全融合。

5）CDN 成为基础设施已成现实。2020 年以来，基于 CDN 的远程视频、远程教育、在线办公、在线会展等在线服务，从原来辅助工具的角色，一跃成为社会的基础设施，成功地支持了各个领域的正常运作，CDN 未来大有可为。

1.2.2 雾计算——雾是接近地面的云

随着物联网技术的发展，在万物互联的背景下，边缘数据迎来了爆发性增长。为了解决面向数据传输、计算和存储过程中的计算负载与数据传输带宽的问题，研究者们开始探索在靠近数据生产者的边缘增加数据处理的功能，即万物互联服务功能的上行。具有代表性的是雾计算（Fog Computing）、移动边缘计算（Mobile Edge Computing，MEC）。

2012 年，思科公司提出了雾计算概念，将其定义为迁移云计算中心任务到网络边缘设备执行的一种高度虚拟化的计算平台。云计算架构将计算从用户侧集中到数据中心，让计算远离了数据源，但也带来计算延迟、拥塞、低可靠性和易受攻击等问题，于是在 2015 年，修补云计算架构的“大补丁”——雾计算开始兴起了。

雾计算就是本地化的云计算，是对云计算的补充。云计算更强调计算的方式，雾计算则更强调计算的位置。如果说云计算是 WAN 计算，那么雾计算就是 LAN 计算。如果说 CDN 是弥补 TCP/IP 本地化缓存的问题，那么雾计算就是弥补云计算本地化计算的问题。

如图 1-11 所示，是思科公司对雾计算的定义。在思科公司的定义中，雾主要是由边缘网络中的设备构成，这些设备可以是传统网络设备（早已部署在网络中的路由器、交换机、网关等），也可以是专门部署的本地服务器。一般来说，专门部署的设备会有更多资源，而使用有宽裕资源的传统网络设备则可以大幅度降低成本。这两种设备的资源能力都远小于一个数据中心，但是它们庞大的数量可以弥补单一设备资源的不足。雾平台由数量庞大的雾节点构成。这些雾节点可以各自散布在不同的地理位置，与资源集中的数据中心形成鲜明对比。

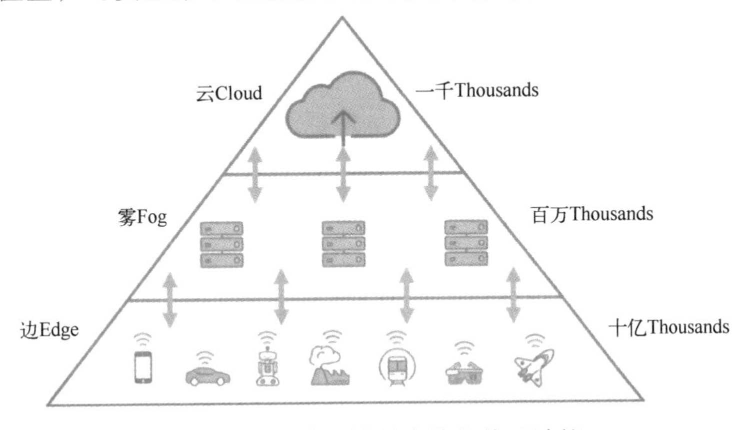

图 1-11　雾计算就是本地化的云计算

2015 年 11 月，思科、ARM、戴尔、英特尔、微软及普林斯顿大学边缘（Edge）实验室等，联合成立了开放雾联盟（OpenFog）。

雾计算将处理能力放在包括 IoT 设备的 LAN 上面。这个网络内的 IoT 网关，或者说是雾节点用于数据收集、处理、存储。多种来源的信息收集到 IoT 网关里，处理后的数据发送回需要该数据的设备。雾计算的特点是处理能力强的单个设备接收多个端点来的信息，处理后的信息发回需要的地方。和云计算相比，其延迟更短。

边缘计算进一步推进了雾计算的“LAN 内的处理能力”的理念，处理能力更靠近数据源。不是在中央服务器里整理后实施处理，而是在网络内的各设备实施处理。这样，通过把传感器连接到可编程自动控制器（PAC）上，使处理和通信的同时进行成为可能。和雾计算相比，边缘计算优点是，故障点比较少，各自的设备独立动作，可以判断什么数据保存在本地，什么数据发到云端。

以智能吸尘器为例，了解一下边缘计算和雾计算的差别（如图 1-12 所示）。雾计算方案是集中化的雾节点（或者 IoT 网关）不断从家中的传感器收集信息，检测到垃圾的话就启动吸尘器。边缘计算的解决方案里是传感器自己判断有没有垃圾来发送启动吸尘器的信号。

图 1-12 智能吸尘器

1.2.3 MEC——从“移动”到“多接入”

MEC（移动边缘计算）并不是一个新概念，它于 2013 年出现，源于 IBM 与 Nokia Siemens 网络当时共同推出的一款计算平台，可在无线基站内部运行应用程序，向移动用户提供业务。

2014 年，欧洲电信标准协会（ETSI）成立了移动边缘计算规范工作组，正式宣布推动移动边缘计算标准化。其中 ETSI 给出的 MEC 的定义是：MEC 通过在无线接入侧部署通用服务器，从而为无线接入网提供 IT 和云计算的能力。由于移动边缘计算位于无线接入网内，接近移动用户，因此可以实现超低时延、高带宽来提高服务质量和用户体验。随着深入研究，ETSI 将 MEC 中“M”的定义也做了进一步扩展，使其不仅局限于移动接入，也涵盖 Wi-Fi 接入、固定接入等其他非 3GPP 接入方式，将移动边缘计算从电信蜂窝网络延伸至其他无线接入网络。2017 年 3 月，ETSI 把 MEC 中的“M”重新定义为“Multi-Access”，“移动边缘计算”的概念也变为“多接入边缘计算”。

如图 1-13 所示，MEC 系统通常位于无线接入点及有线网络之间。在电信蜂窝网络中，MEC 系统可部署于无线接入网与移动核心网之间。MEC 系统的核心设备是基于 IT 通用硬件平台构建的 MEC 服务器。MEC

系统通过部署于无线基站内部或无线接入网边缘的边缘云，可提供本地化的云服务，并可连接其他网络（如企业网）内部的私有云实现混合云服务。MEC 系统提供基于云平台的虚拟化环境，支持第三方应用在边缘云内的虚拟机（VM）上运行。相关的无线网络能力可通过 MEC 服务器上的平台中间件向第三方应用开放。

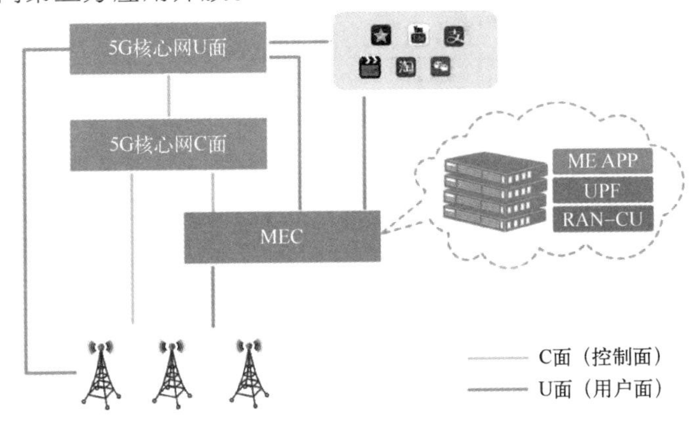

图 1-13　MEC 系统架构

移动边缘计算模型强调在云计算中心与边缘设备之间建立边缘服务器，在边缘服务器上完成终端数据的计算任务，因此移动边缘计算也算作边缘计算模型的一部分。CDN、MEC 这些边缘计算相关概念虽然是不同组织不同研究标准在不同背景情况下提出来的，但大家有一个共同目标，就是把云计算能力扩展到网络边缘，使得终端用户更快速高效地使用云计算服务，提升用户体验。

当前，MEC 已经成为 5G 应用关键使能技术，以边缘连接为基础和切入点，通过“云-边-网”产品组合，为业务提供本地云网协同的服务。未来 MEC 架构演进趋势是**异构计算基础设施支持，以及云原生技术架构规模使用等。**

1.3　边缘计算现状及发展趋势

1.3.1　边缘计算发展现状

边缘计算是一种**新型计算模式**，通过在靠近物或数据源头的边缘侧，为应用提供融合计算、存储和网络等资源，满足业务在敏捷连接、实时业务、数据优化、应用智能、安全与隐私保护等方面的关键需求。

当前 5G 商用持续推进，视频、物联网等业务蓬勃发展，越来越多的新应用对网络时延、带宽和安全性提出了更高要求。行业普遍认为，边缘计算（MEC）在缩短端到端业务的时延、减少大带宽视频业务对骨干网络资源的占用、满足业务与数据的本地化处理和安全要求等方面有着天然优势。

5G 和边缘计算是互相促进、彼此成就的关系，5G 通过边缘计算来提供特色能力，边缘计算通过 5G 来进一步降低时延。5G+边缘计算将驱动一个面向行业的局域生态系统，以满足企业和工厂的网络、计算和数据处理需求，促进行业的数字化创新。这将带来计算模式的改变，网络中的每一个节点都将成为一个完整的分布式计算机，既转发数据，又完成计算，最终实现网络基础设施和计算基础设施的融合。

目前，整个边缘计算领域还处于初期发展阶段，不管是边缘计算基础设施建设方，还是业务应用实施落地方，都处于积极的小规模探索阶段。

对于基础设施建设方，电信运营商、网络供应商和云服务公司正在试点并发行早期商用产品。边缘技术试点大多在 4G 或早期 5G 网络上进行，继共同定义移动边缘计算（MEC）及相关标准之后，开始大力探索 MEC 技术在各行业应用中的价值，并希望通过 MEC 和 5G 技术进一步加深连接和计算的融合。

对于业务应用建设方，如智慧园区、智能制造、AR/VR、云游戏、智慧港口、智慧矿山、智慧交通等场景，都开始尝试借助边缘计算作为突破点，落地一些更智能化的业务场景。中国移动成立了边缘计算开放实验室，旨在提供行业合作平台，促进边缘计算生态的跨行业发展。

虽然边缘计算在我国还处于起步阶段，但发展迅速，特别是近两年来进展更加明显，使得我国在试点、早期部署和生态合作方面领先于其他主要国家和地区。我国边缘计算部署整体分为三个阶段。

1）试验及小规模定制部署（2018～2020 年）：主要涉及专门的场景，旨在满足智慧港口、智慧园区和智能工厂的需求，边缘基础设施大多就近部署在现场。

2）初具商用规模阶段（2021～2023 年）：运营商大规模部署 5G 网

络，自动驾驶、体育赛事和游戏等边缘计算应用也将进行更多探索，边缘基础设施部署在基站汇聚点附近、区县/市区、区域数据中心。

3）逐步成为发展主流（2024 年及以后）：随着 5G 技术的成熟，5G 设备成本的降低，以及移动行业和企业之间的协作加深，边缘计算部署的规模将逐渐得到扩大。自动驾驶和智能制造技术的进一步发展创造了更有利的环境，边缘部署的需求也随之增加。随着规模增长，边缘计算的经济性以及效率都得到提高（如纳米处理），市场接受度也随之提升。

1.3.2　边缘计算发展趋势

根据数据显示，2022 年全球边缘计算产业投资规模（包含硬件设备、软件平台、解决方案与服务等）预计将达到 1760 亿美元，相较 2021 年增长 14.8%，其中美国 765 亿美元，中国将达到 208 亿美元。

当下边缘计算技术演进方向逐步明晰，形成多层次技术栈。其中呈现出了三大发展趋势。

1）边缘计算技术与垂直行业应用需求不断融合。目前，边缘控制通过 PLC 控制技术与边缘计算相结合，将逻辑控制、运动控制、数据处理等功能集成于同一控制平台，进一步扩展了原有控制器的计算、存储能力，打破设备与设备、设备与云端之间的连接障碍，实现了数据的纵向集成，同时还可以通过云化 PLC 等技术手段减少现场 PLC 及 DCS 控制器的数量，支持多总线协议融合、智能控制优化。

2）充分利用边缘侧资源异构、实时响应等特点，边缘智能、算力网格等边缘原生技术不断涌现，加速应用开发创新。边缘智能正在从感知预测向决策升级，边缘智能是边缘计算与人工智能融合的新范式，促进本地化洞察和实时响应。例如英特尔发起 EdgeX 开源项目，集合了边缘智能开发套件，同时与硬件、操作系统完全解耦，实现即插即用。

3）云原生技术不断轻量化并持续下沉，为边缘侧提供与云上一致的功能和体验，实现边云协同。

边云协同进一步扩展边缘计算应用范畴。云边协同互补，高效满足异构场景需求，主要包括资源协同、服务协同、应用协同。资源协同提供了底层硬件的抽象，简化上层应用的开发难度；服务协同通过在边缘计算平台提供用户需要的关键组件能力及快速灵活的服务对接机制，以提升用户边缘应用的构建速度；应用协同通过边缘计算平台在云上的管理面，将开发的应用通过网络远程部署到用户希望的边缘节点上运行，为终端设备提供服务。

1.3.3 国内边缘计算大事记

边缘计算的产生和发展时间虽然不长，但仍有令人激动、值得记忆的诸多事件。以下按照时间脉络简单地进行一下梳理（以国内为主）。

1）2016 年 11 月，华为技术有限公司、中国科学院沈阳自动化研究所、中国信息通信研究院、英特尔、ARM 和软通动力信息技术（集团）等在北京成立了边缘计算产业联盟（Edge Computing Consortium，ECC），致力于推动“政产学研用”各方产业资源合作，引领边缘计算产业的健康可持续发展。

2）2017 年 7 月，ETSI 多接入边缘计算（MEC，Multi-access Edge Computing）行业规范工作组（ISG）发布了首套标准化应用程序接口（API），以支持边缘计算的互操作性。

3）2018 年 1 月全球首部边缘计算专业书籍《边缘计算》出版，如图 1-14 所示，《边缘计算》是由施巍松、刘芳、孙辉、裴庆祺等专家学者共同编著，其中施巍松教师是边缘计算这一领域的早期提出者之一和主要倡导者，也是 ACM/IEEE 国际边缘计算研讨会（SEC）的创始人，其他三位作者也是国内早期从事边缘计算研究的科研人员。这本书是边缘计算从业者的第一本专业性书籍。它从边缘计算的需求与意义、系统、应用、平台等多个角度对边缘计算进行了阐述。

图 1-14 首部边缘计算专业书籍

4）2018 年 9 月 17 日在上海召开的世界人工智能大会，以“边缘计算，智能未来”为主题举办了边缘智能主题论坛，我国从政府层面上对边缘计算的发展进行了支持和探讨。

5）2019 年 3 月，政协委员周鸿祎在两会期间把边缘计算写入提案，提出未来信息密码“IMABCDE”。IMABCDE 每个字母都有所指代，分别是 IoT、移动通信、人工智能、区块链、云计算、大数据、边缘计算。他还指出边缘计算会改变整个未来网络的结构。这是两会中首次出现边缘计算。

6）2019 年 5 月 11 日，第三届边缘计算技术研讨会在杭州召开。本届边缘计算技术研讨会邀请了国内外在边缘计算领域的知名企业专家和高校从事相关研究的知名学者做大会主题报告，涵盖了边缘计算的不同应用场景，从边缘体系结构、边缘操作系统、云边融合、边缘安全及隐私等方面，对边缘计算各方面的最新进展进行讨论和交流。

7）2019 年 8 月，《2019 中国边缘计算企业 20 强》发布。经过近一个多月调研，基于超过 400 家的样本公司，秉承客观、中立的原则，边缘计算社区发布了《2019 中国边缘计算企业 20 强》，华为、阿里、移动、联通、九州云等公司均上榜。

8）2019 年 9 月，边缘计算开源项目群花怒放。

- StarlingX 是一个专注于对低延迟和高性能应用进行优化的开源边缘计算及物联网云平台，9 月 5 日正式发布其 2.0 版本。StarlingX 项目旨在为边缘计算重新配置经过验证的云技术，在大规模分布式计算环境中提供成熟且稳健的云平台。StarlingX 是适用于裸机、虚拟机和容器化部署环境的完整边缘云基础设施平台，适用于对高可用性（HA）、服务质量（QoS）、性能和低延迟等有严格要求的应用场景。
- KubeEdge 于 9 月 17 日发布了新的特性版本 v1.1。将 Kubernetes 容器存储标准 CSI 带到边缘。KubeEdge 的名字来源于 Kube+Edge，顾名思义就是依托 Kubernetes 的容器编排和调度能力，实现云边协同、计算下沉、海量设备接入等，将 Kubernetes 的优势和 Cloud Native 云原生应用管理标准延伸到边缘，解决当前智能边缘领域用户所面临的挑战。

9）2020 年 3 月，GSMA 发布了《5G 时代的边缘计算：中国的技术和市场发展》报告，如图 1-15 所示。该报告从技术、应用、市场前景、机会、商业模式、政策法规多个角度，剖析了边缘计算生态的现状和未来发展。

10）2020 年 4 月，由边缘计算社区牵头撰写的第一本面向大众的边缘计算科普书籍《一本书读懂边缘计算》（本书的第 1 版）在京东、当当、天猫等多个平台同步上线（如图 1-16 所示），持续位居京东边缘计算畅销书排行榜第一名。此书面向对科技、通信领域感兴趣的人群，希望能给大家打开一扇门，帮助大家了解边缘计算这个领域。

图 1-15 《5G 时代的边缘计算中国的技术和市场发展》报告

图 1-16 《一本书读懂边缘计算》

11）2020 年 6 月，在阿里云容器服务 ACK@Edge（边缘集群托管服务）上线一周年之际，阿里巴巴正式宣布将其核心能力开源，并向社区贡献完整的边缘计算云原生项目 OpenYurt，如图 1-17 所示。作为公共云服务 ACK@Edge 的核心框架，被广泛应用于 CDN、音视频直播、物联网、物流、工业大脑、城市大脑等实际应用场景中，并正在服务于阿里云 LinkEdge、盒马、优酷、视频云等多个业务或项目中。关于 OpenYurt 更详细的内容，本书第 3 章会介绍。

OpenYurt

Extending your native Kubernetes to Edge

图 1-17 边缘计算云原生项目 OpenYurt

12）2020 年 8 月，业界首个 5G 边缘计算开源平台 EdgeGallery 宣布在码云上正式开源，如图 1-18 所示是 EdgeGallery 项目发布会。EdgeGallery 聚焦 5G 边缘计算场景，通过开源协作构建起 MEC 边缘的资源、应用、安全、管理的基础框架和网络开放服务的事实标准，实现同公有云的互联互通，在兼容差异化异构边缘基础设施的基础上，构建统一的 MEC 应用生态系统，释放 5G 潜能，使能千行百业。

图 1-18 EdgeGallery 项目发布会

EdgeGallery 是由中国信息通信研究院、中国移动、中国联通、华为、腾讯、紫金山实验室、九州云和安恒信息八家创始成员发起的 5G 边缘计算开源项目，其目的是打造一个以“连接+计算”为特点的 5G MEC 公共平台，实现网络能力（尤其是 5G 网络）开放的标准化和 MEC 应用开发、测试、迁移和运行等生命周期流程的通用化。

13）2021 年 5 月，以“相信边缘的力量”为主题的全球边缘计算大会在深圳南山区科兴科学园成功召开。全球边缘计算大会是由边缘计算社区主办的边缘计算领域顶级盛会，全球边缘计算大会得到了 EMQ、华为、亚马逊云科技、阿里云、UCloud、网宿科技、谐云科技、视美泰、艾灵网络、阿普奇、PPIO、九州云、云迅智能、南方电网深圳数研院等单位联合支持，如图 1-19 所示。

图 1-19 全球边缘计算大会-深圳站

作为粤港澳大湾区首个边缘计算顶级大会，此次活动现场共有超过 600 位来自政、产、学、研、用各界的企业负责人、权威技术专家、通信科技从业者、边缘计算研究者，以及边缘计算投资人参会，共话边缘计算·工业互联网议题，大会现场气氛十分热烈。

14）2022年1月12日，国务院印发“十四五”数字经济发展规划。规划提出，推进云网协同和算网融合发展。加快构建算力、算法、数据、应用资源协同的全国一体化大数据中心体系。在京津冀、长三角、粤港澳大湾区、成渝地区双城经济圈、贵州、内蒙古、甘肃、宁夏等地区布局全国一体化算力网络国家枢纽节点，建设数据中心集群，结合应用、产业等发展需求优化数据中心建设布局。加快实施“东数西算”工程，推进云网协同发展，提升数据中心跨网络、跨地域数据交互能力，加强面向特定场景的边缘计算能力，强化算力统筹和智能调度。这也是边缘计算首次被写入中国政府官方报告中，也意味着边缘计算正逐步从“边缘”走向中心。

通过上述介绍，相信大家对边缘计算从CDN一路演进到现在的多接入边缘计算MEC之路有所了解。万物互联的时代已经来临，抓住边缘计算，就是跟上了时代的发展浪潮。

第2章 边缘计算的关键技术

边缘计算能够补充中心式云计算在近业务场景侧能力的空缺，在靠近物或数据源头的网络边缘侧，就近提供边缘智能服务，是中心式云计算在边缘侧的演进、延伸和扩展，因此在讨论边缘计算时不能独立于中心云之外，应当在云-边-端的整体框架之下，将边缘计算视为中心云在网络边缘侧的算力下沉、能力补充，打通满足业务需求的“最后一公里”障碍。

边缘计算的核心目标是快速决策，为了实现该目标，需要在边缘侧为业务提供计算（算力）、存储、网络、安全、应用等能力，满足业务在快速连接、实时业务、数据处理、智能分析、安全保护等方面的需求，同时为了满足业务的云边通信、任务协调的需求，也需要为业务提供云边协同管理能力。业务需求指引技术发展方向，因此边缘计算的关键技术包括边缘计算算力技术、边缘计算存储技术、边缘计算网络技术、边缘计算安全技术、边缘计算基础应用、云边协同管理技术、边缘基础设施（边缘一体机）七大领域（如图 2-1 所示）。

图 2-1 边缘计算的关键技术

2.1 边缘计算算力技术

边缘计算是一种新型分布式计算模型，通过将传统云计算架构中的部分任务下沉到智能终端设备或边缘计算节点执行，提供实时的数据计算服务。在边缘计算领域，算力既包括边缘节点的单节点计算能力，也包括进行各种计算负载分配、调度、处理的框架和理论。

边缘计算的算力技术包括硬件平台和软件架构两个领域，硬件平台主要是在单节点计算能力上进行演进，在各类边缘计算场景中，不同的计算任务对于硬件资源的需求不同，需要 CPU、GPU、NPU 等多种类型的芯片支持；由于硬件的发展是有限制和瓶颈的，边缘设备的计算能力无法无限地增长，也无法和云计算中心的算力进行比较，因此，需要提出相关的软件架构或算法，解决边缘节点资源受限的痛点问题，这类技术主要是以分布式计算思想为核心，进行云边算力协调和分配，统筹云上、边下众多的算力资源，实现算力的分配、调度、迁移。

2.1.1 边缘算力硬件

随着云游戏、自动驾驶、物联网、边缘智能技术的普及和应用，边缘应用的计算场景呈现多样化，单一计算平台难以适应业务场景多样化需求，按照场景特性提供与之匹配的计算平台成为边缘计算算力技术需要迫切满足的业务需求。在各类边缘计算场景中，不同的计算任务对于硬件资源的需求是不同的，以下是一些在边缘计算解决方案中最常用的计算处理硬件技术，如表 2-1 所示。

表 2-1　最常用的计算处理硬件技术

类型	使用场景	定制化程度	功耗	成本	算力
多核 CPU	适用于处理复杂的逻辑运算和不同的数据类型	通用型	中	高	低
GPU	适合大规模并行计算，主要应用于大数据、后台服务器、图像处理	通用型	高	高	中
NPU	通信领域、大数据、图像处理	定制型	低	低	高
FPGA	智能手机、便携式移动设备、汽车	半定制型	低	中	高

1）多核 CPU 就是在一个处理器上集成多个运算核心，从而提升计算能力，它允许处理器利用多个核来并行处理数据，从而在多任务处理或强大应用程序的需求下提高性能，主要适用于处理复杂的逻辑运算和不同的数据类型。

2）GPU（Graphics Processing Unit，即图形处理器），由 CPU 中分出来专门用于处理图像并行计算数据，专为同时处理多重并行计算任务而设计，GPU 提供比 CPU 更高级别的并行性，适合大规模并行计算，主要应用于大数据、后台服务器、图像处理，但是 GPU 也具有功耗高、体积大、价格贵的缺陷。

3）NPU（Neural Network Processing Unit，即神经网络处理单元），在电路层模拟神经元，通过权重实现存储和计算一体化，一条指令完成一组神经元的处理，提高运行效率，主要应用于通信领域、大数据、图像处理。NPU 作为专用定制芯片 ASIC 的一种，是为实现特定要求而定制的芯片。除了不能扩展以外，在功耗、可靠性、体积方面都有优势，尤其在高性能、低功耗的移动端。

4）VPU（Video Processing Unit，即视频处理单元），是专门面向 AI 场景优化设计的视频加速器，内置视频编码加速专用功能模块，具有高性能、低功耗、低延时等特性，为视频行业应用带来高效能的加速计算。

5）FPGA（Field-Programmable Gate Array）称为现场可编程门阵列，用户可以根据自身的需求进行重复编程。与 CPU、GPU 相比，具有性能高、功耗低、可硬件编程的特点。FPGA 更接近底层 IO，通过冗余晶体管和连线实现逻辑可编辑，本质上无指令、无须共享内存，计算效率比

CPU、GPU 高。FPGA 主要应用于智能手机、便携式移动设备、汽车上。FPGA 是用硬件实现软件算法，因此在实现复杂算法方面有一定的难度，并且价格比较高。

2.1.2 边缘算力卸载

边缘计算的应用场景，通常会将边缘节点设备部署到客户现场，因此其服务器资源和计算能力通常是受限的。为了解决边缘计算节点资源受限的问题，边缘计算技术引入了计算（算力）卸载这一方法，将计算任务从终端卸载到边缘端或云端。算力卸载一般是指将计算量大的任务合理分配给计算资源充足的代理服务器进行处理，再把运算完成的计算结果从代理服务器取回。计算卸载过程（如图 2-2 所示）大致分为以下 6 个步骤。

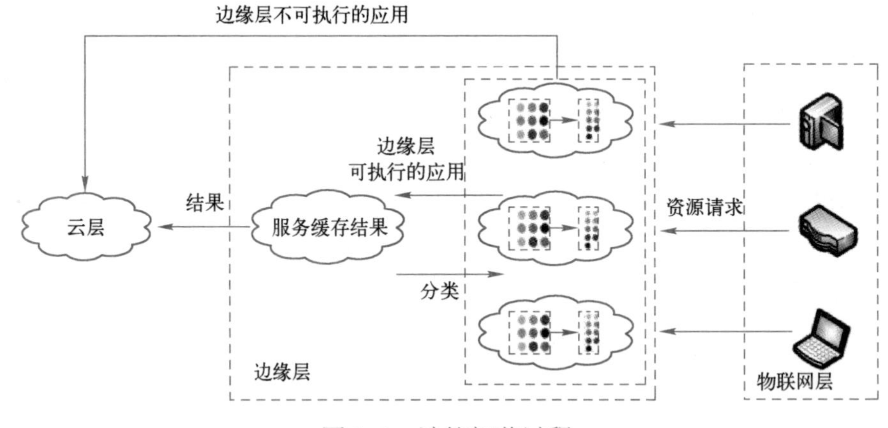

图 2-2 计算卸载过程

1）节点发现：寻找可用的 MEC 计算节点，用于后续对卸载程序进行计算。这些节点可以是位于远程云计算中心的高性能服务器，也可以是位于网络边缘侧的 MEC 服务器。

2）程序切割：将需要进行处理的任务程序进行分割，在分割过程中尽量保持分割后的各部分程序的功能完整性，便于后续进行卸载。

3）卸载决策：卸载决策是计算卸载中最核心的一个环节。该环节主要解决两大问题：决定是否将程序进行卸载，以及卸载程序的哪些部分至 MEC 计算节点。卸载策略可分为动态卸载及静态卸载两种：在执行卸载前决定好所需卸载的所有程序块的策略为静态卸载策略；基于卸载过程中的实际影响因素来动态规划卸载程序的策略为动态卸载策略。

4）程序传输：当移动终端做出卸载决策以后就可以把划分好的计算程序交到云端执行。程序传输有多种方式，可以通过 3G/4G/5G 网络进行传输，也可以通过 Wi-Fi 进行传输。程序传输的目的是将卸载的计算程序传输至 MEC 计算节点。

5）执行计算：执行主要采取的是虚拟机方案。移动终端把计算任务卸载传输到云端后，云端就为该任务启动一个虚拟机，然后该任务就驻留在虚拟机中执行，而用户端感觉不到任何变化。MEC 计算节点对卸载到服务器的程序进行计算。

6）计算结果回传：计算结果的返回是计算卸载流程中的最后一个环节。将 MEC 计算节点进行计算处理后的结果传回用户的移动设备终端。至此，计算卸载过程结束，移动终端与云端断开连接。

计算卸载的过程中会受到不同因素的影响，如用户的使用习惯、无线电信道的通信情况、回程连接的质量、移动设备的性能和云服务器的可用性等，因此计算卸载的关键在于指定适合的卸载决策。卸载决策通常按照需要进行计算卸载的任务的性能要求来确定。目前，计算卸载的性能通常以时间延迟和能量消耗作为衡量指标。时间延迟和能量消耗的计算具体分为以下两种情况。

1）在不进行计算卸载时，时间延迟是指在移动设备终端处执行本地计算所花费的时间，能量消耗是指在移动设备终端处执行本地计算所消耗的能量。

2）在进行计算卸载时，时间延迟是指卸载数据到 MEC 计算节点的传输时间、在 MEC 计算节点处的执行处理时间、接收来自 MEC 计算节点处理的数据结果的传输时间三者之和，能量消耗是指卸载数据到 MEC 计算节点的传输耗能、接收来自 MEC 计算节点处理的数据结果的传输耗能两部分之和。

卸载决策即 UE 决定是否卸载及卸载多少。UE 由代码解析器、系统解析器和决策引擎组成，执行卸载决策需要 3 个步骤：首先，代码解析器根据应用程序类型和代码/数据分区确定哪些任务可以卸载；然后系统解析器负责监控各种参数，如可用带宽、要卸载的数据大小或执行本地应用程序所耗费的能量等；最后，决策引擎确定是否要卸载。一般来说，关于计算卸载的决策有以下 3 种方案。

- 本地执行（local execution）：整个计算在 UE 本地完成。
- 完全卸载（full off loading）：整个计算由 MEC 卸载和处理。
- 部分卸载（partial off loading）：计算的一部分在本地处理，而另一部分则卸载到 MEC 服务器处理。

影响做出这 3 种决策的因素主要是 UE 能量消耗和完成计算任务时延。

卸载决策需要考虑计算时延因素，因为时延会影响用户的使用体验，并可能会导致耦合程序因为缺少该段计算结果而不能正常运行，因此所有的卸载决策至少都需要满足移动设备端程序所能接受的时间延迟限制。此外，还需考虑能量消耗问题，如果能量消耗过大，会导致移动设备终端的电池快速耗尽。最小化能耗即在满足时延条件的约束下，最小化能量消耗值。对于有些应用程序，若不需要最小化时延或能耗的某一个指标，则可以根据程序的具体需要，赋予时延和能耗指标不同的加权值，使二者数值之和最小，即总花费最小，称之为最大化收益的卸载决策。

卸载决策开始以后，接下来就要进行合理的计算资源分配。与计算决策类似，服务器端计算执行地点的选择将受到应用程序是否可以分割进行并行计算的影响。如果应用程序不满足分割性和并行计算性，那么只能给本次计算分配一个物理节点。相反，如果应用程序具有可分割性并支持并行计算，那么卸载程序将可以分布式地在多个虚拟机节点进行计算。

2.2 边缘计算存储技术

边缘计算存储主要为边缘计算提供实时、可靠的数据存储与访问，不同于中心云存储服务，边缘计算存储将数据的存储位置从远距离的云中心，迁移到离数据产生或使用场景更近的边缘存储设备或边缘数据中心上，具有更低的网络通信开销、交互延迟和带宽成本，更高的自适应能力与可扩展性。边缘计算存储技术目前还处于发展阶段，边缘存储介质、设备及存储架构仍然在不断的演进和完善中。

边缘计算存储是一种面向边缘场景的新型分布式存储架构，它将数据分散存储在邻近的边缘存储设备或中心，大幅度缩短了数据产生、计算、存储之间的物理距离，降低数据的传输开销，为业务提供高速低延迟的数据访问。边缘存储由边缘设备、边缘数据中心、分布式数据中心 3 层结构组成，如图 2-3 所示。顶层为分布式数据中心，部署在距离集中式云较远但互联网用户数量多的城市或地区，为用户提供城域 EB 级数据存储服务，也称作分布式云，通常与大型集中式云数据中心协同执行存储任务；中间层为边缘数据中心（EDC），也称作边缘云，通常部署在蜂窝基站和人群密集处，为区域内提供 TB 级实时存储服务，多个小型物理数据中心通过软件定义网络（SDN）可组合成一个逻辑数据中心；底层由数量庞大的边缘设备组成，涵盖桌面计算机、智能手机、传感器、物联网。

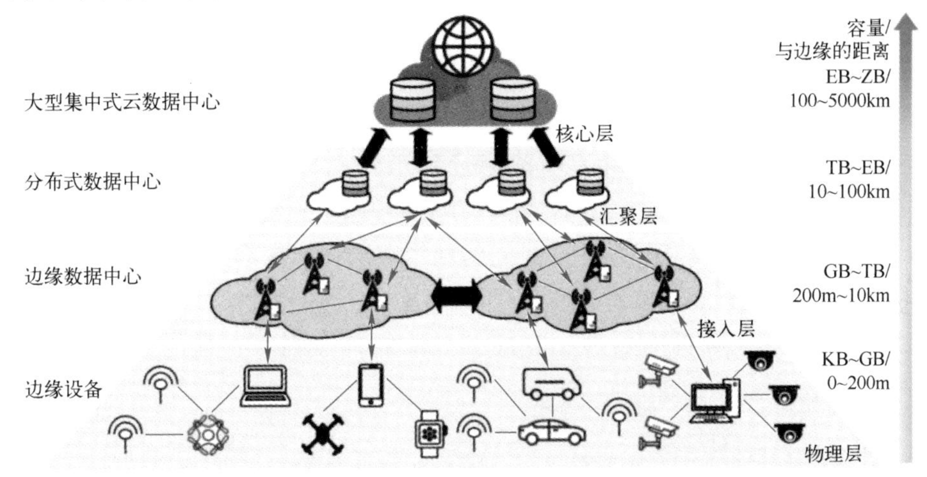

图 2-3　边缘存储的分布式架构

2.2.1　边缘存储硬件

虽然边缘计算和存算一体的研究一直在持续推进，但未来很长一段时间里，大部分的计算都会落在云端，边缘端只会承担一小部分计算压力。所以云边协同还是需要在分布式存储结构上加以优化，做到云边之间的高效数据传输。总的来看，边缘存储目前仍在发展初期，目前在边缘设备和数据中心常见的存储技术有如下几种。

1）SD 卡（Secure Digital Memory Card）是一种基于半导体闪存工艺的存储卡，目前发展出了具有更小体积的 Mini SD、Micro SD 卡，SD 卡容量目前有 3 个级别，分别是 SD、SDHC 和 SDXC，最大可以支持 2TB 数据的存储，SD 总线速的默认模式为 12.5MB/s，目前采用 SD Express 技术的 SDXC 卡最高线速可达 985MB/s。SD 卡常见于边缘设备中使用，例如消费电子设备、视频监控设备中大量采用该存储方案，SD 卡具备体积小、功耗低的优势，但是也存在存储空间受限，存储单位成本高的缺点，随着通信技术的发展，与便捷的云端或边端存储相比，SD 卡技术已经丧失了原来灵活多用的优势。

2）SSD（Solid State Disk，即固态硬盘），是用固态电子存储芯片阵列制成的硬盘，常作为边缘存储设备广泛地应用于各种系统中，也是边缘数据中心和边缘节点常见的存储解决方案。主流的 SSD 支持两种接口，一种是 M.2，另一种是 SATA，其中 SATA 接口的 SSD 硬盘是目前较为成熟常见的，相比 M.2 接口的设备来说价格较低，但是性能差一些，传输带宽最大 6Gbit/s，M.2 接口的设备执行 NVMe 协议，最高理论速度可达 32Gbit/s，目前 SSD 硬盘最大可提供 200TB 的存储空间。

3）超融合架构，是指在同一套单元设备中同时具备计算、网络、存储和服务器虚拟化等资源和技术，而且还包括缓存加速、数据去重、数据压缩、数据备份等功能。超融合是一种基于硬件之上、操作系统之下的中间件，采用硬件能力加速数据的处理和存储，为边缘节点提供更强的性能和存储空间。

2.2.2 边缘存储架构

边缘计算存储体系管理海量的数据和存储设备，不同于传统的云端存储服务具有中心聚集特性，边缘计算存储系统是一种新型的分布式存储架构体系，在网络拓扑结构中更靠近边缘设备，从而节省数据传输开销和提供更快速的本地运算服务。从组织方式的角度来看，边缘计算存储架构可以分为中心化与去中心化两种架构。

1．中心化分布式存储架构

中心化分布式存储通常采用主/从式架构：主节点具备丰富的计算和存储资源，负责存储节点的管理、存储任务的调度、数据布局以及数据的一致性维护等；从节点仅具备简单的数据存储功能。中心化分布式存储架构可以应用于边缘数据中心，边缘数据中心类似于云存储数据中心。与云存储数据中心相比，边缘数据中心在地理位置上离边缘设备更近，节点规模更小。边缘设备中的数据可上传至边缘数据中心进行存储和管理，云存储数据中心的数据也可在边缘数据中心进行缓存和预取。

2. 去中心化分布式存储架构

去中心化分布式存储没有中心节点，节点之间具有对等的功能。多个边缘设备之间可以自组织地建立去中心化分布式存储网络。随着边缘设备数量激增，该架构具有更大的潜力。这种去中心化的分布式存储架构能将很多闲置的存储资源充分利用起来，以非常低廉的维护和管理成本为边缘端提供存储服务。此外，这种结构使数据在边缘端就近存储，更容易满足边缘计算任务的实时性数据处理需求，比传统的云存储服务更加经济高效。

2.2.3 边缘存储场景——缓存

边缘缓存能使用户从小基站或其他设备处获得请求的内容，实现了内容的本地使用，不需要通过移动核心网和有线网络从内容服务提供商获取，从而减少无线需求容量和可用容量之间的不均衡，缓解了 5G 网络的回传瓶颈，提高时延保障，降低网络能耗。边缘缓存一般包括两个步骤：内容的放置和传递。内容的放置包括确定缓存的内容、缓存的位置以及如何将内容下载到缓存节点，内容的传递指的是如何将内容传递给请求的用户，如图 2-4 所示。

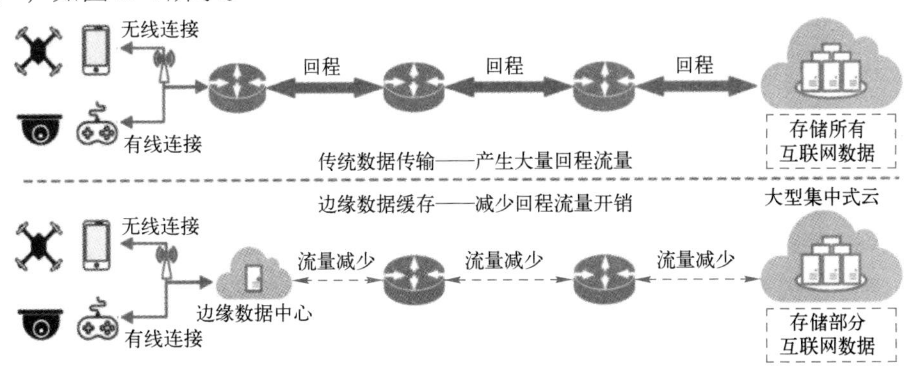

图 2-4　边缘缓存的放置和传递

一般来说，在网络流量较低、网络资源廉价而丰富时（例如清晨），执行内容的放置；当网络流量较高、网络资源稀缺和昂贵时（例如晚上），执行内容的传递。现有的工作研究主要集中在缓存的位置、缓存的形式以及缓存的内容三个方面。与此同时，考虑到随着小基站的致密化部署以及移动设备的激增，用户在小区之间的切换越来越频繁以及用户之间的 D2D 通信的机会越来越多，从而对边缘缓存的影响也越来越大。本节从边缘缓存的形式、边缘缓存的内容、边缘缓存的位置、用户移动性、缓存技术和缓存特性几个方面来介绍。

1. 边缘缓存的基本特点

1）缓存形式：缓存的形式一般分为编码缓存和非编码缓存。其中编码缓存可以将每个文件分成几个互不重叠的编码段，每个基站或移动设备可以缓存不同的编码段，通过这些编码段可以将源文件恢复。而非编码缓存一般假设文件完全缓存在基站或用户设备上，或者不缓存在基站或用户设备上。对于编码缓存，一般假设基站或移动设备只存储编码文件的一部分，可以通过收集该文件的编码信息获取整个文件。

2）缓存内容：流行的内容被请求量大（如流行的视频内容），所以针对缓存内容，首先需要关注的就是缓存文件的流行度。缓存文件的流行度指的是一定区域内文件库中每个文件被所有用户请求的概率。根据参考文献可知，内容的流行度服从 Zipf 分布，此分布可以通过文件库的大小和流行度偏置参数来表示。一般来说，内容流行度分布的变化速度比蜂窝网络的流量变化慢得多，通常在长时间内近似为常数（如电影的流行度通常为一周，消息的流行度通常为 2～3 个小时）。然而一个大区域（如一个城市甚至一个国家）和一个小区域（如校园）流行的内容往往是不同的。此外，一些研究者给出了如何获得内容的流行度的方法，比如基于内容随时间的累积统计。另一个与缓存内容相关的因素就是用户对内容的喜好程度。这是因为用户通常对特定类别的内容有强烈偏好，通过缓存此类内容，可以提高缓存命中率（请求的内容恰好在缓存服务器上）。不同于文件流行度的定义，用户喜好指的是特定用户在一定时间内请求文件的概率。用户对内容的喜好可通过用户请求的历史数据，通过推荐算法（如协同过滤）来预测。

3）缓存位置：5G 网络中边缘缓存的位置主要有基站和用户移动设备。与内容中心网络的缓存不同，边缘缓存需要考虑其特殊性（比如基站小区的干扰，用户设备的移动等）。对于基站的缓存，可以在非高峰期将缓存内容提前部署在宏基站或小基站。小基站可以分为两种，一种是有回传链接的，另一种是没有回传链接的（一般称为 helper）。用户移动设备缓存，即请求内容的移动设备可以通过 D2D 通信从缓存该内容的用户处获得，而不需要通过基站等获取。

4）用户移动性：用户移动性是边缘缓存的一个重要特征。下面主要从空间和时间两个角度介绍现有工作对用户移动性的描述。空间角度指的是与用户移动模型相关的物理位置信息，时间角度指的是与用户移动模型相关的时间信息。

- 空间角度：用户的移动轨迹（即用户的移动路线）可以对用户移动性进行细粒度的描述。通过用户的移动轨迹，可以得到用户与小基站、宏基站之间的距离。
- 时间角度：两个移动用户通信的频率和持续时间可以描述用户的移动性。根据已有的工作，任意一对用户的通信频率和通信时间可以使用接触时间（Contact Time）和接触间隔时间（Inter-contact Time）来表示。其中接触时间定义为一对移动用户在彼此的传输范围内的持续时间，接触间隔时间定义为两次连续接触时间之间的间隔时间。

2．边缘缓存的技术分类

1）基站缓存：基站缓存是指在基站部署缓存，将移动基站网络抽象成分布式网络模型，能够极大缓解移动核心网络链路的压力。

2）移动内容分发网络：移动内容分发网络（Mobile CDN）将传统 CDN 技术与移动通信网络结合起来，在核心网外部建立分布式本地网关，移动数据流量可直接通过本地网关接入网络，这种流量卸载的方式能够缓解核心网的压力，分布式的本地网关为分布式缓存部署提供了基础。

3）透明缓存：缓存主要由互联网服务提供商（ISP）进行管理，部署在距离用户很近的位置，用户不知道内容由缓存提供，即缓存对用户透明，对内容提供商透明，对应用透明。

4）资源缓存热度：为了保证在边缘缓存服务器中缓存的内容是用户实际需要的，需要采取相应的措施对内容的流行度（即热度）进行预测，在内容流行度预测过程中所采用的方法与预测效果的好坏有直接关系，常见的预测方法有静态模型、动态模型、大数据预测模型。

3．边缘缓存的特性

1）用户终端的移动性：无线边缘网络的最大特征就是用户终端的移动性，终端位置的持续变动会改变网络的拓扑结构，这就需要具备自适应的缓存策略来进行调整。

2）边缘网络的复杂性：信道的衰落和干扰导致无线环境的不确定性，缓存内容所需要的最佳环境可能在无线环境发生变化时失效。

3）缓存空间的有限性：单个基站或者用户终端的存储空间相对于核心网的存储空间都是有限的，再加上接入单个基站的用户数很少，可能导致缓存的命中率低。可以采取多个相近基站边缘网协作缓存的方式，来优化全局缓存并满足用户需求。

2.3 边缘计算网络技术

2.3.1 边缘网络组成结构

网络是边缘计算的核心能力之一，是云网络向数据中心外的延伸和演进，与传统中心式云网络以南北向流量为主相比，边缘计算的网络呈现出东西向流量为主的特征。边缘计算在确保业务间流量的可靠、稳定及安全（南北向流量）前提下，需要满足云边控制相关业务传输时间的确定性和数据完整性（东西向流量）需求。业务在接入过程涉及了运营商网络、边缘数据中心网络以及客户现场网络等多个环节。由此，可将边缘计算的网络划分为 ECA（Edge Computing Access，边缘接入网络）、ECN（Edge Computing Network，边缘计算网络）和 ECI（Edge Computing Interconnect，边缘互联网络）以及 ECC（Edge Cloud Connect，边云连接网络）四大组成部分，如图 2-5 所示。

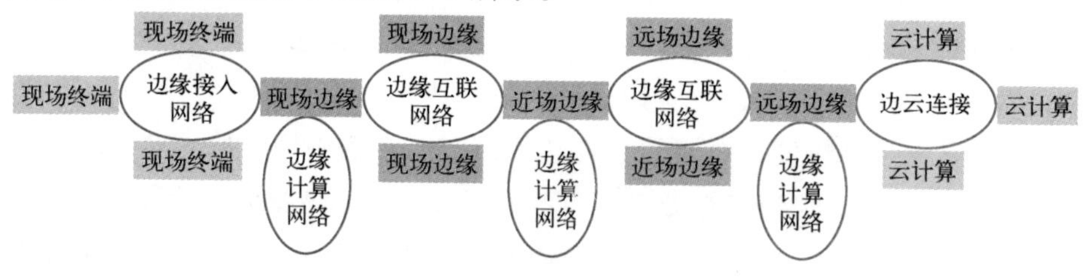

图 2-5 边缘计算的网络划分

（1）ECA（Edge Computing Access，边缘接入网络）

边缘接入网络是指从终端设备或业务接入到边缘计算网络所经过的全

部网络基础设施，终端设备在接入时，需要在 ECA 层完成其合法性校验，同时 ECA 承担终端设备的数据传输任务，将边端设备产生的数据传递到边缘计算节点。由于边端设备的多样性，对于组建 ECA 的设备，需要识别和处理复杂的各类网络协议，常见的网络协议有 MQTT、Modbus、NB-IoT、Wi-Fi、4G 等。

（2）ECN（Edge Computing Network，边缘计算网络）

边缘计算网络是指边缘计算系统内部的网络基础设施，负责边缘计算节点间的互联互通，保障业务安全可靠运行。由于边缘计算节点通常分布在边缘计算中心，是云计算参照云数据中心在边缘设立的近场景计算中心，其主要架构和云计算一脉相承，因此 ECN 的组建思路和云网络的组建思路保持一致。

（3）ECI（Edge Computing Interconnect，边缘互联网络）

边缘互联网络是指边缘计算系统之间的网络基础设施，负责将多个边缘计算系统进行互联，确保数据在跨边缘系统转发过程中的安全可靠和高效。ECI 依赖于运营商网络进行组建，是所有网络基础设施中最具复杂性和挑战的环节。

（4）ECC（Edge Cloud Connect，边云连接网络）

边云连接网络是指边缘计算与系统云中心之间的网络基础设施，实现边云相互连接并确保边界安全。通常通过边云专线接入各公有云/私有云的云计算资源池，并确保边云之间的业务通信安全可靠。

2.3.2　边缘网络前沿技术

上一节对边缘计算的网络组成结构进行了剖析，边缘计算网络的前沿技术也与网络的组成息息相关，不同的边缘计算网络组成部分，其网络基础设施的构建依赖于不同的网络技术进行保障和实现，本节对其中几个前沿技术进行相关介绍。

（1）5G

5G（5th-Generation，第五代移动通信技术）是新一代蜂窝移动通信技术，5G 相比于 4G，可以提供更高的吞吐率、更低的时延、更多的连接数、更快的移动速率、更高的安全性以及更灵活的业务部署能力，5G 的理论吞吐率可以达到 10Gbit/s，是 4G 的 100 倍，与 4G 相比，

5G 不仅将进一步提升用户的网络体验，同时还将满足未来万物互联的应用需求。

（2）Wi-Fi6

Wi-Fi6（原称：IEEE 802.11.ax）即第六代无线网络技术，是 Wi-Fi 标准的名称，Wi-Fi6 主要使用了 OFDMA、MU-MIMO 等技术，较之前的 OFDM 可以多址接入，把载波分配给不同的用户来提高系统用户连接容量，可支持多达 8 个设备通信，最高速率可达 9.6Gbit/s，相比于前几代的 Wi-Fi 技术，Wi-Fi6 在速率、延时、容量方面都有显著提升，此外 Wi-Fi6 设备认证，必须采用 WPA 3 安全协议，安全性进一步提升，可以更好地阻止强力攻击、暴力破解等风险，同时 Wi-Fi6 延续了 802.11ah 中的 TWT（Target Wake Time）功能，允许设备与无线路由器之间主动规划通信时间，减少无线网络天线使用及信号搜索时间，能够一定程度上减少电量消耗，提升设备续航时间。

（3）网络切片

网络切片是一种按需组网的方式，可以让运营商在统一的基础设施上分离出多个虚拟的端到端网络，每个网络切片从无线接入网到承载网再到核心网上进行逻辑隔离，以适配各种各样类型的应用。一个网络切片，至少可分为无线网子切片、承载网子切片和核心网子切片三部分。网络切片技术的核心是 NFV（网络功能虚拟化），NFV 从传统网络中分离出硬件和软件部分，硬件由统一的服务器部署，软件由不同的网络功能（NF）承担，从而实现灵活组装业务的需求。

（4）SD-WAN

SD-WAN（Software Defined Wide Area Network，即软件定义广域网），是基于软件的网络技术应用，可虚拟化 WAN 连接，使分支机构能够跨云和应用进行可靠高效能的访问，常用于连接广阔地理范围的企业网络、数据中心、互联网应用及云服务。SD-WAN 分层架构通过智能化、集中化、自动化的手段将网络功能和服务从数据平面迁移到更加抽象的可编程控制平面，实现数据平面和控制平面分离，其统一的通信协议简化了控制平面和各数据平面之间的通信。

2.4　边缘计算安全技术

边缘计算安全是边缘计算的重要保障，边缘计算推动计算模型从中心式云计算走向分布式边缘计算，极大地促进了业务和技术的发展，但同时也将安全风险引入到了网络边缘，为边缘计算的发展构建安全可信环境，是边缘计算安全技术的使命。

2019 年，Gartner 在发布的《网络安全的未来在云端》中提出了一项新的技术概念——SASE（Secure Access Service Edge，即安全访问服务边缘），将其应用于边缘计算领域，作为边缘计算的安全模型，SASE 的设计理念也蕴含了零信任思维原则。本节主要从边缘计算的挑战和技术角度，对边缘计算安全技术进行讨论。

2.4.1　边缘安全挑战

边缘计算的基本思想是将大量对实时性有较高要求的数据留在边缘处理，尽可能减少数据上传到云的传输时间，以提高数据的实时性和安全性，这是边缘计算的优势。然而，每个硬币都有正反两面，边缘计算优势的背后有一个不争的事实：每台边缘设备都代表了一个潜在的易受攻击的端点，加之边缘计算中使用的设备比传统数据中心或服务器的设置更小，在设计时不可能像数据中心那样予以充分的安全性考虑，在设备更新和维护方面更不能与数据中心相提并论。

当前产业界以及学术界已经开始认识到边缘安全的重要性和价值，并开展了积极有益的探索，但是目前关于边缘安全的探索仍处于产业发展的初期，缺乏系统性的研究。综合来看，边缘计算最易受黑客攻击的窗口主要分布在三个位置：❶是图 2-6 中的边缘接入侧（云-边接入，边-端接入），❷是边缘服务器端（硬件、软件、数据），❸是边缘管理的位置（账号、管理 / 服务接口、管理人员）。

1．边缘接入

（1）不安全的通信协议

边缘节点的通信分为南北向。南向对接端侧异构设备，北向对接云上消息通道。南向与端侧设备的通信，目前绝大多数还是使用没有安全性保障的通信协议，比如：ZigBee、蓝牙等。北向与云端的通信，大部分是使用消息中间件或者网络虚拟化技术，通过未经加密的传输层数据通道来转发数据。这些通信协议缺少加密、认证等措施，易于被窃听和篡改。

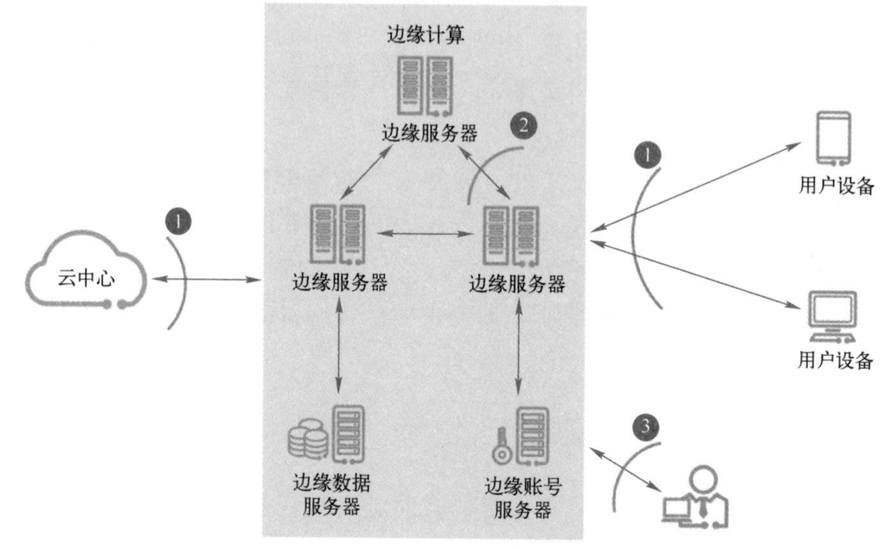

图 2-6 边缘计算环境中潜在的攻击面

（2）恶意的边缘节点

边缘计算具有分布式部署、多元异构和低延迟等特性，参与实体众多，信任关系复杂，从而导致很难判断一个边缘节点是不是恶意节点伪装的。恶意的边缘节点是指攻击者将自己的边缘节点伪装成合法的边缘节点，使用户难以分辨，诱导终端用户连接到恶意的边缘节点，隐秘地收集用户数据。此外，边缘节点通常被放置在用户附近，在基站或路由器等位置，甚至在 Wi-Fi 接入点的极端网络边缘，这使得为其提供安全防护变得非常困难，物理攻击更有可能发生。从运营商角度，恶意用户部署伪基站，造成用户流量被非法监听，严重损害用户个人隐私，甚至造成财产及人身安全威胁。在工控场景下，由于传统设备运行的系统与软件比较老旧，恶意用户更容易通过系统漏洞入侵和控制部分边缘节点，造成生产上的损失。

2．边缘服务器

（1）边缘节点数据易被损毁

边缘节点作为边缘计算的基础设施，其地理位置靠近用户现场，缺少有效的数据备份、恢复、以及审计措施，导致攻击者可能修改或删除用户在边缘节点上的数据来销毁某些证据。从主观角度来看，一些怀有恶意目的的攻击者，很可能通过对边缘节点的安全薄弱点进行攻击，从而获取到高级权限，来抹除对自己不利的数据，甚至伪造对自己有利的数据。从客观角度来看，如果边缘节点由于不可抗力因素导致用户数据丢失或损坏，边缘侧没有提供有效的数据备份与恢复机制，且云端也未能及时同步边缘数据，那么客户的业务将遭受致命打击。

（2）隐私数据保护不足

边缘计算通过将计算任务下沉到边缘，在一定程度上避免了数据在网络中长距离的传播，降低了隐私泄露的风险。但是，边缘节点获取到的第一手业务数据，仍然包含了未脱敏的隐私数据。一旦遭到黑客的攻击、嗅探和腐蚀，则用户的位置信息、服务内容和使用频率将全部暴露。

（3）不安全的系统与组件

边缘计算将云上的计算任务卸载到本地执行，在安全方面存在的问题是计算结果是否可信。在电信运营商边缘计算场景下，尤其是在工业边缘计算、企业和 IoT 边缘计算场景下，边缘节点可能从云端卸载的是不安全的定制操作系统，或者这些系统调用的是被敌手腐蚀了的供应链上的第三方软件或硬件组件。一旦攻击者利用边缘节点上不安全 Host OS 或虚拟化软件的漏洞攻击 Host OS，或利用 Guest OS 通过权限升级或者恶意软件入侵边缘数据中心，并获得系统的控制权限，则恶意用户可能会终止、篡改边缘节点提供的业务或返回错误的计算结果。如果不能提供有效机制验证卸载的系统和组件的完整性和计算结果的正确性，云可能不会将计算任务转移到边缘节点，用户也不会访问边缘节点提供的服务。

（4）易发起分布式拒绝服务

参与边缘计算的海量设备，通常使用简单的处理器和操作系统，对网络安全不重视，或者因设备本身的计算资源和带宽资源有限，无法支持支持复杂的安全防御方案。这些海量设备恰好为 DDoS 攻击提供了大量潜在的“肉鸡”，也就是可以被黑客远程控制的机器。黑客可以随意操纵并利用其做任何事情。当攻击者攻破了这些设备的安全防御系统，就可以利用这些“肉鸡”发起 DDoS 攻击，即在同一时间发送大量的数据到目标服务器上，导致无法解析正常请求。

（5）易蔓延 APT 攻击

APT 攻击是一种寄生形式的攻击，通常在目标基础设施中建立立足点，从中秘密地窃取数据，并能适应防备 APT 攻击的安全措施。在边缘计算场景下，APT 攻击者首先寻找易受攻击的边缘节点，并试图攻击它们和隐藏自己。更糟糕的是，边缘节点往往存在许多已知和未知的漏洞，且存在与中心云端安全更新同步不及时的问题。一旦被攻破，加上现在的边缘计算环境对 APT 攻击的检测能力不足，连接上该边缘节点的用户数据和程序无安全性可言。

（6）硬件安全支持不足

边缘节点更倾向于使用轻量级容器技术，但容器共享底层操作系统，隔离性较差，安全威胁严重。因此，仅靠软件来实现安全隔离，很容易出现内存泄漏或篡改等问题。基于硬件的可信执行环境（TEE），如 Intel SGX、ARM TrustZone、AMD 内存加密技术等，目前在云计算环境已成为趋势，但是在复杂信任场景下的应用，目前还存在性能问题，在侧信道攻击等安全性上的不足仍有待完善。

3. 边缘管理

（1）身份、凭证和访问管理不足

身份认证是验证或确定用户提供的访问凭证是否有效的过程。边缘节点与终端用户如何双向认证、边缘节点与云端如何实现统一的身份认证和高效的密钥管理、在高移动性场景下如何实现在不同边缘节点间切换时的高效认证，是需要思考的问题。此外，在边缘计算环境下，边缘服务要为动态、异构的大规模设备用户接入提供访问控制功能，并支持用户基本信息和策略信息的分布式的远程提供，以及定期更新。

（2）账号信息易被劫持

用户的现场设备往往与固定的边缘节点直接相连，设备的账户通常采用的是弱密码、易猜测密码和硬编码密码，用户唯一身份标识易泄露，导致攻击者以此来执行修改用户账号、创建新账号、删除应用等恶意操作。

（3）不安全的接口和 API

在云环境下，为了方便用户与云服务交互，要开放一系列用户接口或 API，这些接口需防止意外或恶意接入。如果第三方基于现有 API 开发上层应用，那么安全风险将会嵌套。边缘节点既要向海量的现场设备提供接口和 API，又要与云中心进行交互，这种复杂的边缘计算环境、分布式的架构，引入了大量的接口和 API 管理，但目前的相关设计并没有都考虑安全特性。

（4）难监管的恶意管理员

管理大量的现场设备，很可能存在不可信或恶意的管理员。如果管理员出于其他的目的盗取或破坏系统与用户数据，那么它将能够重放、记录、修改和删除任何网络数据包或文件系统。现场设备的存储资源有限，难以对恶意管理员进行全面审计。

2.4.2　边缘安全策略

近年来，人们开始针对边缘云计算开展相关认证技术研究，目前主要研究的是边缘服务器与用户之间的双向认证技术，目的是防止接入恶意用户，或者防止接入到恶意的边缘服务器，同时考虑减少接入认证时的计算和通信开销。而且人们也关注了云-边缘平台之间的认证和通信安全问题，主要考虑的是增加认证次数和通信过程中的数据安全性。

为应对边缘计算诸多的安全风险，从边缘计算网络架构特点出发，从边缘计算环境下身份认证、通信安全协议、入侵检测、数据加密、虚拟机隔离 5 个策略角度进行简单介绍。

（1）身份认证

一方面，可以通过第三方认证服务器对边缘计算设备之间进行鉴权和认证。但是这种方式要求部署第三方服务器，依赖于第三方认证服务的可靠性和安全性。另一方面，由于边缘计算服务器和设备数量较多，且可能采用分布式交互的方式，因此一些分布式认证和鉴权机制也可以用于边缘设备之间的认证和鉴权，例如设备之间通过公钥基础设施（PKI）进行双向认证。这样的认证可以不依赖于第三方认证服务，但是要求边缘用户存储相关的认证信息。

（2）通信安全协议

在边缘计算服务中，用户与边缘计算服务器之间的通信会涉及许多通信协议，例如 TCP/IP、802.11 系列协议、5G 协议等。这些协议中都包含对用户的接入认证、数据传输安全等相关的安全协议和机制。例如，IETF2018 年发布的 TLS1.3 版本，通过增强对握手协商的加密来保护数据免受窃听。3GPP 也发布了 R15 版本的 5G 安全协议。在边缘计算服务框架下，可以充分利用上述安全协议的特点，解决边缘计算服务中认证鉴权、数据传输、隐私保护等安全问题。

（3）入侵检测

在不同的网络环境下，入侵检测系统（Intrusion Detection System，IDS）的检测算法及应用部署有着不同的需求。随着云计算的广泛应用和边缘计算的兴起，很多学者对边缘计算的入侵检测系统进行了广泛研究。入侵检测主要用来监控和检测主机侧或网络侧的异常数据。应用于云数据中心的入侵检测技术也可以用于边缘数据中心，对恶意软件、恶意攻击等进行检测。此外，对于边缘计算分布式的特点，可以通过相应的分布式边缘入侵检测技术来进行识别，通过多节点之间进行协作，以自组织的方式实现对恶意攻击的检测。

（4）数据加密

在分布式应用环境中，常采用加密技术在数据挖掘过程中隐藏敏感数据，如分布式数据挖掘、分布式安全查询等。具体应用通常会依赖于数据的存储模式和站点的可信度及其行为。数据加密技术还可以对边缘数据中心的数据进行保密性和完整性保护，增强对虚拟机数据存储、计算处理和迁移过程中的数据安全保护，提高用户隐私数据的安全性。

（5）虚拟机隔离

对于部署在虚拟化边缘环境中的虚拟机，可以加强虚拟机之间的隔离，对不安全的设备进行严格隔离，防止用户流量流入到恶意虚拟机中。另外，可以实时监测虚拟机的运行情况，有效发掘恶意虚拟机行为，避免恶意虚拟机的计算迁移对其他边缘数据中心造成感染。

2.4.3 边缘安全参考体系

针对边缘计算存在的安全风险和威胁，提出边缘计算安全参考体系。针对不同层级差异化的安全防护需求，安全参考体系聚焦应用安全、数据安全、网络安全、基础设施安全、物理环境安全、安全运维支撑、安全管理七个方面，细化分解了边缘计算安全问题，提供了边缘计算安全实施路径和相应方案。

（1）应用安全

应用安全主要针对应用安全隔离风险、应用安全检测能力不足、安全漏洞、缺少恶意应用检查等风险，通过访问授权、应用加固、安全检测、接口安全、安全开发、安全扫描、应用管控等实现安全目标。边缘计算平台通过开发的原生应用或入驻平台的第三方应用，将平台相关基础网络能力、通用安全能力、第三方能力等开放给平台用户。边缘计算应用安全重点考虑在应用的开发、上线到运维的全生命周期内，通过应用加固、权限和访问控制、应用监控、应用审计等安全防护措施，提升应用的安全可靠性。

（2）数据安全

数据安全主要针对隐私数据泄露、数据面网关安全、数据传输未加密等风险，通过数据采集、完整性审计、数据加密、敏感数据监测、个人信息保护、安全存储与备份和安全配置等实现安全目标。边缘计算数据安全重点考虑在边缘计算过程中对数据的产生、采集、流转、存储、处理、使用、分享、销毁等环节的数据安全全生命周期保护。

（3）网络安全

网络安全主要针对远程操作管理、网络攻击风险、网络级安全防护不当等风险，通过接入安全、通信安全、监测与响应以及安全态势感知等实现安全目标。边缘网络安全防护考虑通过建立纵深防御体系，从安全协议、网络域隔离、网络监测、网络防护等从内到外保障边缘网络安全。

（4）基础设施安全

基础设施安全主要针对配置不当、接入认证缺失、未安全隔离等风险，通过硬件安全、虚拟化安全、接入安全、系统安全、脆弱性评估、边缘节点日志审计等实现安全目标。边缘基础设施安全涵盖从启动到运行整个过程中的设备安全、硬件安全、虚拟化安全和系统安全。需要保证边缘基础设施在启动、运行、操作等过程中的安全可信。

（5）物理环境安全

物理环境安全主要针对机房环境、开放环境的安全风险，通过物理访问授权、物理访问控制、防雷击要求、防水防火防静电、电力设备安全保障等实现安全目标。边缘计算产品需适配工业现场相对恶劣的工作条件与运行环境，边缘计算平台部署物理环境安全可包括地市级、区县级机房，以及边缘云、微型数据中心，或现场设备、智能网关等网络设备。

（6）安全运维支撑

安全运维支撑主要针对应急响应不及时、未进行冗余配置、安全测试经验不足等安全风险，通过安全应急响应、冗余与灾备、安全测试、软件开发流程审计等实现安全目标。边缘计算是由多个子系统组成的复杂系统，其运维通常由不同责任方开展。边缘计算安全运维对明确不同责任方的安全职责、安全运行监管团队构建，边缘安全运维管理策略制定、边缘计算系统响应与恢复等进行要求，保证边缘计算系统安全可靠的运行。

（7）安全管理

安全管理主要针对平台管理和第三方管理等安全风险，通过人员管理、系统管理、口令管理、安全策略管理、安全管理制度等实现安全目标。边缘计算管理安全包括涉及平台自身的管理安全，以及与其他相关方合作过程中的管理安全。

2.5 边缘计算基础应用

边缘计算基础应用包括业务进行处理需要用到的各类中间件，包括数据库、全文检索引擎、消息队列、流式计算框架等，由于边缘侧主要进行的是设备接入、时序数据处理，因此它对消息队列和流式计算框架的需求较为明确，目前针对边缘计算的基础应用主要有迁移和轻量化改造两种发展路线。本节对边缘计算基础应用的这两种发展路线进行阐述。

2.5.1 基础应用边缘迁移

基础应用边缘迁移，就是将云上基础应用的部署地点由云中心迁移部署到边缘节点，该路线受两方面因素的限制：一方面是边缘节点资源规模，由于大部分边缘节点资源较为紧张，而云上基础应用的资源开销较大，因此在资源上，对基础应用迁移的场景进行了限制，主要在资源较为宽裕的场景执行该类策略；另一方面主要是需要进行 CPU 架构的兼容，常见的云原生基础应用都是基于 X86 架构开发的，而边缘计算场景，最常见也是当前使用率最高的架构是 ARM 架构，因此需要将 X86 架构的基础应用迁移到 ARM 架构。目前大部分基础应用，例如 MySQL、Redis、Kafka

等都有 ARM 版本，可以快速部署使用。迁移路线无法突破边缘资源受限的先天约束，场景适用性受到一定限制，通常仅能适用于边缘数据中心这一级别的场景，无法下沉到业务场景。需要进行边缘基础应用的轻量化，才能覆盖业务场景。

2.5.2 基础应用轻量化建设

轻量化改造路线，就是将现有的基础应用，以资源节约为目的，满足业务需求，提供现有基础应用类似的功能，到那时资源使用率小，可以在近场景侧的设备上进行部署。目前边缘基础应用的轻量化建设已经有大量的相关技术和软件，从中择取一些具有代表性的软件和技术进行介绍。

1. 消息队列

（1）NanoMQ

NanoMQ 是面向边缘计算场景的下一代轻量级高性能 MQTT 消息服务器，用于为不同的边缘计算平台交付简单且强大的消息中心服务，支持 MQTT 协议和 ZeroMQ 和 Nanomsg 等不同边缘常用总线协议，集成 broker 和 brokerless 消息模式，方便打造一站式边缘数据总线应用。NanoMQ 能够以仅仅 200MB 的内存消耗支持超过 80 万条每秒的消息吞吐。由于项目只依赖原生 POSIX API，纯 C/C++开发，从而具有极高的兼容性和高度可移植性。NanoMQ 内部为全异步 IO 和多线程并行，所以对 SMP 有良好支持，同时做到了低延时和高吞吐。对于资源利用具有高性价比，适用于各类边缘计算平台。

（2）Mosquitto

Mosquitto 是一个开源的消息代理软件，完全兼容了 MQTT 3.1 和 MQTT 3.1.1，提供轻量级的、支持可发布/可订阅的消息推送模式，使设备对设备之间的短消息通信变得简单，比如现在应用广泛的低功耗传感器，手机、嵌入式计算机、微型控制器等移动设备。

2. 数据库

（1）SQLite

SQLite 是一款轻型的数据库，是遵守 ACID 的关系型数据库管理系统。它的设计目标是嵌入式的，而且已经在很多嵌入式产品中得到了使用。它占用的资源非常低，在嵌入式设备中，可能只需要几百 KB 的内存就够了，是边缘场景最常见的关系数据库解决方案。

（2）BoltDB

BoltDB 是一个用 Go 语言编写的嵌入式 K/V 数据库。这款数据库不支持网络连接，也没有复杂的 SQL 语句查询支持。但是它在 Go 语言的应用中能够比较方便地实现数据持久化。因此其使用场景就限制为 Go 语言编写的程序。

（3）TDengine

TDengine 是一款 C 语言开发的轻量化开源时序数据库，安装包只有 2MB 左右，核心功能是一个高性能分布式时序数据库，提供缓存、数据订阅、流式计算等功能，具备超高的可靠性，超强的水平扩展能力，可以应对大数据的挑战，被广泛应用在边缘计算的时序数据处理领域。

3. 全文检索

ZincSearch 是一个进行全文索引的搜索引擎。它是 Elasticsearch 的轻量级替代品，可以运行在不到 100MB 的内存中。它使用 bluge 作为底层索引库，具备资源利用率低、内置身份验证方案等优点，满足边缘场景对于全文索引功能的需求。

4. 流式计算框架

LF Edge eKuiper 是 Go 语言实现的轻量级物联网边缘分析、流式处理开源软件，可以运行在各类资源受限的边缘设备上。eKuiper 设计的一个主要目标就是将在云端运行的实时流式计算框架迁移到边缘端。eKuiper 可以运行在各类物联网的边缘使用场景中，通过 eKuiper 在边缘端的处理，可以提升系统响应速度，节省网络带宽费用和存储成本，提高系统安全性。

5. 机器学习框架

TensorFlow Lite 是 Google 开源的一款 TensorFlow 终端版本，用于移动设备和嵌入式设备的轻量级解决方案，具备占用空间小、延迟低等优点，可以在低延迟的移动设备上运行机器学习模型，进行分类、回归或其他机器学习任务，而无须进行到服务器的数据往返。

2.6 云边协同管理技术

边缘计算不是单一的技术，也不是单一的层次，而是涉及 IaaS 基础设施、PaaS 能力平台，以及业务应用。边缘场景相对于中心云的场景有着许多非常不同的特征。

- 去中心化的体系架构。
- 数据主要在边缘实时处理，即计算和智能将跟随数据，动态地进行部署和处理。
- 以事件驱动（Event-driven）、流式数据（Streaming）、推理、异步和实时数据处理为主。
- 边缘与边缘的交互，边缘局部闭环自治。
- 多样化、异构形态的资源配置，计算/网络/存储资源深度融合按场景定制，设备高度离散，资源利用率低。
- 产品生命周期长，多厂商和多代（Multigeneration）技术并存。

因此，云边协同涉及多层的全面协同，包含**基础资源管理协同**、**基础应用管理协同**、**业务应用管理协同**三个层面的管理协同。

1）基础资源管理协同：边缘节点提供计算、存储、网络、虚拟化等基础设施资源、具有本地资源调度管理能力，同时可与云端协同，接受并执行云端资源调度管理策略，包括边缘节点的设备管理、资源管理以及网络连接管理。

2）基础应用管理协同：边缘节点提供应用部署与运行环境，并对本节点多个应用的生命周期进行管理调度；云端主要提供应用开发、测试环境，以及应用的生命周期管理能力。

3）业务应用管理协同：横跨云边的分布式业务架构，部分服务在云端，部分服务在边缘，云边协同实现业务需求。

2.6.1 基础资源管理协同

边缘基础设施通常由部署在城域网络侧的近场边缘云、5GMEC、工厂的现场边缘节点、工厂的智能设备（如机器人），提供边缘计算所需的算力，存储，网路资源。云边资源协同也面向诸多挑战。

1）异构设备挑战：边缘硬件的计算/网络/存储资源和容量，往往会深度按业务场景进行定制。边缘硬件的计算架构也呈现出多样化的趋势。同时，产品生命周期长，多厂商和多代技术并存。因而在构建边缘解决方案时，就需要考虑如何能够更好地对异构和多样化的边缘设备进行抽象、管理和运用。

2）资源受限挑战：单个边缘节点的资源是受限的，如果应用需要实现弹性伸缩或故障切换，需要由多个边缘节点组成某种形式的边缘节点组或集群，应用在此集群内进行部署、伸缩和治理。

3）边边/边云通信挑战：典型的实时互动类场景如在线教育、云游戏等，对于多个边缘节点之间、边缘节点到中心云之间的通信链路，都有比较明确的业务要求。如何能够实时构建和维护低时延、高质量、低成本的边边/边云通信链路，是一个关键的技术挑战。

为了降低上层应用适配底层硬件的难度，就需要通过一个中间层次来对底层硬件进行抽象，使得上层应用可以用一点接入、一次适配、一致体验的方式来使用边缘的资源。**从单节点的角度，**资源协同提供了底层硬件的抽象，简化上层应用的开发难度。**从全局的角度，**资源协同还提供了全局视角的资源调度和全域的 Overlay 网络动态加速能力，使得边缘的资源能更有效率地使用，边缘与边缘、边缘与中心的互动能够更实时。云边资源协同具体来说包括三个方面。

1）硬件抽象：通过插件框架的形式，对边缘硬件的计算、存储、网络等资源进行模型抽象，使得不同的硬件厂家可以为自己的产品提供插件化的定义和描述，向应用开发者和运维人员提供一个统一的资源能力描述、部署、运维管理方式。

2）全局调度：对于需要实现广域化、多节点部署的边缘业务，实现基于策略的全局资源调度，使得应用可以灵活地按照自定义的策略实现应用实例的多节点部署和动态切换。

3）全域加速：实现从中心云到边缘、边缘到边缘之间的互联互通、高效的消息路由，还可以进一步构建全局的 Overlay 网络实现各节点的优化寻址和动态加速，为基于服务质量和确定性时延的策略调度打下坚实基础。

2.6.2 基础应用管理协同

基础应用管理协同是指用户通过边缘计算平台在云上的管理面将开发的应用通过网络远程部署到用户希望的边缘节点上运行，为终端设备提供服务，并且可以在云上进行边缘应用生命周期管理。基础应用管理协同还规定了边缘计算平台向应用开发者和管理者开放的应用管理北向接口。对于边缘计算的落地实践来说，应用协同是整个系统的核心，涉及云、边、管、端各个方面。

相比集中在数据中心的云计算，边缘计算的边缘节点分布较为分散，在很多边缘场景中，如智能巡检、智慧交通、智能安防、智能煤矿等，边缘节点采用现场人工的方式对应用进行部署和运维非常不方便，效率低成本高。边缘计算的应用协同能力，可以让用户很方便地从云上对边缘应用进行灵活部署，大大提高边缘应用的部署效率，降低运维管理成本，为用户边缘场景实现数字化、智能化提供了基础。这也是基础应用管理协同对于边缘计算场景的价值所在。基础应用管理协同面对几方面的挑战。

1）传统边缘应用部署的物理节点分布可能较为分散，部署过程中存在大量需要人工现场操作的步骤，部署方式不够灵活方便，效率低下。边缘应用缺少云边协同管理方案，边缘计算平台也缺少统一的应用管理北向接口。

2）边缘计算复杂场景下应用分发比较困难。用户应用部署到海量的边缘节点上，需要大规模分发应用的镜像。边缘和中心云之间一般跨网络连接，网络的稳定性相对较差。中心镜像仓库高并发下载带来高昂的带宽成本也是一个非常严重的问题。另外，用户应用日益复杂化，跨越云边的分布式应用场景越来越多，但是对应的跨云边应用分发机制还比较缺乏。

3）云边计算场景下边缘应用管理困难。边缘节点与云端通过城域网互联，漫长的网络链路使得二者连接不够稳定，且易因各种不确定因素导致边缘节点整体断连。在断连后，边缘节点及其上的应用实例将处于离线状态，并且缺乏 IT 维护人员及时的管理恢复。此时边缘应用会出现不可用的问题，边缘侧的业务连续性及可靠性都将受到极大的挑战。

边缘计算基础应用管理协同系统整合边缘节点资源，通过边缘管理模块与云上控制模块合作，共同完成应用协同。目前边缘计算领域多种技术架构并存，其中基于云原生技术的边缘计算架构发展迅速并逐渐成为主流。边缘计算边云应用协同系统分为云上和边缘两个部分。

云上部分包含云上控制面和云端镜像仓库，云上控制面主要用于接收用户提交的应用部署请求信息并对边缘应用进行生命周期管理，云端镜像仓库主要用于对用户提交的应用镜像进行分级转发缓存；边缘部分主要为边缘节点和边缘镜像仓库，边缘节点用于为边缘应用提供运行环境和资源，边缘镜像仓库为边缘应用提供具体的镜像加载服务。

用户将其开发的应用通过边缘计算平台下发部署到边缘节点上运行，因此需要边缘计算平台提供清晰明确的应用部署接口。应用部署接口定义了用户与边缘计算平台之间的交互方式与功能边界。边缘计算平台为用户提供标准化的北向接口，开放各种应用部署和调度能力，用户的所有应用部署需求，都以服务请求的形式向边缘计算平台提交，边缘计算平台将执行结果以服务响应的方式返回给用户。

用户使用边缘计算平台进行应用部署时，应该对应用的目标形态提出需求，以部署配置文件的形式进行描述，并提交给边缘计算平台。边缘计算平台会根据用户提交的需求以及既定的调度策略，选择最能满足用户需求的节点进行调度，获取相关节点资源，创建应用实例，创建相关资源如中间件、网络、消息路由等，完成应用在边缘节点上的下发部署。用户通过北向接口提交的应用的部署需求，通常会涉及如下方面。

1）工作负载信息：包括应用的镜像地址、应用实例数量、应用标签信息、应用环境变量配置等等。

2）调度策略：应用调度策略是边缘计算平台调度能力的外在呈现方式，用户只能在平台既定的框架下选择、制定符合自己需求的调度策略。更精细、更高效、更灵活的调度策略需要边缘计算平台自身更强大的调度能力作为内在支持。从用户的角度来讲，应用调度策略可能会包括如下类型：将应用部署到指定边缘节点或边缘区域；将应用自动部署到用户访问最密集的地区；保证一定百分比的应用实例所处地区的网络延迟低于给定值；在给定的节点组上部署并保证各个节点负载均衡；在达到指定服务效果的前提下资源费用最低等。

3）资源需求：资源需求代表每个应用实例在边缘节点上运行所需要的资源数量下限值和上限值，当一个节点无法提供满足下限值的资源时，表示边缘节点资源不足，应用实例不会被平台调度到该节点上执行，当一个应用实例运行所占用的资源超过上限值时，表示应用程序可能发生了异常，需要紧急停止。常用资源类型包括 CPU、内存、存储、网络带宽、GPU、NPU 等。

4）网络需求：应用对于网络 QoS 和 QoE 有一定的需求，包括网络抖动、网络时延、吞吐率等等部署模式。应用在边缘的部署模式可以分为两类，一类为根据部署策略和调度结果直接将应用实例部署到对应节点，一类为收到客户端访问请求后触发应用实例的部署。

5）中间件需求：未来如数据库、5G 核心网等能力会以中间件的形式提供给应用进行使用，用户可以向平台提出应用对中间件的需求，由平台来将相关中间件进行实例化，为用户应用提供服务，避免用户自己管理中间件的风险。

2.6.3　业务应用管理协同

业务应用管理协同是指通过在边缘计算平台提供用户需要的关键组件能力，以及快速灵活的服务对接机制，从而提升用户边缘应用的构建速度，在边缘侧帮助用户服务快速接入边缘计算平台。业务应用管理协同主要包括两个方面，一方面是来源于中心云的云服务和云生态伙伴所提供的服务能力，包括智能类、数据类、应用使能类能力。另一方面是通过云原生架构，提供一套标准的服务接入框架，为边缘服务的接入、发现、使用、运维提供一套完整流程。

智能类服务是在人工智能场景下，通过使用人工智能服务对海量数据进行预处理及半自动化标注、大规模分布式训练，生成自动化模型，并支持部署到云上和边缘。利用边缘服务将其推送到边缘节点，提供边缘传输通道，联动边缘和云端数据；边缘 AI 服务实时获取数据，通过推理进行瑕疵检测，根据结果调整生产设备参数，并将数据和结果周期上传回云端，用于持续的模型训练和生产分析。

数据类服务按照距离用户的远近可以分为云端数据库和边缘数据库。云端数据库部署在云端，负责对云上服务处理的数据进行存储，并提供高效的查询。云端数据库存储数据量大，查询响应快，但是边缘计算场景下，由于和用户设备距离过远，数据传输慢，导致无法实时响应用户数据请求，无法很好地满足用户实际述求，因此边缘场景下延伸出了边缘数据库这一概念。顾名思义，边缘数据库部署在边缘侧，距离终端设备近，终端设备进行采集数据后上报到边缘端的服务非常快，而边缘侧的服务经过分析计算后可以持久化存储在边缘设备中，这样既保证了数据的实时处理，又使得当边缘网络断开时，边缘数据库储存的数据可以支持边缘自治。

在边缘场景下，数据采集频繁，上报数据量大，会产生大量冗余以及不符合规范的数据，对数据的分析挖掘造成了很大的麻烦，需要边缘侧进行数据清洗和数据分析整合，使用边缘时序数据库等保证数据的时序，当实时处理后，可以根据数据的具体类型和场景，协同上报到云端数据库中进行进一步处理，或者在本地存储待后续使用。

应用服务主要是将一般中间件等有状态的服务部署在边缘场景中进行分布式运行。由于中间件等有状态服务架构复杂，涉及很多复杂化处理，因此应用服务主要提供的是云边分布式开发框架和运行框架，通过提供标准的接入规范和开发框架，可以帮助这类服务快速集成开发，并且能够方便地部署集成到边缘计算环境中。同时，这种统一的开发框架，可以方便应用服务的改造，帮助不同形态服务的迁移，满足快速上云诉求。而运行框架则提供了运维规范、通信规范等，还提供了开箱即用的微服务注册、发现和访问机制，可以帮助服务进行全生命周期的管理，并且满足跨云边应用协同，在边缘计算场景中，不同的设备、不同的边缘云设施中，都可以快速无缝协同工作，从而提高服务协同能力，降低用户使用难度、部署难度以及运维难度。

边缘计算场景下，业务应用管理协同面临着几个较为严峻的挑战。

1）数据存储困难，性能可靠性无法保证。随着越来越多的业务连接到物联网，与 IoT 关联产生的数据量和时序数据越来越多，而边缘侧资源紧张，对数据存储的成本、响应的性能和可靠性带来了极大的挑战，随着业务种类不同，数据的上报结构各不相同，对数据的存储也带来了极大的不便。

2）数据量大，实时性无法得到保证。边缘智能场景下，大量设备接入边缘云，上报数据量大，采样类型种类多，导致数据存在大量冗余情况，而边缘侧场景的高实时要求又是一大难题。

3）应用接入不规范，难以统一管控。边缘服务涉及多种类型服务接入，其中数据服务、智能服务、应用服务等开发框架、语言以及使用方式都不一样，导致服务协同部署运维难度增大，跨云场景也因为接入方式不一致而无法统一管理。

4）服务运维困难。由于服务大部分需要部署在边缘侧，而边缘侧的设备大多数都处于机房、基站等偏远地点，站点维护人员技能水平不一，导致设备数据收集困难甚至无法收集，一旦服务出现问题存在无法自愈或者及时修复等情况。

5）微服务的流行。微服务解决了单体式应用不能快速迭代、限制技术栈的选择、技术债务不断堆积等问题，但同时也引入了新的问题，那就是微服务化应用之间的交互。随着业务的发展，部分云上能力需要下沉到边缘以提供更低的时延、更少的带宽占用、更高的网络安全和更好的隐私保护。微服务需要根据业务需求智能地部署在边和云的任何位置，但边缘的资源往往是有限的，应用需要利用云的海量资源和弹性。边边、云边微服务交互中出现的云边应用访问困难、缺少服务发现和流量治理机制等问题急待解决。

业务应用管理协同架构是为提升边缘应用的构建速度，提供所需的关键能力组件以及快速灵活的对接机制，而设计的，主要可以分为两个模块：服务开发框架与服务市场。服务开发框架提供了灵活的接入机制，方便用户服务可以快速接入边缘计算平台，为边缘服务的接入、发现、使用、运维提供一套整体流程；服务市场则对接生态，借力合作伙伴的能力，将不同的智能类、数据类以及应用使能类服务接入服务市场集成使用，达到快速构建边缘服务的能力。

同时，业务应用管理协同分为两个主体角色，服务开发者与服务使用者：服务开发者作为服务提供者，根据自身业务需要进行代码开发，然后根据服务接入规范以及服务协同框架中提供的开发框架进行集成打包，封装出可以部署在边缘计算平台中的服务，然后上传到服务市场中对外提供服务；服务使用者则订购服务市场中的服务；服务协同框架通过利用应用协同框架能力，将服务下发到对应的云端或者边缘节点中去；边缘节点按照云端策略实现对应服务，通过边缘与云端的协同实现面向客户的按需的边缘服务；而云端则负责其本身需要的服务能力和对边缘节点的分布策略的控制。

服务开发框架主要包括两个方面：统一标准的接入规范，由于服务开发的框架、语言使用习惯等的千差万别，接入规范可以保证在兼容用户的服务并统一服务部署运行运维等能力，保证服务可以无缝接入边缘计算平台；接入开发框架，提供符合业界标准的开发框架，为边缘服务的接入、发现、使用、运维提供一整套流程，帮助用户只需要专注业务的开发。

服务市场则是对接不同生态服务，发展云生态伙伴，包括智能类、数据类应用使能类服务的接入，并对接开源 Operator 框架，将有状态中间件服务接入，并提供给用户使用，帮助用户边缘服务快速构建与接入。

2.7 边缘一体机技术

智能边缘一体机将计算、存储、网络、虚拟化和环境动力等产品有机集成到一个机柜中，在出厂时完成预安装和与连线，在交付时，无须深入了解内部原理，无须深入掌握 IT 技术，只需接上电源，连上网络，利用快速部署工具，5 步 2 小时即可完成初始配置。智能边缘一体机以一个机柜承载所有业务、免机房、易安装、管理简单、业务远程部署等特性，需同时满足以下三点要求。

1. 异构计算需求

未来世界是一个以万物感知、万物互联、万物智能为特征的智能世界，信息量巨大，计算无处不在。而边缘计算是数据的第一入口，需要在网络边缘侧分析、处理与存储的数据将超过数据总量的 70%，其中约 80%是非结构化数据。应用的高并发和数据的多样性，对计算的多样性和多核多并发提出了更高的要求。同时利用 AI 技术对非结构化数据的分析和挖掘，是提高数据源价值的重要手段。边缘服务器作为边缘计算和边缘数据中心的主要计算载体，承担了 70%以上的计算任务，为了满足不同业务应用需求，需要支持 ARM/GPU/NPU 等异构计算（如图 2-7 所示）。

2. 部署运维需求

边缘一体机因其部署广泛，增加了管理运维的难度，并且由于服务器之间的差异性，如何统一的管理异构边缘一体机，是边缘一体机关键的需求，包括三个方面。

架构	ARM 华为，飞腾， Ampere，Marvell	X86 Intel/AMD	MIPS Power Alpha
特点	众核架构，适合高并发、高带宽的计算场景	高主频、高功耗，覆盖高性能和通用计算场景	部分特定的应场景：桌面(MIPS)，超算（Alpha、Power）
价值	提升计算效率，节能、省空间。高效能计算带来高性价比	驱动性能增长的工艺改进边际成本激增，摩尔定律难以为继	Power、Alpha性能强劲，在小型机、超算应用领域有长期的成功应用
生态	IP授权商业模式，生态开放和融合，数据中心应用生态逐步完善	数据中心应用生成完善，但产业被垄断、把控，无法合作共赢	应用生态匮乏，参与者较少

ARM优势：计算更加高效、生态更加开放

图 2-7　支持 ARM/GPU/NPU 等异构计算的边缘一体机

- 统一的运维管理接口：边缘机房中，可能存在不同厂家、不同架构的多类型服务器，需要有统一的运维管理接口，实现对服务器的状态获取，配置下发等功能。
- 业务自动部署能力：边缘机房数量远远多于传统的数据中心，并且不同的机房服务器中承载的边缘计算业务也具有差异性，自动的安装、分发、升级和更新业务，是提高业务管理效率的根本。
- 有效可靠的故障处理能力：边缘机房需要有效可靠的故障处理能力，否则可能面临大量的软硬件故障问题而无法解决。服务器需要故障上报以及自愈能力，将告警汇总到中心机房。

3. 安全可信要求

边缘一体机为整个边缘计算节点提供软硬件基础，其安全可靠性是边缘计算的基本保障，因此需要保证边缘一体机在启动、运行、操作等过程中的安全可信，建立信任链条，信任链条连接到哪里，安全就能保护到哪里。边缘一体机安全涵盖从启动到运行整个过程中的设备安全、硬件安全、虚拟化安全和 OS 安全。

（1）完整性校验

边缘计算完整性校验是指对边缘节点基础设施中的系统与应用进行完整性检查和验证，保障系统和应用的完整性，进而保证边缘节点运行在预期的状态，然而受限于边缘节点的计算资源和存储资源，低端异构的边缘设备往往无法执行复杂的计算，因此需要节点的安全证实服务能够突破对复杂设备类型管理能力的限制以及轻量级的可信链传递及度量方法，进行边缘节点启动和运行的度量以及验证结果的上传，保证边缘度量结果验证的时效性和准确性。

（2）边缘节点的身份标识与鉴别

边缘节点识别是指标识、区分和鉴别每一个边缘节点的过程，是边缘节点管理、任务分配以及安全策略差异化管理的基础。在边缘计算场景中，边缘节点具有海量、异构和分布式等特点，大量差异性的边缘节点以及动态变化的网络结构可能会导致边缘节点的标识和识别反复进行，因此，能够自动化、透明化和轻量级地实现标识和识别工作是其核心能力。

（3）接入认证

接入认证是指对接入到网络的终端、边缘计算节点进行身份识别，并根据事先确定的策略确定是否允许接入的过程。边缘计算架构中存在海量的异构终端，这些终端采用多样化的通信协议，且计算能力、架构都存在很大的差异性，连接状态也有可能发生变化。因此，如何实现对这些设备的有效管理，根据安全策略允许特定的设备接入网络、拒绝非法设备的接入，是维护边缘计算网络安全的基础和保证。

（4）虚拟化安全

在边缘计算环境下，虚拟化安全是指基于虚拟化技术，实现对边缘网关、边缘控制器、边缘服务器的虚拟化隔离和安全增强。相较传统云服务器，这些边缘节点计算、存储等资源受限，低时延和确定性要求高，不支持硬件辅助虚拟化，面临虚拟化攻击窗口更加复杂广泛等问题。因此，需要提供低底噪、轻量级、不依赖硬件特性的虚拟化框架；需要基于虚拟化框架构建低时延、确定性的 OS 间安全隔离机制和 OS 内安全增强机制；需要增强 Hypervisor 本身的安全保护。

（5）OS 安全

在边缘计算环境下，OS 安全是指各种应用程序底层依赖的操作系统的安全，如：边缘网关、边缘控制器、边缘服务器等边缘计算节点上的不同类型操作系统的安全。与云服务器相比，这些边缘节点通常采用的是异构的、低端设备，存在计算、存储和网络资源受限、安全机制与云中心更新不同步、大多不支持额外的硬件安全特性（如 TPM、SGXenclave、TrustZone 等）等问题。因此，需要提供云边协同的 OS 恶意代码检测和防范机制、统一的开放端口和 API 安全、应用程序的强安全隔离、可信执行环境的支持等关键技术，在保证操作系统自身的完整性和可信性的基础之上，保证其上运行的各类应用程序和数据的机密性和完整性。

第3章 云原生边缘计算技术

云原生边缘计算就是借助以 Kubernetes 为核心的云原生技术，结合边缘基础设施及业务场景，构建以边缘应用为中心的云原生基础设施能力。云原生边缘计算不是简单地在边缘的基础设施上使用云原生技术，而是要与中心云一样，借助云原生技术，通过产品化的理念，解决边缘应用运维效率、稳定性、成本等问题，构建一体化云原生边缘计算平台，将云原生技术从中心拓展到边缘，不仅实现云边基础设施技术架构大一统，同时实现云边自由编排部署业务。

3.1 云原生的核心——Kubernetes

Kubernetes 是一个开源容器编排平台，用于管理大规模分布式容器化软件应用，是云计算发展演进的一次革命性的突破。Kubernetes 是谷歌的第三代容器管理系统，是 Borg 独特的控制器和 Omega 灵活的调度器的组合。Kubernetes 中的应用被打包成与环境完全分离的容器镜像，并且自动配置应用并维护跟踪资源分配。

如图 3-1 所示，Kubernetes 基于以应用为中心的技术架构与思想理念，向下屏蔽基础设施差异，实现底层基础资源统一调度及编排；向上通过容器镜像标准化应用，实现应用负载自动化部署；中间通过 Kubernetes 通用的编排能力，开放 API 以及自定义 CRD 扩展能力，打造云原生操作系统能力，形成云计算新界面；能够助力研发团队快速构建标准化、弹性高可靠、松耦合、易管理维护的应用系统，提升交付效率，降低运维复杂度。Kubernetes 在技术架构方面具备三个能力。

图 3-1　Kubernetes 构建云原生操作

- 敏捷的弹性伸缩能力：不同于虚拟机分钟级的弹性伸缩响应，容器应用可实现秒级甚至毫秒级的弹性伸缩响应。
- 智能的服务故障自愈能力：容器应用具有极强的自愈能力，可实现应用故障的自动摘除与重构。
- 大规模的复制分发能力：容器应用标准化的交付制品，可实现跨平台、跨区域、云边一体规模化复制分发部署能力。

3.1.1 Kubernetes 发展与演进

Kubernetes 发展非常迅速，是整个云原生体系发展的基石。伴随着云原生计算基金会 CNCF 的诞生、云原生开源项目的孵化，逐渐演化成一个完整的云原生技术生态系统。

CNCF 有超过 50 个中国成员，是 CNCF 项目的第三大贡献者（按贡献者和提交者计），仅次于美国和德国。在 CNCF 于 2020 年年初发布的全球云原生调查报告中，84%的受访者在生产环境中使用容器，容器在生产环境中的使用已成为常态，并且在很大程度上改变了基于云的基础架构。同时，针对中国的第三次云原生应用调查报备显示：49%的受访者在生产环境中使用容器，另有 32% 计划这样做，与一年前相比，这是一个显著的增长；同时，72%的受访者已经在生产环境中使用 Kubernetes，大大高于一年前的 40%，如图 3-2 所示，是生产环境使用 Kubernetes 的应用数量趋势图。

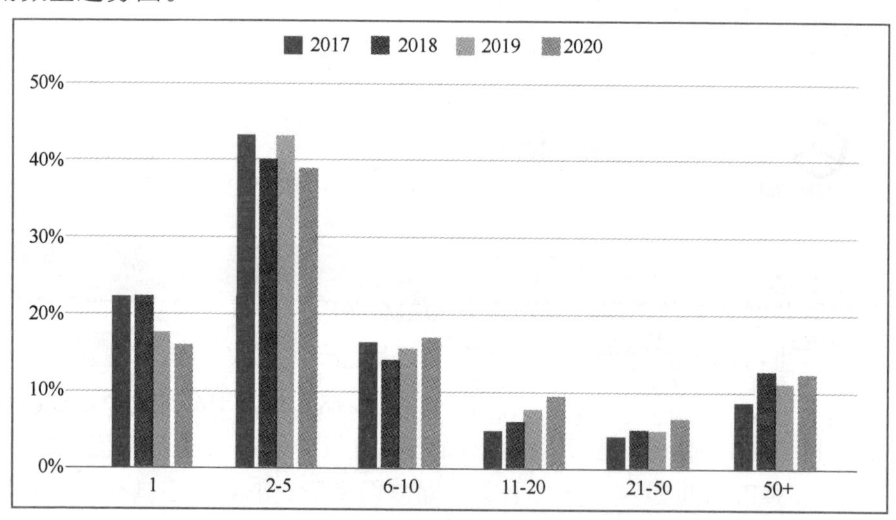

图 3-2 生产环境使用 Kubernetes 的应用数量趋势图

可以看出，生产环境中，Kubernetes 集群数量呈现逐年快速增长的趋势，其智能的服务调度能力让开发人员基于云原生构建业务应用时，可以更加关注业务代码而不是烦琐的运维操作，同时 Kubernetes 屏蔽底层基础设施，可以在本地或云端运行一致的运行环境，不再担心基础设施被供应商或云提供商绑定。

Kubernetes 的技术演进路线如下。

1. 标准及开放接口

在云原生生态体系中，CNCF 一个重要的目标就是以 Kubernetes 为基础，构建容器领域的事实标准及云操作系统。当前已经有容器运行时、容器网络接口、容器存储接口三大方面标准及接口规范。

（1）CRI 容器运行时接口

CRI 是 Kubernetes v1.5 引入的，将 Kubelet 与容器运行时进行了解耦。CRI 中定义了容器和镜像的服务接口，因为容器运行时与镜像的生命周期是彼此隔离的，所以定义了 RuntimeService 和 ImageService 两个服务，其中 RuntimeService 主要包含 Sandbox 和 Container 两种容器的管理 gRPC 接口。

目前支持 CRI 的后端有 cri-o、cri-containerd、rkt、frakti、Docker 等，cri-o 是由 redhat 发起并开源且由社区驱动的 container-runtime，轻量化设计，专为 Kubernetes 而生，主要目的就是替代 Docker 作为 Kubernetes 集群的容器运行时，各类容器运行时详情见表 3-1。

表 3-1 容器运行时及特性

CRI 容器运行时	维护者	主要特性	容器引擎
dockershim	Kubernetes	内置实现，特性较新	Docker
cri-o	Kubernetes	OCI 标准，不需要 Docker	OCI（runc、kata、gVisor…）
cri-containerd	Containerd	基于 Containerd，不需要 Docker	OCI（runc、kata、gVisor…）
frakti	Kubernetes	虚拟化容器	Hyperd、Docker
pouch	Alibaba	富容器	OCI（runc、kata…）

（2）CNI 容器网络接口

CNI 最早是由 Core OS 发起的容器网络规范，是 Kubernetes 网络插件的基础。Container Runtime 在创建容器时，先创建好 Network Namespace，再调用 CNI 插件为 Network Namespace 配置网络，最后启动容器内进程。

CNI 插件包括 CNI Plugin 与 IPAM Plugin 两部分。

1）CNI Plugin：负责配置管理容器网络，包括两个基本的接口。

- 网络配置：AddNetwork。
- 清理网络：DelNetwork。

2）IPAM Plugin：负责容器 IP 地址分配，实现包括 host-local 和 dhcp。

容器网络技术也在持续演进发展，社区开源的网络组件众多，比如 Flannel、Calico、Cilium、OVN 等，每个组件都有各自的优点及适应的场景，难以形成大一统的组件及解决方案，常见的容器网络插件如图 3-3 所示。

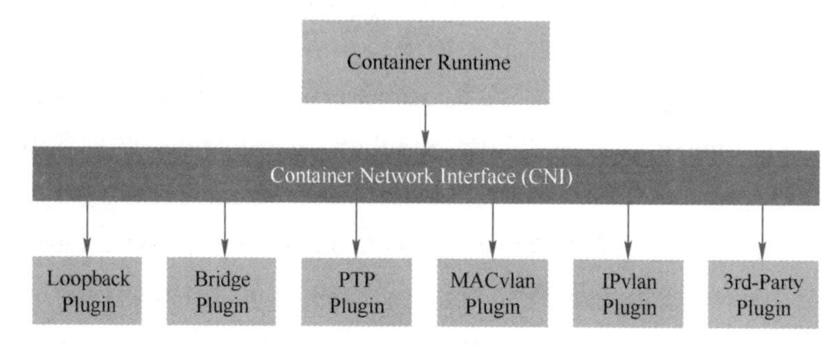

图 3-3 常见的容器网络插件

（3）CSI 容器存储接口

CSI 自 Kubernetes 1.9 版本开始引入，是一套标准的存储管理接口，Kubernetes 通过该接口为容器提供存储服务，从而实现 Kubernetes 平台与存储服务驱动完全解耦。CSI 主要包含 CSI Controller Server 与 CSI Node Server 两个部分，Controller Server 主要实现创建、删除、挂载、卸载等控制功能；Node Server 主要实现的是 Node 节点上的 mount、unmount 的操作。

CSI Controller Server 和 External CSI SideCar 是通过 Unix Socket 来进行通信的，CSI Node Server 和 Kubelet 也是通过 Unix Socket 来通信，如图 3-4 所示。CSI 实现类也日趋完善，比如 Expand CSI Volumes 可以实现文件系统扩容；Volume Snapshot DataSource 可以实现数据卷的快照；Volume PVC DataSource 实现自定义的 PVC 数据源；CSI Inline Volume 在 Volume 中定义一些 CSI 的驱动。阿里云也开源了阿里云盘、NAS、CPFS、OSS、LVM 等 CSI 存储插件。

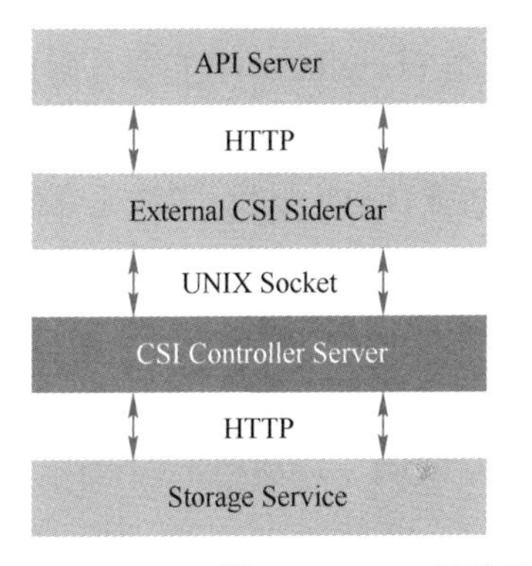

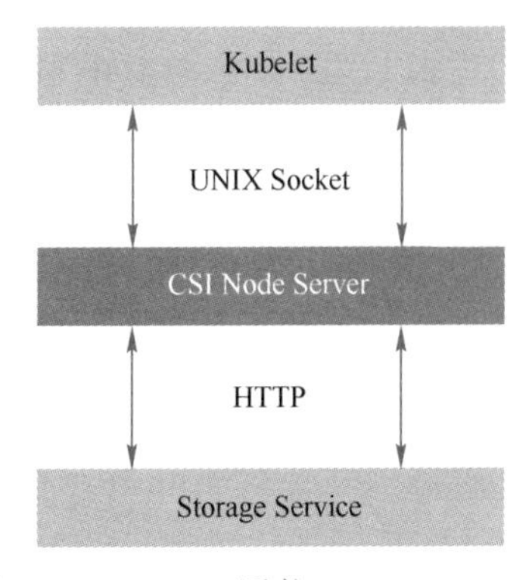

图 3-4　CSI 组件通过 Unix Socket 通信

2. 加强容器的安全

信息安全是一个非常复杂又严谨的问题，涉及方方面面，不仅是安全部门的事情，还涉及每一个人，每一个流程以及各种工具和技术。Kubernetes 作为云原生体系的核心，是整个云原生安全的关键所在，自 1.3 版本开始，持续加强了系统的安全性。

- 1.3 版：引入了 Network Policy，提供了基于策略的网络控制，用于隔离应用并减少攻击面，属于重要的基础设施方面的安全保障。
- 1.4 版：开始提供 Pod 安全策略功能，这是容器安全的重要基础。
- 1.5 版：首次引入了基于角色的访问控制 RBAC（Role-Based Access Control）安全机制，RBAC 后来成为 Kubernetes API 默认的安全机制，此外还添加了对 Kubelet API 访问的认证/授权机制。
- 1.6 版：升级 RBAC 安全机制至 Beta 版，通过严格限定系统组件的默认角色，增强了安全保护。
- 1.7 版：新增节点授权器 Node Authorizer 和准入控制插件来限制 Kubelet 对节点、Pod 和其对象的访问，确保 Kubelet 具有正确操作所需的最小权限集，即只能操作自身节点上的 Pod 实例及其他相关资源。在网络安全方面，Network Policy API 也升至稳定版本。此外，在审计日志方面也增强了可扩展性并可定制，有助于管理员发现运维过程中可能存在的安全问题。
- 1.8 版：基于角色的访问控制 RBAC 功能正式升级至 v1 稳定版，高级审计功能则升级至 Beta 版。

- 1.10 版：增加 External Credential Providers，通过调用外部插件（Credential Plugin）来获取用户的访问凭证，用来支持不在 Kubernetes 中内置的认证协议，如 LDAP、oAuth2、SAML 等。此特性主要为了公有云服务商而增加。1.11 版本继续改进；1.20 版本引入了配套的 Kubelet Image Credential Provider，用于动态获取镜像仓库的访问凭证。
- 1.14 版：由于允许未经身份验证的访问，所以 Discovery API 被从 RBAC 基础架构中删除，以提高隐私和安全性。
- 1.19 版：seccomp 机制更新到 GA 阶段。

3. 持续优化扩展机制

在 Kubernetes 的快速发展演进过程中，随着功能的不断增加，必然带来了代码的极速膨胀，因此不断剥离一些核心代码并配合插件机制，实现核心的稳定性并具备很强的外围功能的扩展能力，也是 Kubernetes 的重要演进方向。除了 CRI、CNI、CSI 等可扩展接口，还包括 API 资源的扩展、云厂商控制器的扩展等。

- CRD（Custom Resource Definition）自定义资源：CRD 功能是在 Kubernetes v1.7 版本引入的，通过 CRD 可以快速自定义 Kubernetes 资源对象。CRD 可以是命名空间内的，也可以是集群范围内的，由 CRD 的作用域（scpoe）字段所指定。与 Kubernetes 内置对象一样，删除命名空间将删除该命名空间中的所有自定义对象。
- 使用 API 聚合机制，用户通过编写和扩展 API Server，就可以对资源进行更细粒度的控制。
- 优化公有云对接：在早期为了跟公有云厂商对接，Kubernetes 在代码中内置了 Cloud Provider 接口，云厂商需要实现自己的 Cloud Provider。Kubernetes 核心库内置了很多主流云厂商的实现，包括 AWS、GCE、Azure 等，因为由不同的厂商参与开发，所以这些不同厂商提交的代码质量也影响 Kuberntes 的核心代码质量，同时对 Kubernetes 的迭代和版本发布产生了一定程度的影响。因此，在 Kubernetes1.6 版本中引入了 Cloud Controller Manager（CCM），目的就是替代 Cloud Provider，将服务提供商的专用代码抽象到独立的 cloud-controller-manager 二进制程序中，使得云供应商的代码和

Kubernetes 的代码可以各自独立演化。在后续的版本中，特定用于云供应商的代码将由云供应商自行维护，并在运行 Kubernetes 时链接至 cloud-controller-manager 即可。

4. 加强自动化运维能力

在 Kubernetes 的快速发展演进过程中，架构和运维自动化是 Kubernetes 最重要的特性。最早的 Replica Controller/Deployment，就是 Kubernetes 运维自动化能力的体现，具备应用全生命周期自我自动修复的能力。HPA 水平自动伸缩功能和集群资源自动扩缩容（Cluster Autoscaler）再次突破了自动运维的上限。HPA 与 VPA（Pod 垂直自动伸缩）互补，又将集群运维自动化的水平提升到一个新的高度。

在集群部署方面，Kubernetes 一键式部署工具——Kubeadm，于 Kubernetes1.4 版本面世，直到 Kubernetes1.13 版本时才达到 GA 阶段。有了 Kubeadm，Kubernetes 的安装才变得更加标准化，并大大降低了大规模集群的部署工作量。不过在集群部署方面还存在另一个烦琐并耗费很多人工的地方，这就是每个节点上 Kubelet 的证书制作。Kubernetes1.4 版本引入了一个用于从集群级证书颁发机构（CA）请求证书的 API，可以方便地给各个节点上的 Kubelet 进程提供 TLS 客户端证书，但每个节点上的 Kubelet 进程在安装部署时仍需管理员手工创建并提供证书。Kubernetes 在后续的版本中又实现了 Kubelet TLS Bootstrap 这个新特性，基本解决了这个问题。

在停机检修和升级扩容方面，Kubernetes 先后实现了滚动升级、节点驱逐、污点标记等配套运维功能，努力实现业务零中断的自动运维操作。此外，存储资源的运维自动化也是 Kubernetes 演进的一大方向。以 PVC 和 Storage Class 为核心的动态供给 PV 机制（Dynamic Provisioning）在很大程度上解决了传统方式下存储与架构分离的矛盾，自动创建了合适的 PV 并将其绑定到 PVC 上，拥有完善的 PV 回收机制，全程无须专业的存储管理人员，极大地提升了系统架构的完整性。

5. CNCF 繁荣的生态体系

CNCF 整个生态体系集结了开源厂商、云厂商、软件服务商，及设备厂商等多个利益方，如图 3-5 所示。整个生态呈现大跃进式的发展。

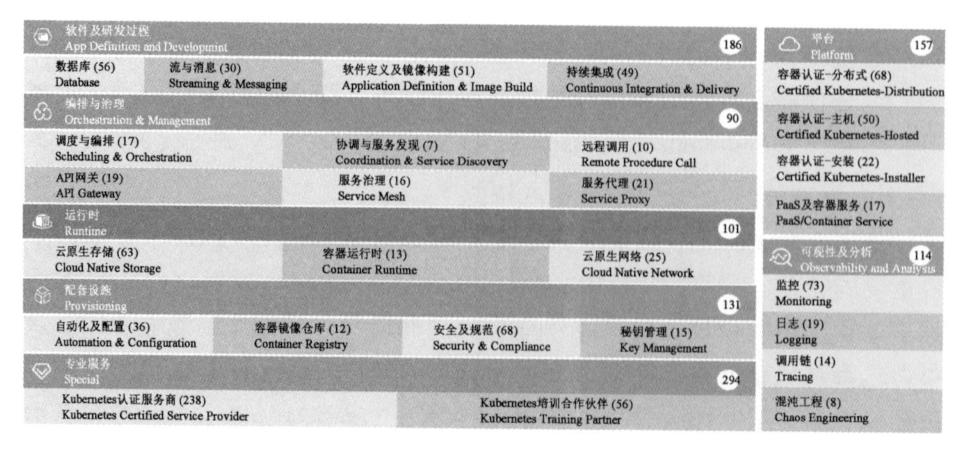

图 3-5 CNCF 社区云原生全景图

对 Kubernetes 及 CNCF 社区来说，Kubernetes 作为云原生的核心平台，CNCF 作为一个生态运营管理组织，要足够开放，满足上下游个性化集成的需求，确保整个生态繁荣及良性竞争，实现技术与平台快速演进，持续保持行业领先；同时也要去拥抱企业及开发者的真正需求，解决当前企业及研发团队平台杂乱，投入成本过大，无流程难以管控的难题，真正助力企业实现业务价值。

对企业及用户来说，“境”优先，“器”其次，在云原生时代，面对复杂的平台，繁荣且碎片化的生态，不要过度追求“神兵利器”，从先掌握其中一种能搞定问题的工具做起。

Kubernetes 可扩展性架构及 CNCF 开放式生态发展方向，在高速发展期、普及推广期，都是非常正确明智的，但是进入业务重构期，面向业务需要提供整体性一体化的平台，而不是一个碎片化的功能部件，因为不是所有公司都具备组装及调优能力。企业需要一体化、开箱即用的“品牌机”，要么就直接选择企业级容器平台或公有云容器产品，比如 Openshift 及阿里云 ACK；要么通过生态治理，逐步收紧平台扩展能力，增加组件的成熟度监管。

3.1.2 Kubernetes 架构设计

Kubernetes 是典型的主从分布式架构，由集中式管理节点（Master Node）、分布式的工作节点（Worker Node），以及辅助工具三个部分组成，如图 3-6 所示。

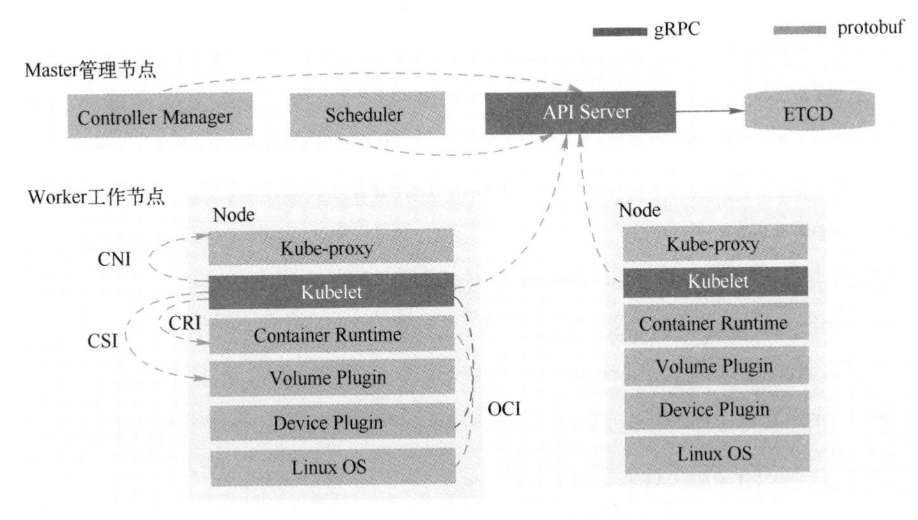

图 3-6　Kubernetes 主从分布式架构

1. 集中式管理节点

集中式管理节点对集群进行调度管理，有四大核心组件。

- API Server：承担集群的网关，实现统一认证鉴权对外服务，同时也是管理 Node/Pod 资源代理通道。
- Scheduler：资源调度器，除了 Kubernetes 默认的调度器，也支持自定义调度器。
- ETCD：集群状态统一存储，与 Zookeeper 类似的 key-value 存储。
- Controller Manger：控制管理器实现自愈、扩容、应用生命周期管理、服务发现、路由、服务绑定等能力。Kubernetes 默认提供 Replication Controller、Node Controller、Namespace Controller、Service Controller、Endpoints Controller、Persistent Controller、DaemonSet Controller 等控制器。

2. 分布式工作节点

分布式工作节点运行业务应用容器；默认会运行三大核心组件。

- Kubelet：与管理节点通信并触发指令执行，管理驱动网络，存储及容器运行时。
- Kube Proxy：通过 DNS 实现服务发现，借助 iptables 规则引导访问至服务 IP，并将重定向至正确的后端应用，实现高可用负载均衡能力。
- Container Runtime：容器运行时。为了扩展 Kubernetes 平台适配能

力，同时也实现整个生态标准化，通过 CNI 与 CSI 标准规范网络及存储的扩展；通过 CRI 与 OCI 标准规范容器镜像及容器运行时的扩展。目前 CRI 支持的容器运行时有 Docker、RKT、CRI-O、Frankti、Kata-Containers 和 Clear-Containers 等。

3. 辅助工具

辅助工具，主要是辅助集群管理及网络扩展。

- Kubectl 通过 API Server 进行交互，是实现集群管理的命令行工具。
- Dashboard 是 Kubernetes 的 Web 用户管理监控界面。
- Core DNS 是可扩展的 DNS 服务器，实现集群服务发现能力。

3.1.3 Kubernetes 调度与编排

1. Pod 容器组

Pod 是 Kubernetes 的最小调度及资源分配单元，Pod 之间相互隔离，通常情况下一个 Pod 只建议运行一个容器，当某些容器之间关系非常紧密（Tightly Coupled）时，可以在同一 Pod 上运行多个容器，方便一起调度管理。一个 Pod 就是一个应用运行实例，通过同时运行多个 Pod 来实现应用横向扩展能力。Pod 本身没有自恢复能力，当调度或运行失败时，需要管理节点的 Controller 根据配置触发 Pod 的重启、重建或迁移等操作。

从 Pod 启动过程来看（如图 3-7 所示），Pod 主要是由 Infra Container，Init Container 以及 APP Container 三种类型容器组成。

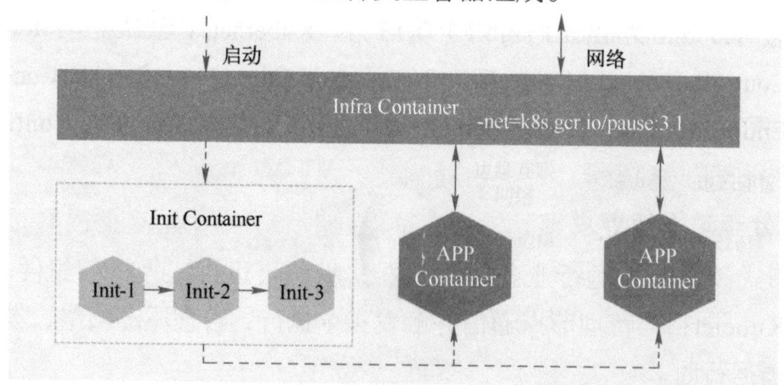

图 3-7 Pod 启动视角的容器类型

- Infra Container：又叫 Pause Container，Pod 通过 Pause Container

实现 Pod 多个容器网络共享，Pause Container 最先启动并绑定 Pod 的唯一 IP 地址与各种网络资源，其他容器通过加入 Pause Container 的 Network namespace 来实现网络共享。Pause 由 C 语言实现，镜像非常小，只有 700KB 左右，并且永远处于 Pause（暂停）状态；官方镜像是 gcr.io/google_containers/pause-amd64:3.0，同时也支持自定义。

- Init Container：Pod 中可以自定义一个或者多个 Init Container，按照顺序依次启动，在应用 Container 之前启动并执行一些辅助任务，比如执行脚本、复制文件到共享目录、日志收集、应用监控等。将辅助功能与主业务容器解耦，实现独立发布和能力重用。除了不支持 Readiness Probe，其他特性与普通容器保持一致。
- APP Container：Pod 中真正承接业务的 Container，一般情况下会独立运行，如果有微服务治理等需求会搭配 Sidecar Container 一起运行。在 Init Container 启动完成之后，APP Container 会并行启动，但是需要等待所有 APP Container 处于就绪状态，整个 Pod 才算启动成功。

从 Pod 的资源隔离来看（如图 3-8 所示），Pod 容器主要由 Linux 提供的 Namespace 和 Cgroup 能力实现，Namespace 实现进程间隔离，Cgroup 实现进程资源控制；其中 Namespace 由 ipc、uts、net、mnt、pid 各种资源空间联合组成。

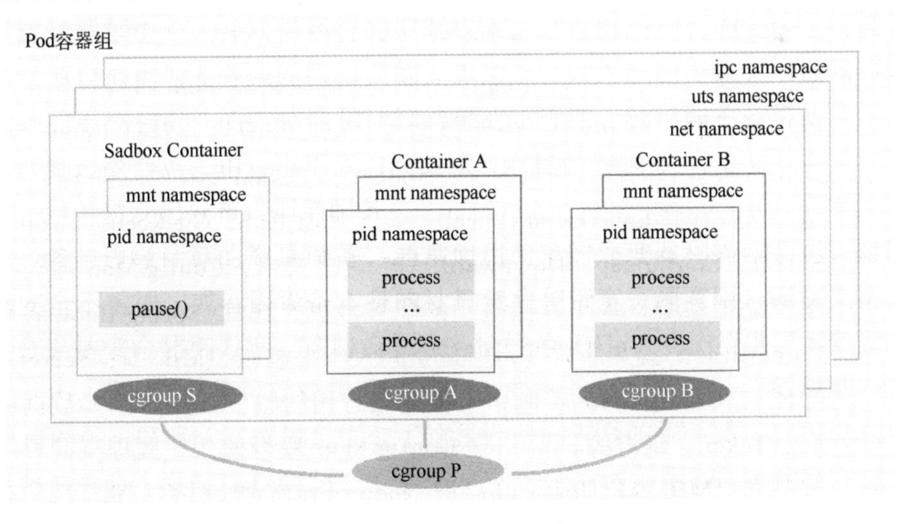

图 3-8　Pod 资源隔离视角容器类型

2．Volume 存储卷

容器存储是云原生平台的核心能力。存储非常重要关键，同时也是生态与技术都比较复杂的领域，就 Linux、Window 两个生态支持的文件系统就多达 20 余种。Kubernetes 为了尽可能多地兼容各种存储平台，架构上经历从 In-tree plugin 到 CSI 标准化插件转变，借助 CSI 接口和插件机制，实现各类丰富的存储卷的支持；同时以 PVC 和 Storage Class 为核心的 Dynamic Provisioning 机制实现存储资源运维自动化。

对于 Kubernetes 存储，主要有应用的基本配置文件读取、密码密钥管理；应用的存储状态、数据存取；不同应用间数据共享等三大使用场景。目前 Kubernetes 支持的 Volume Plugins，如表 3-2 所示。

表 3-2 Kubernetes 支持的存储插件

临时	非持久化	持久化	其他
• Empty Dir	• Host Path • Git Repo • Local • Secret • Config Map • Downward API	• AWS Elastic Block-Store(EBS) • GCE Persistent Disk • Azure Data Disk • Azure File Storage • vSphere • Ceph FS and RBD • Gluster FS • iSCSI • Cinder • Dell EMC Scale10 • …	• Flex Volume • Container Storage-Interface(CSI,new in vl.9)

- 临时存储 Temp：包含 Empty Dir，生命周期与 Pod 保持一致，当 Pod 删除后，Empty Dir 中的数据也会被自动清除。当前 Empty Dir 支持的类型有内存、大页内存、Node 节点上 Pod 所在的文件系统。
- 非持久化存储 Ephermeral (Local)：包含 Host Path、Git Repo、Local、Secret、Configmap、Downward API 等。其中：Config Map 主要是承担配置中心，用于存储应用的配置数据，比如 Spring Boot 应用 Properties 配置文件数据，但是空间大小限制在 1MB 内；Secret：功能与 Config Map 类似，用于存储应用的敏感数据，比如数据密码、Token、证书等，可以与 Config Map 联合使用，同样空间大小限制在 1MB 内；Host Path：将 Node 节点本地文件系统路径映射到 Pod 容器中使用。与 Empty Dir 不同之处就是 Pod 删除后，Host Path

中的数据 Kubernetes 根据用户的配置，可以不被清除。

- 持久化 Persistent (Networked)：包含 AWS Elastic Block Store (EBS)、GCE Persistent Disk、Azure Data Disk、Azure File Storage、vSphere、Ceph FS and RBD、Gluster FS、iSCSI、Cinder、Dell EMC Scale10 等 In-tree 方式支持的存储类型，当前已经不建议采用这种方式对接存储。
- 其他存储：包含 Flex Volume，Container Storage Interface (CSI, new in v1.9)等 Out-tree 方式支持的存储类型。其中 Flex Volume 虽然允许自定义开发驱动来挂载卷到集群 Node 节点上供 Pod 使用，但生命周期与 Pod 同步；CSI 是当前推荐的存储对接方式。

引入 PV、PVC、Storage Class 之后，资源管控更加灵活，团队职责更加明确，研发人员只需考虑存储需求（IO、容量、访问模式等），不需要关注底层存储细节；底层复杂的细节都由专业的集群管理与存储管理员来完成。如图 3-9 所示。

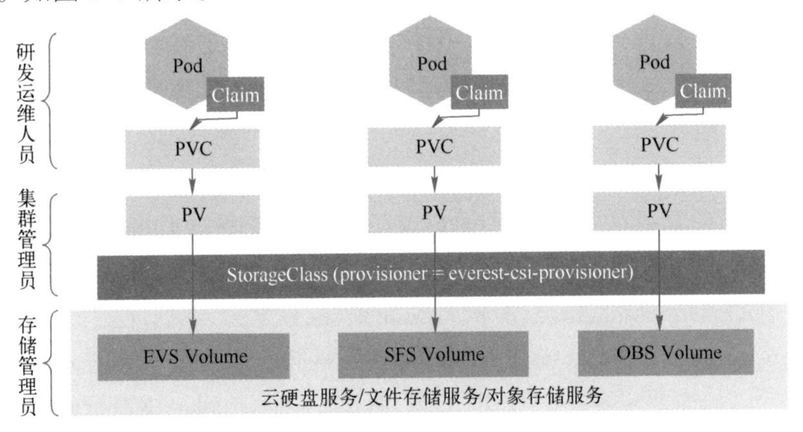

图 3-9　容器存储分离层对象与多角色管理支持

3. Ingress 与 Service

Kubernetes 容器网络非常复杂，涉及的概念也比较多，比如 Pod 网络、Service 网络、Cluster IP、NodePort、LoadBalancer 和 Ingress 等，为此将 Kubernetes 的网络参考 TCP/IP 协议栈抽象为四层，如图 3-10 所示。

- 第 0 层：Node 节点网络比较简单，就是保证 Kubernetes 节点（物理或虚拟机）之间能够正常 IP 寻址和互通的网络，一般由底层（公有云或数据中心）网络基础设施支持。

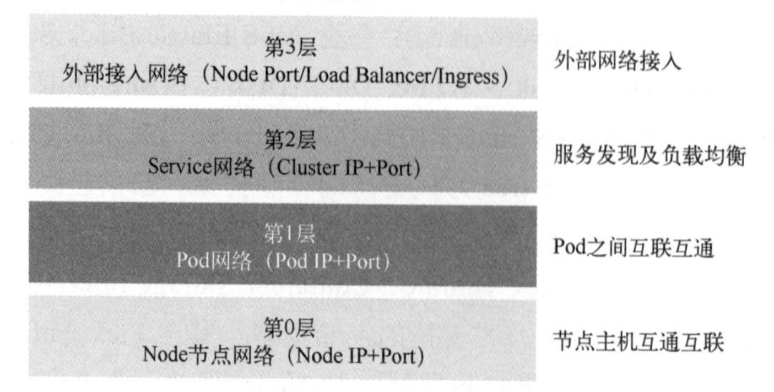

图 3-10 Kubernetes 的网络四层模型

- 第 1 层：Pod 是 Kubernetes 的最小调度单元，Pod 网络就是确保 Kubernetes 集群中所有 Pod（包括同一节点及不同节点上的 Pod）逻辑上在同一个平面网络内，能够相互之间进行 IP 寻址和通信。Pod 网络是容器网络中最复杂部分，通过各种容器网络插件满足不同网络需求，通过 CNI 标准化及开放网络自定义能力。
- 第 2 层：虽然单个 Pod 都有 IP，但是与 Pod 生命周期一致，为了使一组相同的 Pod 有统一稳定的访问地址，并且可以将请求均衡地分发到后端 Pod 应用服务中，Kubernetes 引入了 Service 网络，以此实现服务发现（Service Discovery）和负载均衡（Load Balancing）。Service 网络底层通过 Kube-Proxy + iptables 转发实现，对应用无侵入且不穿透代理，没有额外性能损耗。
- 第 3 层：Kubernetes Service 网络是集群内部网络，集群外部无法访问，需要将内部服务暴露外部才能访问。Kubernetes 通过 Node Port，Load Balancer 和 Ingress 多个方式构建外部网络接入能力，如 3-3 表所示。

表 3-3 Kubernetes 支持多方式外部网络接入能力

类型	作用	实现
节点网络	Master/Worker 节点之间网络互通	路由器，交换机，网卡
Pod 网络	Pod 虚拟机之间互通	虚拟网卡，虚拟网桥，网卡，路由器或覆盖网络
Service 网络	服务发现+负均衡	Kube-proxy, Kubelet, Master, Kube-DNS

（续）

类型	作用	实现
Node Port	将 Service 暴露在节点网络上	Kube-proxy
Load Balancer	将 Service 暴露在公网上+负载均衡	公有云 LB + Node Port
Ingress	反向路由，安全，日志监控（类似反向代理或网关）	Nginx/Envoy/Traefik/Zuul/Spring Cloud Gateway

4．Workload 工作负载

Kubernetes 通过工作负载 Workload 实现应用管理部署与发布，践行 Kubernetes 以应用为中心的理念。Kubernetes 支持多种类型的工作负载，包含 Deployment、StatefulSet、ReplicaSet、Job、CronJob、DaemonSet，以满足不同场景的需求，如图 3-11 所示。

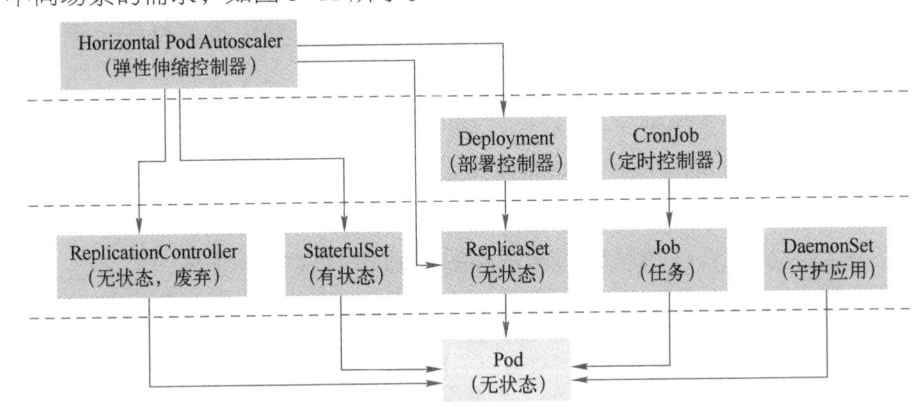

图 3-11 Kubernetes 支持多种类型的工作负载

- Deployment 与 ReplicaSet：替换原来的 Replication Controller 对象，管理部署无状态应用，Deployment 管理不同版本的 ReplicaSet，ReplicaSet 管理相同版本的 Pod，通过 Deployment 调整 ReplicaSet 的终态副本数，控制器会维持实际运行的 Pod 数量与期望的数量一致，Pod 出故障时会自动重启或恢复。
- StatefulSet：管理部署有状态应用，创建的 Pod 拥有根据规范创建的持久型标识符。Pod 迁移或销毁重启后，标识符仍会保留。如每个 Pod 有序号，可以按序号创建更新或删除；Pod 有唯一网络标志（Hostname）或独享的存储 PV，支持灰度发布等。
- DaemonSet：管理部署每个节点运行的守护任务，如监控、日志收集等，运行新加入的节点，删除需要移出的节点。也可以通过标签的指定运行节点。

- Job 与 CronJob：Job 是一次性任务，可创建一个或多个 Pod，监控 Pod 是否成功运行或终止；根据 Pod 状态设置重复次数、并发度、重启策略。CronJob 是定时调度的 Job，可以指定运行时间、等待时间、是否并行运行、运行次数限制。
- Horizontal Pod Autoscaler：根据观察到的 CPU 利用率（或其他自定义指标的状况）自动伸缩 ReplicationController、Deployment、StatefulSet、ReplicaSet 中的 Pod 数量，完成自动化扩缩容操作。

在 Kubernetes 生态中，还有一些提供额外操作的第三方工作负载。同时也可以通过使用 CRD 自定义工作负载。还有就是 Device Plugin 驱动的硬件工作负载。

5. Controller 控制器

Controller Manager 作为 Kubernetes 集控管理中心，负责集群的 Node、Pod 副本、服务端点（Endpoint）、命名空间（Namespace）、服务账号（Service Account）、资源定额（Resource Quota）的资源管理，并通过 API Server 接口实时监控集群的每个资源对象的状态，一旦发生故障导致系统状态发生变化，就会立即尝试修复到"期望状态"，如图 3-12 所示核心的资源控制器。

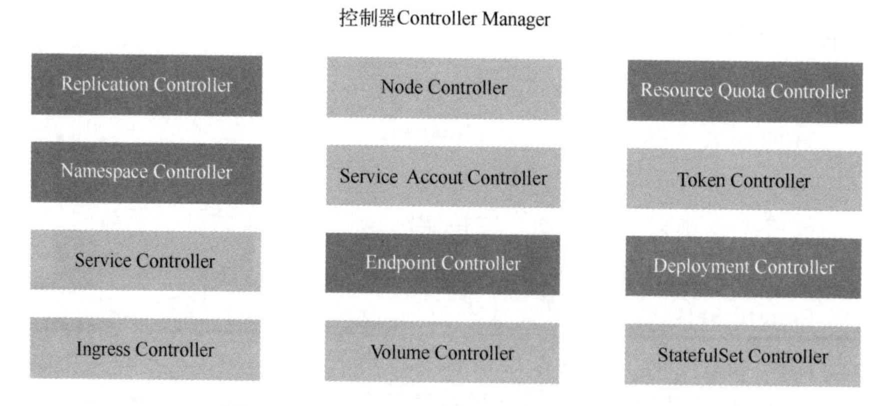

图 3-12 Kubernetes 核心的资源控制器

- Replication Controller：保证集群中一个 RC 所关联的 Pod 副本数始终保持预设值。

- Resource Quota Controller：确保 Kubernetes 中的资源对象在任何时候都不会超量占用系统物理资源。有容器，Pod 以及 Namespace 三个级别。
- Namespace Controller：通过 API Server 定时读取 Namespace 信息。如果 Namespace 被 API 标记为优雅删除（即设置删除期限，DeletionTimestamp），则将该 Namespace 状态设置为“Terminating”，并保存到 etcd 中。同时删除该 Namespace 下的 Service Account、RC、Pod 等资源对象。
- Endpoint Controller：Endpoint 是 Service 对应所有 Pod 副本的访问地址，Endpoint Controller 主要负责监听 Service 和对应的 Pod 副本的变化，从而生成和维护 Endpoint 对象控制器。
- Deployment Controller：Deployment 通过控制 ReplicaSet，ReplicaSet 再控制 Pod，最终由 Deployment Controller 驱动达到期望状态，Deployment Controller 会监听 DeploymentInformer、ReplicaSetInformer、PodInformer 三种资源，Deployment Controller 的调度流程如图 3-13 所示。

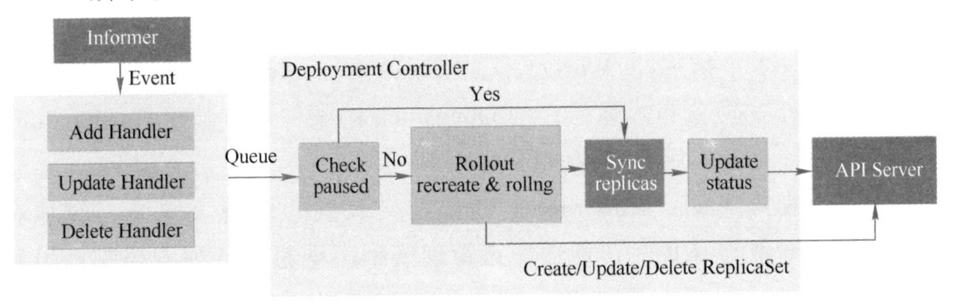

图 3-13　Deployment Controller 的调度流程

另外，在 Kubernetes v1.6 中引入了云控制管理器 Cloud Controller Manager（CCM），提供与阿里公有云基础产品对接的支持。

总的来说，Kubernetes 不仅是一个强大的容器编排系统，而且促成了一个庞大的工具和服务的生态系统，是云原生时代的操作系统，形成了云计算新界面，如图 3-14 所示是其与 Linux 操作系统的对比。

从设计理念方面，Kubernetes 以应用为中心的构理念，向下屏蔽基础设施差异，实现底层基础资源统一调度及编排；向上通过容器镜像标准化应用，实现应用负载自动化部署；中间通过 Kubernetes 通用的编排能力，开放 API 以及自定义 CRD 扩展能力。

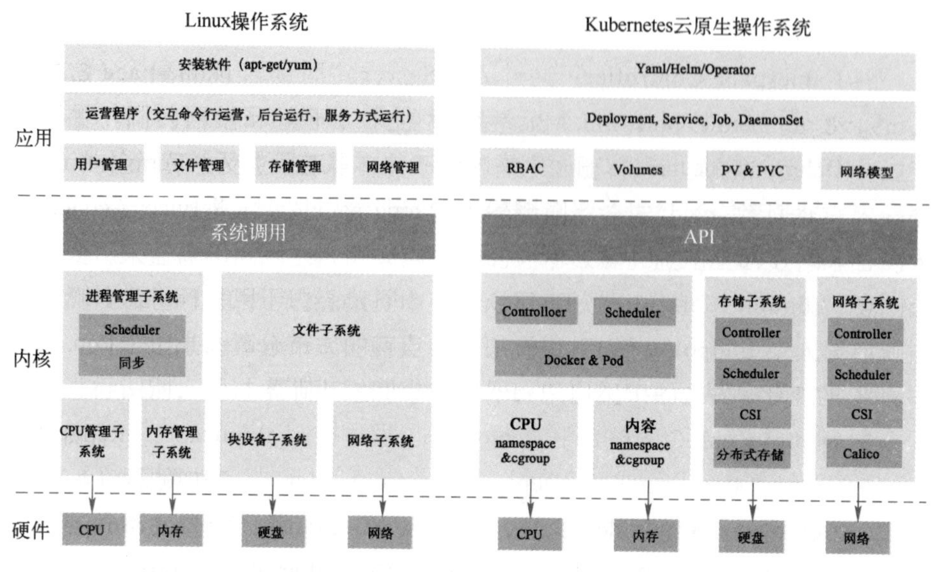

图 3-14 传统操作系统与 Kubernetes 云原生操作系统比较

从技术架构方面，Kubernetes 是典型的分布式主从架构，由 Master 控制节点与可以水平扩展的 Worker 工作节点组成，Master 实现集中式控制管理，Worker 实现分布式运行；与 Openstack 的架构还有基于 SpringCloud 研发的微服务业务应用没有太大区别。

从设计模式方面，Kubernetes 通过定义大量的模型（原语、资源对象、配置、常用的 CRD），通过配置管理模型实现集群资源的控制；虽然模型多切复杂，可以分层（核心层，隔离与服务访问层，调度层，资源层）逐步理解。

从平台扩展方面，Kubernetes 是一个开放可扩展平台，不仅有开发的 API，开放标准（CNI、CSI、CRI 等）以及 CRD，不仅是一个单纯运行时平台，同时面向运维的开发平台。

3.2 Kubernetes 从中心走向边缘

Kubernetes 以应用为中心的技术架构与思想理念，以一套技术体系支持任意负载，运行于任意基础设施之上，将云原生技术从中心拓展到边缘，不仅实现云边基础设施技术架构大一统，同时实现业务云边自由编排部署。但是相对 Kubernetes 在中心云革命性的创新，其在边缘场景的应用中面临着边缘资源有限、网络环境不稳定等情况，所以需要根据不同的业务场景，选择不同的 Kubernetes 边缘适配方案。

3.2.1　Kubernetes 边缘化的挑战

如图 3-15 所示，从技术架构来看，Kubernetes 是典型的分布式架构，Master 控制节点是集群的“大脑”，负责管理节点，调度 Pod 以及控制集群运行状态。Node 工作节点负责运行容器（Container），监控/上报运行状态。在边缘计算场景存在以下比较明显的四点挑战。

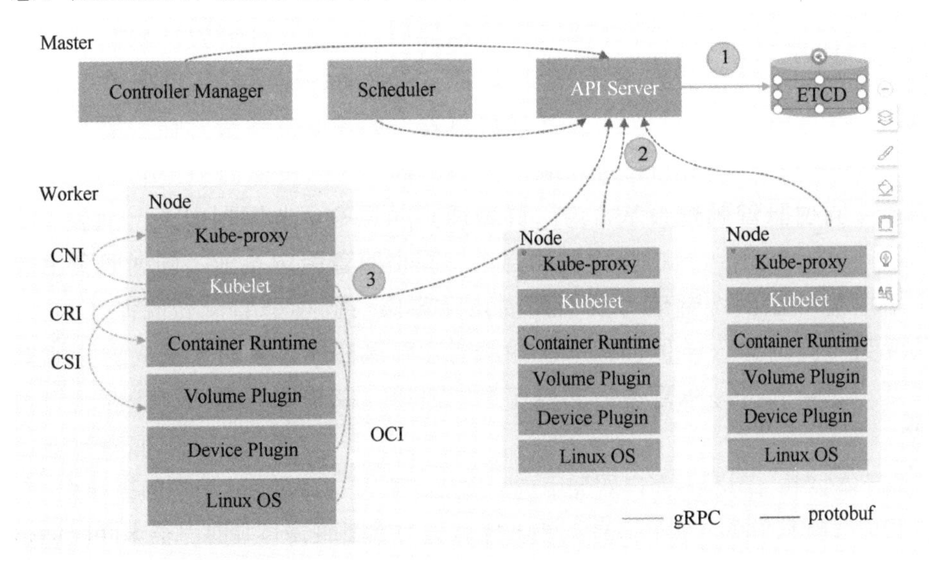

图 3-15　Kubernetes 边缘化的三大技术架构挑战

1）Kubernates 属于中心云计算的集大成产品，基于大规模的池化资源的编排调度实现业务持续服务，采用资源状态强一致且集中式的存储架构。面对边缘弱网络且资源稀缺的状况，面临很大的适配挑战。

2）Kubernates 采用主从架构，其中 Master 管控节点与 Worker 工作节点通过 List-Watch 机制实现状态任务实时同步，但是流量较大，Worker 工作节点完全依赖 Master 节点持久化数据，无自治能力。

3）Kubernates 的核心组件 Kubelet 承载太多逻辑要处理，如各种容器运行时的兼容，仅 Device Plugin 硬件设备驱动程序，运行时占用资源就高达 700MB；对资源有限的边缘节点来说负担太重，尤其是低配的边缘设备。

4）边缘计算涉及的范围广，场景复杂，没有统一的标准；Kubernetes 开源社区的主线版本并没边缘场景的适配计划。

3.2.2 Kubernetes 边缘化的方案

关于边缘计算节点的位置，在第一章边缘计算的位置一节有详细描述。从行业来看，面向消费者的边缘计算的主要演进方向是沿着运营商网络下沉至网络边缘，以此提升用户体验。一般会下沉至地市网络节点上，内容会下沉至 MEC 节点。但是面向传统行业的产业边缘，更多是将众多的边缘节点与中心云打通，实现产业数据上云，实现精细化数字化管理，如图 3-16 所示。

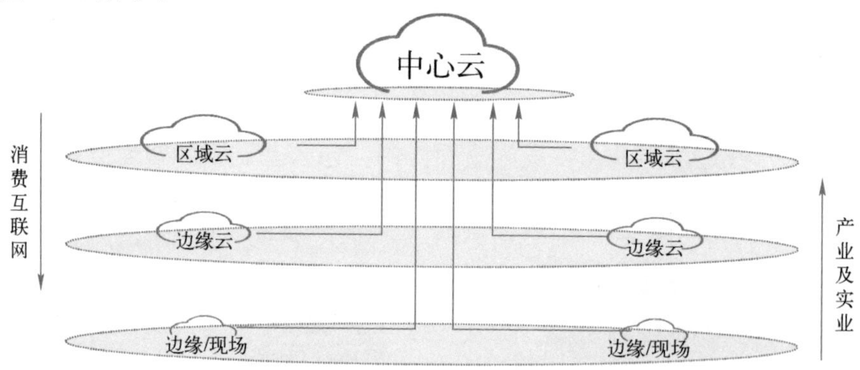

图 3-16 边缘计算节点的位置

针对中心云计算及边缘计算这种云边分布式架构，需要将 Kubernetes 适配成适合边缘分布式部署的架构，借助 Kubernetes 的优势，弥补 Kubernetes 的不足，通过多集群管理实现统一管理，实现中心云管理边缘运行。整体分为三种方案，如图 3-17 所示。

- 集群 Cluster：将 Kubernetes 标准集群下沉至边缘，优点是无需对 Kubernetes 做定制化研发，同时可以支持 Kubernetes 多版本，支持业务真正实现云边架构一致；缺点就是管理资源占用多。方案比较适合区域云/中心云，边缘计算/本地计算以及规模较大的产业边缘场景。

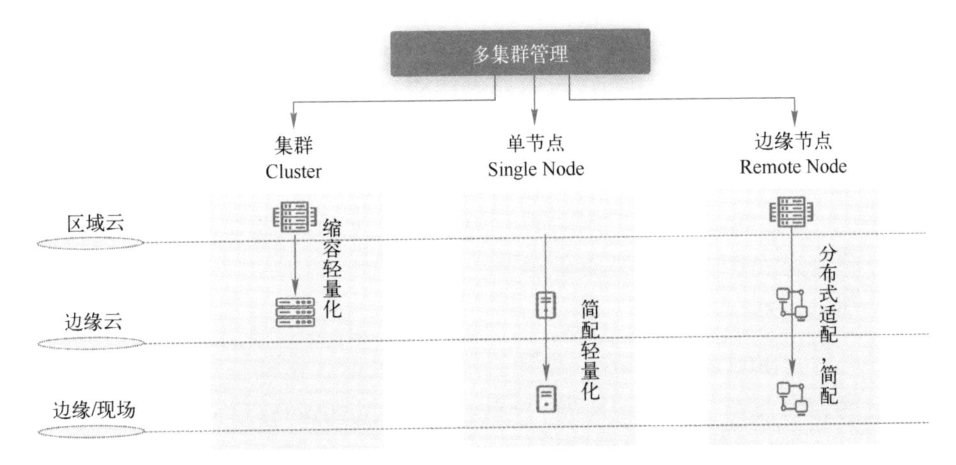

图 3-17　Kubernetes 边缘化的三种方案

- 单节点 Single Node：将 Kubernetes 精简后部署在单节点设备之上，优点与集群 Cluster 方案一致，缺点 Kubernetes 能力不完整，资源的占用会增加设备的成本，对业务应用无法保证云边一致的架构部署运行，没有解决实际问题。
- 边缘节点 Remote Node：基于 Kubernetes 进行二次开发增强扩展，将 Kubernetes 解耦适配成云边分布式架构的场景，中心化部署 Master 管理节点，分散式部署 Worker 管理节点。

3.2.3　主要的边缘容器产品

Kubernetes 已经成为容器编排和调度的事实标准，针对边缘计算场景，目前国内各个公有云厂商都开源了各自基于 Kubernetes 的边缘计算云原生项目（边缘容器产品）。

1．KubeEdge

由华为开源，采用边缘节点 Remote Node 方案，深度定制了 Kubernetes，是面向边缘计算场景、专为边云协同设计的业界首个云原生边缘计算框架。KubeEdge 于 2019 年 3 月正式进入 CNCF 成为沙箱级项目（Sandbox），也成为 CNCF 首个云原生边缘计算项目。并于 2020 年 9 月晋升为孵化级项目（Incubating），成为 CNCF 首个孵化的云原生边缘计算项目。

2. OpenYurt

由阿里开源，采用边缘节点 Remote Node 方案，是业界首个开源的非侵入式边缘计算云原生平台，秉承“Extending Your Native Kubernetes to Edge”的非侵入式设计理念，拥有可实现边缘计算全场景覆盖的能力。2020 年 5 月，OpenYurt 正式对外开源，发布 v0.1.0 版本，成为业界首个开源的非侵入式边缘计算云原生平台。

3. SuperEdge

由腾讯、Intel、VMware、虎牙直播、寒武纪、首都在线和美团联合开源，采用边缘节点 Remote Node 方案。基于 Kubernetes 针对边缘计算场景中常见的技术挑战提供了解决方案，如：单集群节点跨地域、云边网络不可靠、边缘节点位于 NAT 网络等。这些能力可以让应用很容易地部署到边缘计算节点上，并且可靠地运行。

4. Baetyl

由百度开源，采用单节点 Single Node 方案， 2019 年 9 月 23 日，百度宣布将 Baetyl 捐赠给 Linux 基金会旗下社区，是中国首个 LF Edge 捐赠项目。2020 年 7 月 8 日，Baetyl 2.0 正式发布，并同步开源了边缘计算云管平台 Baetyl-Cloud。

从技术架构来看，几个边缘容器产品架构是有差异，总的架构思路主要是将 Kubernetes 解耦成适合云边、弱网络及资源稀缺的边缘计算场景，本质上没有太大差异；从产品功能来看，几个边缘容器产品功能基本一致，基本上都是云边协同、边缘自治、单元化部署功能等。

边缘计算平台的建设，以 Kubernetes 为核心的云原生技术体系无疑是当前最佳的选择与建设路径。云原生体系庞大，组件复杂，将体系下沉至边缘，存在很大的挑战与困难，同时充满巨大的机遇及想象空间。

当前边缘容器产品碎片化严重，短时间很难有大一统的开源产品出现；其中阿里开源的 OpenYurt，采用非侵入式设计，其构建的云边一体的边缘云原生解决方案整体技术架构如图 3-18 所示；虽然还有一些不足，但大部分的边缘场景都能覆盖，简约，实用。

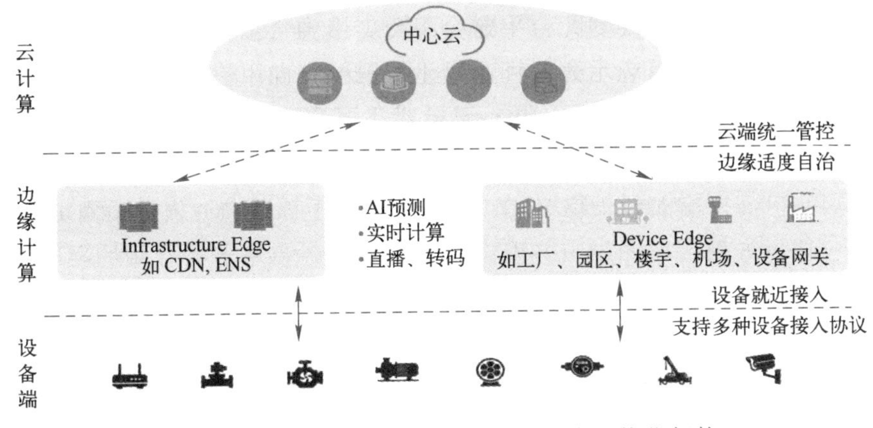

图 3-18 OpenYurt 边缘容器产品云边一体化架构

3.3 详解边缘容器技术——基于 OpenYurt

在中心云领域，Kubernetes 容器平台已经成为容器编排和调度的事实标准，但是在边缘计算领域，涉及范围较广且应用场景复杂，缺乏统一的标准。如前所述，目前国内各个公有云厂商都开源了各自基于 Kubernetes 的边缘计算云原生项目，主要有华为的 KubeEdge，阿里的 OpenYurt，腾讯的 SuperEdge，百度的 Baetyl 等。

如果非要择其一，建议是 OpenYurt。本节主要介绍 OpenYurt 架构与原理，深入浅出地讲解边缘容器技术介绍。

3.3.1 OpenYurt 概述

OpenYurt 是以上游开源项目 Kubernetes 为基础，针对边缘场景适配的发行版。是业界首个依托云原生技术体系、“零”侵入实现的智能边缘计算平台。具备全方位的“云、边、端一体化”能力，能够快速实现海量边缘计算业务和异构算力的高效交付、运维及管理。

1. OpenYurt 产品理念

OpenYurt 采用当前业界主流的“中心管控、边缘运行”的云边分布式协同技术架构（如图 3-19 所示），始终贯彻“Extending Your Native Kubernetes to Edge”产品理念，同时遵守以下设计原则。

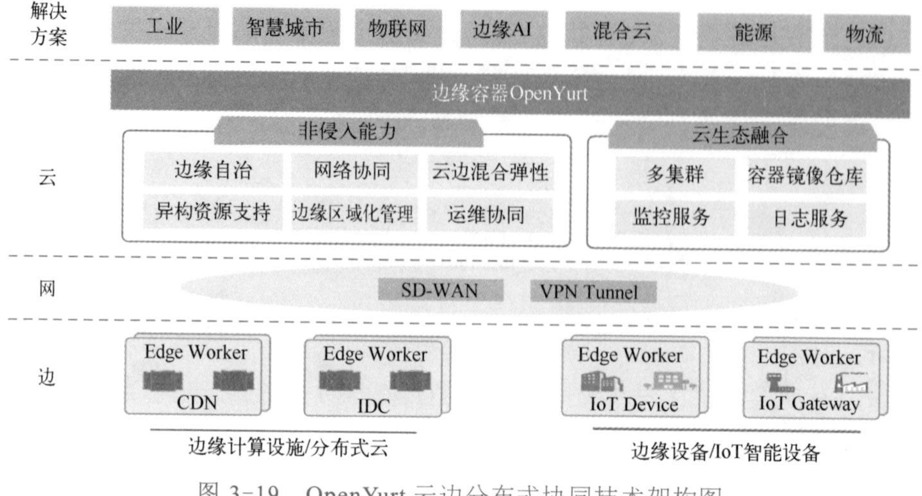

图 3-19 OpenYurt 云边分布式协同技术架构图

- “云边一体化”原则：保证与中心云一致的用户体验及产品能力的基础上，通过云边管控通道将云原生能力下沉至边缘，实现海量的智能边缘节点及业务应用。
- “零侵入”原则：确保面向用户开放的 API 与原生 Kubernetes 完全一致。通过节点网络流量代理方式（Proxy Node Network Traffic），对 Worker 工作节点应用生命周期管理新增一层封装抽象，实现分散式工作节点资源及应用统一管理及调度。同时遵循“Up Stream First”开源法则。
- “低负载”原则：在保障平台功能特性及可靠性的基础上，兼顾平台的通用性，严格限制所有组件的资源占用率，遵循最小化。最简化的设计理念，以此实现最大化覆盖边缘设备及场景。
- “一栈式”原则：OpenYurt 不仅实现了边缘运行及管理的增强功能，还提供了配套的运维管理工具，实现将原生 Kubernetes 与支持边缘计算能力的 Kubernetes 集群之间的相互一键高效转换。

2. OpenYurt 功能特性

借助 Kubernetes 强大的容器编排、调度能力，OpenYurt 针对边缘资源有限、网络受限不稳定等情况适配增强，将中心云原生能力拓展至分散式边缘节点，实现面向边缘业务就近低延迟服务；同时打通反向安全控制运维链路，提供便捷高效的、云端集中式的边缘设备及应用的统一运维管理

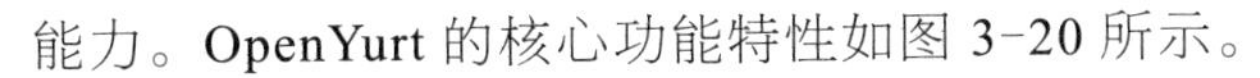
能力。OpenYurt 的核心功能特性如图 3-20 所示。

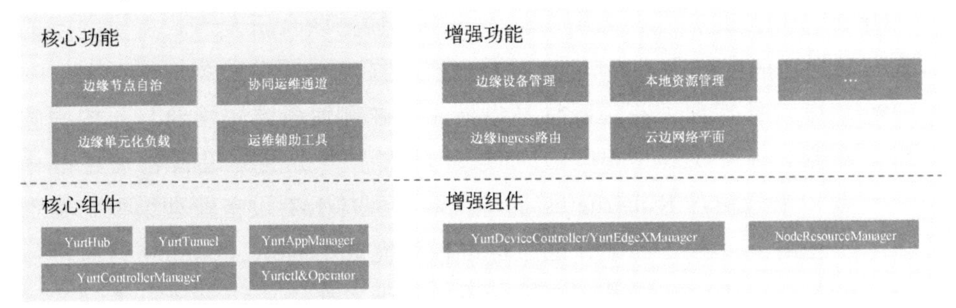

图 3-20　OpenYurt 核心功能及组件

（1）边缘节点自治

在边缘计算场景，云边管控网络无法保证持续稳定，OpenYurt 通过增强适配解决原生 Worker 工作节点无状态数据，强依赖 Master 管控节点数据且状态强一致机制的问题，从而实现在云边网络不畅的情况下，边缘工作负载不被驱逐，业务持续正常服务；即使断网时边缘节点重启，业务依然能恢复正常，即边缘节点临时自治能力。

（2）协同运维通道

在边缘计算场景中，云边网络不在同一网络平面，边缘节点也不会暴露在公网之上，中心管控无法与边缘节点建立有效的网络链路通道，导致所有原生的 Kubernetes 运维 API（logs/exec/metrics）失效。OpenYurt 在边缘点初始化时，通过在中心管控与边缘节点之间建立反向通道，承接原生的 Kubernetes 运维 API（logs/exec/metrics）流量，实现中心化统一运维。

（3）边缘单元化负载

在边缘计算场景中，面向业务一般都是“集中式管控，分散式运行”这种云边协同分布式架构。对于管理端，需要将相同的业务同时部署到不同地域节点；对于边缘端，Worker 工作节是一般是分散在广域空间，并且具有较强的地域性，跨地域的节点之间存在网络不互通、资源不共享、资源异构等明显的隔离属性。OpenYurt 通过适配增强 Kubernetes 能力，基于资源、应用及流量三层实现对边缘负载进行单元化管理调度。

（4）扩展功能

OpenYurt 开源社区引入更多的参与方，通过联合研发方式提供更多的可选的增强功能，丰富 OpenYurt 特性，扩大了产品覆盖能力。

- 边缘设备管理：在边缘计算场景中，端侧设备才是平台真正的服务对象，基于云原生理念，抽象非侵入、可扩展的设备管理标准模型，无缝融合 Kubernetes 工作负载模型与 IoT 设备管理模型，实现平台赋能业务。目前，通过标准模型完成 EdgeX Foundry 开源项目的集成，极大地提升了边缘设备的管理效率。
- 本地资源管理：在边缘计算场景中，将边缘节点上已有的块设备或者持久化内存设备，初始化成云原生容器存储。支持两种本地存储设备：基于块设备或者是持久化内存设备创建的 LVM；基于块设备或者是持久化内存设备创建的 QuotaPath。

3.3.2 OpenYurt 架构设计

原生 Kubernetes 是一个中心式的分布式架构，Master 控制节点负责管理调度及控制集群运行状态；Worker 工作节点负责运行容器（Container）及监控/上报运行状态。

OpenYurt 以原生 Kubernetes 为基础，针对边缘场景，将中心式分布式架构（Cloud Master，Cloud Worker），解耦适配为中心化管控分散式边缘运行（Cloud Master,Edge Worker）。如图 3-21 所示，OpenYurt 集群是在 Kubernetes 集群的基础上，通过 YurtHub，YurtTunnel 核心组件完成分布式云边协同能力，形成一个中心式大脑，多个分散式小脑的章鱼式云边协同分布式架构。

OpenYurt 架构的核心要点如下。

- 将元数据集中且以强一致的状态进行存储的方式，改为分散至边缘节点存储，并且调整原生 Kubernetes 调度机制，实现自治节点状态异常不触发重新调度，以此实现边缘节点临时自治能力。
- 保证 Kubernetes 能力完整一致，同时兼容现有的云原生生态体系的同时，尽最大肯能将云原生体系下沉至边缘。
- 将中心大规模资源池化、多应用委托调度共享资源的模式，适配为面向地域、小规模，甚至单节点资源调度，实现边缘场景下更精细化的单元化工作负载编排管理。

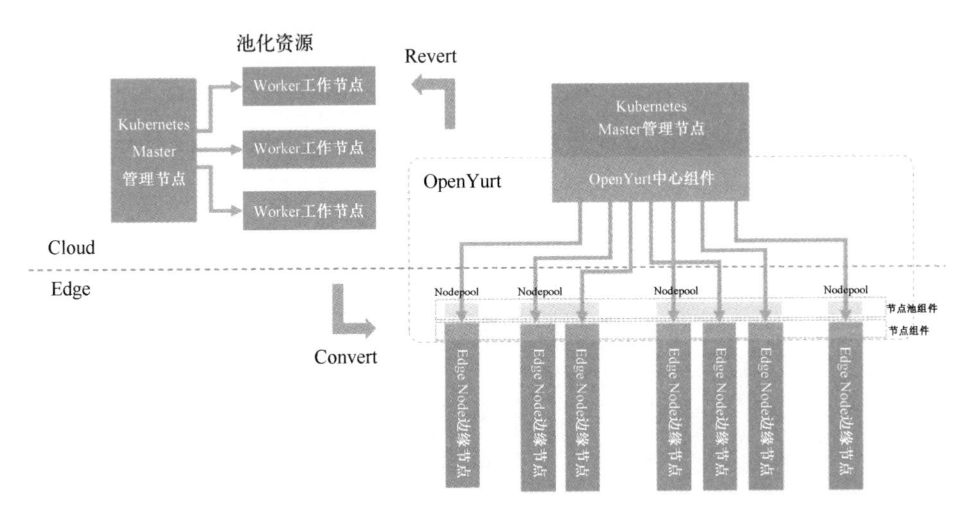

图 3-21 Kubernetes 集群与 OpenYurt 集群解耦适配

- 面向边缘实际业务场景需求，通过开放式社区，无缝集成设备管理、边缘 AI、流式数据等，提供面向边缘实际业务场景的通用平台能力，赋能更多的边缘应用场景。

OpenYurt 创新性地采用非侵入式架构设计，面向边缘计算场景实现云边协同分布式架构及中心管控边缘运行的能力，详细的组件交互流程如图 3-22 所示。

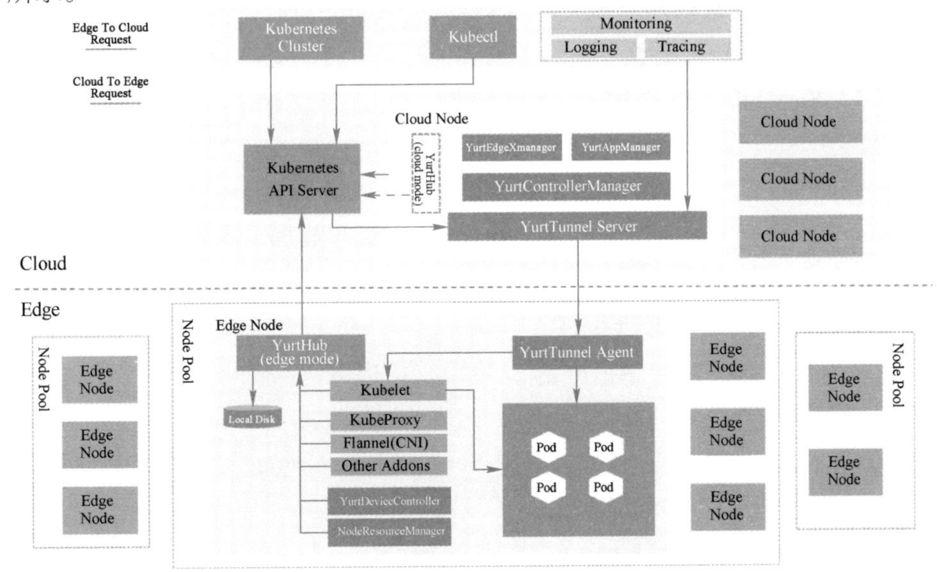

图 3-22 OpenYurt Edge 与 Cloud 协同架构

- 针对边缘节点自治能力，通过新增 YurtHub 组件实现边缘向中心管控请求（Edge To Cloud Request）代理，并缓存机制将最新的元数据持久化在边缘节点；另一方面新增 YurtControllerManager 组件接管原生 Kubernetes 调度，实现边缘自治节点状态异常不触发重新调度。
- 针对 Kubernetes 能力的完整性及生态兼容性，通过新增 YurtTunnel 组件，构建云边（Cloud To Edge Request）反向通道，保证 Kubectl、Promethus 等中心运维管控产品一致能力及用户体验；同时将中心其他能力下沉至边缘，包含各种不同的工作负载及 Ingress 路由等。
- 针对边缘单元化管理能力，通过新增 YurtAppManager 组件，同时搭配 NodePool、YurtAppSet（原 United Deployment）、YurtAppDaemon、ServiceTopology 等实现边缘资源、工作负载及流量三层单元化管理。
- 针对赋能边缘实际业务平台能力，通过新增 NodeResourceManager 实现边缘存储便捷使用，通过引入 YurtEdgeXManager/YurtDevice Controller 实现通过云原生模式管理边缘设备。

3.3.3 OpenYurt 组件及原理

OpenYurt 所有新增功能及组件均通过 Addon 与 Controller 方式来实现，其核心必选与可选组件。

（1）YurtHub（必选）

有边缘（Edge）和云中心（Cloud）两种运行模式，以 Static Pod 形态运行在云边所有节点上，作为节点流量的 SideCar 代理节点上组件和 kube-apiserver 的访问流量，其中边缘 YurtHub 会缓存数据，实现临时边缘节点自治能力。

（2）YurtTunnel（必选）

由 Server 服务端与 Agent 客户端组成，构建双向认证加密的云边反向隧道，转发云中心（Cloud）到边缘（Edge）原生的 Kubernetes 运维 API（logs/exec/metrics）请求流量。其中 Server 以 Deployment 工作负载部署在云中心，Agent 以 DaemonSet 工作负载部署在边缘节点。

（3）YurtControllerManager（必选）

云中心控制器，接管原生 Kubernetes 的 NodeLifeCycle Controller，实现

在云边网络异常时，不驱逐自治边缘节点的 Pod 应用；YurtCSRController 用以审批边缘节点的证书申请。

（4）YurtAppManager（必选）

实现对边缘负载进行单元化管理调度，包括 NodePool：节点池管理；YurtAppSet：原 UnitedDeployment，节点池维度的业务负载；YurtAppDaemon：节点池维度的 Daemonset 工作负载，以 Deploymen 工作负载部署在云中心。

（5）Raven（可选）

YurtTunnel 只是解决了云边通信的一个子集，但业务场景需要平台具备边-边、边-云容器网络通信的能力，要求位于不同物理区域的 Pod 可能需要使用 Pod IP、Service IP 或 Service Name 与其他 Pod 通信。Raven 采用 VXLAN 技术，如图 3-23 所示，在集群内构建一个虚拟网络，实现云-边，以及边-边通信能力。在跨边流量的处理上会利用边缘本身的网络能力创建边-边的 VPN 隧道，不会把所有的跨边流量都通过云上中心端转发；在同一边缘节点池的流量不进行劫持，复用集群本身的 CNI 能力。

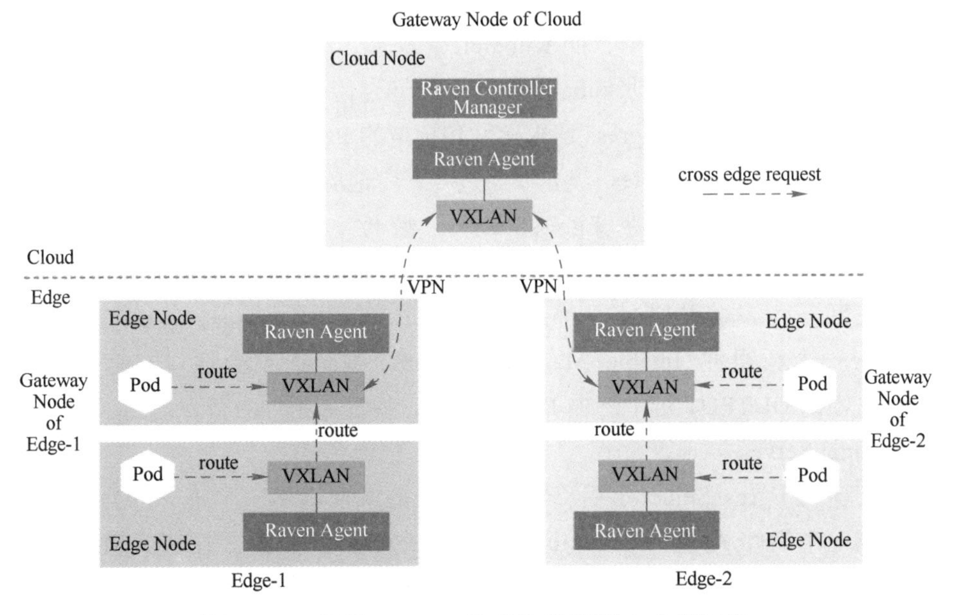

图 3-23 基于 VXLAN 技术构建集群内虚拟网络

（6）NodeResourceManager（可选）

边缘节点本地存储资源的管理组件，通过修改 ConfigMap 来动态配置宿主机本地资源。以 DaemonSet 工作负载部署在边缘节点。

（7）YurtEdgeXManager/YurtDeviceController（可选）

通过云原生模式管控边缘设备，当前支持 EdgeX Foundry 的集成。YurtEdgeXManager 以 Deployment 工作负载署在云中心，YurtDeviceController 以 YurtAppSet 工作负载署部署在边缘节点，并且以节点池 NodePool 为单位部署一套 YurtDeviceController 即可。

（8）运维管理组件（可选）

为了标准化集群管理，OpenYurt 社区推出了 YurtCluster Operator 组件，提供云原生声名式 Cluster API，基于标准 Kubernetes 自动化部署及配置 OpenYurt 相关组件，实现 OpenYurt 集群的全生命周期。原来的 Yurtctl 工具建议只在测试环境使用。

OpenYurt 使用上游项目 Apiserver-Network-Proxy（ANP）来实现 Server 和 Agent 间的通信。ANP 是基于 Kubernetes1.16 Alpha 版的新功能 EgressSelector 开发，意在实现 Kubernetes 集群组件的跨 Intranet 通信（例如，Master 位于管控 VPC，而 Kubelet 等其他组件位于用户 VPC）。

ANP 允许用户在启动 kube-apiserver 时通过传入 Egress Configuration 来要求 Kubernetes API 将 egress 请求转发到指定的 Proxy Server。但由于需要兼顾新老版本的 Kubernetes 集群，考虑到其他管控组件（Prometheus 和 Metricserver）并不支持 EgressSelector 特性，需要保证在无法使用 EgressSelector 的情况下也能将 Server egress 请求转发至 Proxy Server。为此，在每一个云端管控节点上都部署一个 Yurttunnel Server 副本，并在 Server 中内嵌一个新组件 Iptable Manager。Iptable Manager 会通过在宿主机的 Iptable 中的 OUTPUT 链中添加 DNAT 规则，将管控组件对节点的请求转发至 Yurttunnel Server。

当启用 EgressSelector 后，Server 对外请求都遵循一个统一的格式，因此新增一个组件 ANP interceptor。ANP interceptor 会负责截取从 Master 发来的 Http 请求，并将其封装成 EgressSelector 格式。YurtTunnel 请求转发的具体流程如图 3-24 所示。

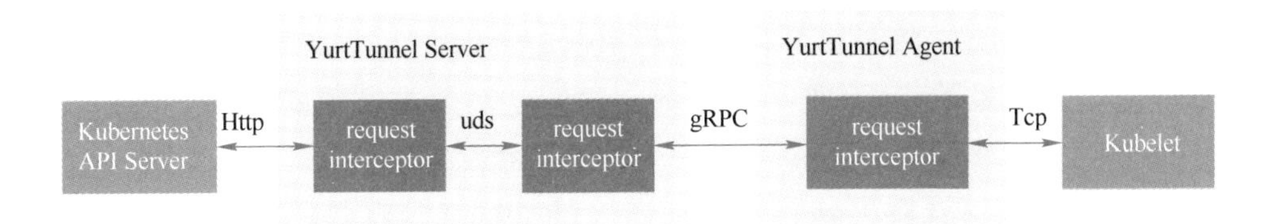

图 3-24　YurtTunnel 请求转发流程图

关于 YurtTunnel 与 Raven，未来的规划一定是通过 Raven 来逐渐替换 YurtTunnel，YurtTunnel 依赖 ANP 开源项目发展缓慢，并且很难支持边缘各种复杂的网络的场景。

除了核心功能及可选的专业功能外，OpenYurt 持续贯彻云边一体化理念，将云原生丰富的生态能力最大程度推向边缘，已经实现了边缘容器存储、边缘守护工作负载 DaemonSet、边缘网络接入 Ingress Controller 等，还有规划中的、Service Mesh、Kubeflow、Serverless 等功能，未来前景可期。

3.3.4　OpenYurt + EdgeX

EdgeX Foundry 是由 Linux 基金会运营的厂商开发的开源项目，旨在为物联网边缘计算创建公共开放的框架。该项目的核心是基于与硬件和操作系统完全无关的软件平台建立的互操作框架，使能即插即用的组件生态系统，统一市场，加速物联网方案的部署。

EdgeX Foundry 是一款由生态系统提供强力支持的边缘物联网即插即用型、开放式软件平台。它具有高度灵活和可扩展性，可以大大降低应用与边缘设备，传感器等硬件互操作的复杂性。EdgeX Foundry 采用分层设计提供服务，从下至上分别是设备服务、核心服务、支持服务、应用服务，以及安全和管理两个辅助服务。EdgeX Foundry 为边缘设备/节点和云/企业应用之间提供了一个双向转换引擎。可以将传感器和节点数据按特定格式传输到应用，也可以将应用指令下发到边缘设备。

- 设备服务：设备服务将“物”即传感器和设备连接到 EdgeX 的其余部分。设备服务是与“物”交互的边缘连接器，包括但不限于警报系统、家庭和办公楼中的供暖和空调系统、灌溉系统、无人机、自动化运输（例如一些铁路系统）等。

- 核心服务：核心服务包括核心数据库、核心元数据、配置和注册表以及核心命令/控制四个服务。它们是对各类设备的抽象，保存和收集传感器的数据和元数据，来自应用的命令，以及配置数据。
- 支持服务：主要包括警报服务、通知服务、计划服务，以及规则引擎。
- 应用服务：应用服务负责从 EdgeX 提取、处理、转换和发送感测数据到用户选择的断点或者流程。EdgeX 现在提供了很多应用程序服务示例以将数据发送到一些主要的云提供商。
- 安全服务：保护 EdgeX 管理的设备、传感器和其他物联网对象的数据以及控制。EdgeX 的安全功能建立在开放接口、可插拔、可更换模块的基础之上。
- 管理服务：为外部管理系统提供统一的借口以便于其启动、停止、重启 Edgex 服务、获取服务的状态或者相关指标，以便于 EdgeX 服务可以被监控。

OpenYurt 是基于 Kubernetes API 实现从云侧统一管理边缘侧应用生命周期的轻量级扩展。将 EdgeX Foundry 和 OpenYurt 以 Kubernetes 原生 API 方式深度集成，可以很好地实现统一 API 下的云边协同，基于 Kubernetes 来云化运维边缘/物联网场景的远景目标。

2021 年 11 月，OpenYurt 与 EdgeX Foundry 社区合作，OpenYurt 将正式支持部署和管理 EdgeX Foundry，并以云原生的方式管理端设备，帮助开发者轻松、高效地进行物联网边缘计算场景下端设备的管理和运维，主要目标如下。

- 基于 OpenYurt + Edgex Foundry 结合的边缘云原生落地实践案例，为更多的企业和开发者提供可供借鉴的经验指导。
- 进一步推动 Edgex Foundry 对云原生领域的支持，以及 Openyurt 在 IoT 领域的应用落地，共同打造云原生 IoT 领域标准。
- 依托 OpenYurt + Edgex Foundry 社区，以提供一致的云原生 IoT 用户体验为目标开展技术共建，与社区同行，拓展云原生新边界。

从 OpenYurt v0.5.0 版本开始，Openyurt 和 EdgeX Foundry 社区通过可扩展方式深度融合，在边缘计算、设备管理、物模型定义、云原生 IoT 领域进一步合作，实现“云、边、端”三者的强力协同。OpenYurt 通过集成

EdgeX Foundry 设备管理平台，正式支持端设备的管理能力。用户可以使用 Yurt-edgex-manager 组件一键式部署 EdgexFoundry 实例，并通过部署 Yurt-device-controller 组件打通边缘设备管理平台和云端之间的运维管理通道，允许用户声明式地管理边缘设备，为用户提供 Kubernetes 原生管理端设备的体验。

1. 使用 OpenYurt 编排部署 EdgeX Foundry

在 OpenYurt 中引入了一个名为 Yurt-edgex-controller 的控制器来管理 EdgeX CR。EdgeX CR 是对 EdgeX Foundry 在 OpenYurt 中部署的一个抽象，用户可以操作 CR 的方式来管理 EdgeX 的部署、更新、删除，不再需要编写复杂的 Yaml 文件以及 HelmChart。

如图 3-25 所示，用户只需创建一个 EdgeX 的 CR，Yurt-edgex-controller 会根据 CR 中版本以及对应的 Node Pool 的名字部署 EdgeX。用户在一个集群中可以根据 Node Pool 的数量部署多个 EdgeX，每个 EdgeX 的版本，以及 EdgeX 的服务都可以配置。

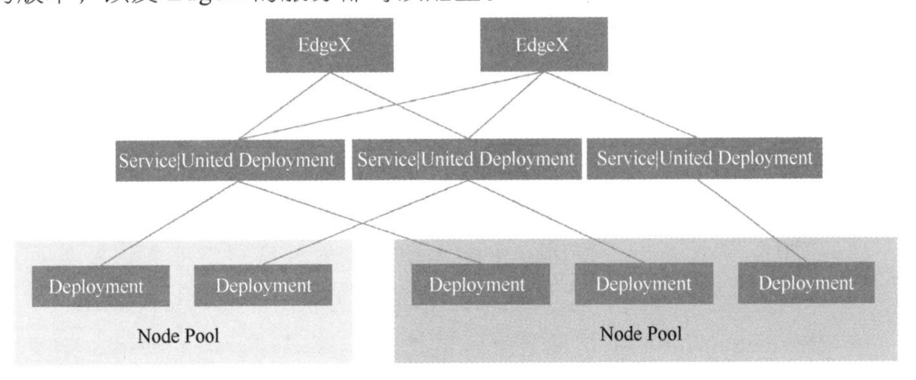

图 3-25　根据需求支持多版本的 EdgeX

EdgeX 是一套 EdgeX Foundry 部署的抽象，包括 EdgeX Foundy 的版本，以及需要部署的 Node Pool 的名字。基础的 EdgeX CR 包括 8 个基础的 EdgeX 服务和部署，此外还提供 Additional Deployment 和 Additional Service 的字段，让用户可以部署任何所需的 EdgeX 组件和第三方应用。

在 OpenYurt 中，EdgeX 的服务通过以 Kubernetes 服务的形式来对外提供访问，尽管不同的 EdgeX 实例使用相同的 Kubernetes 服务名称，ServiceToploy 会确保 EdgeX 组件只能访问属于同一 EdgeX 实例的其他组件，而不会发生交叉访问。Yurt-edgex-controller 利用 United Deployment 的能力，在 Node pool 中部署 EdgeX 的组件。

2. 云原生 IoT 物联网设备模型

（1）设备信息抽象

为管理现实世界中的设备，需要对设备管理相关的服务进行抽象，Yurt-device-controller 作为连通云和边缘管理平台的组件，抽象出了三个 CRD，用于映射对应设备管理平台上的资源，它们分别是 DeviceProfile、DeviceService 和 Device（如图 3-26 所示）。

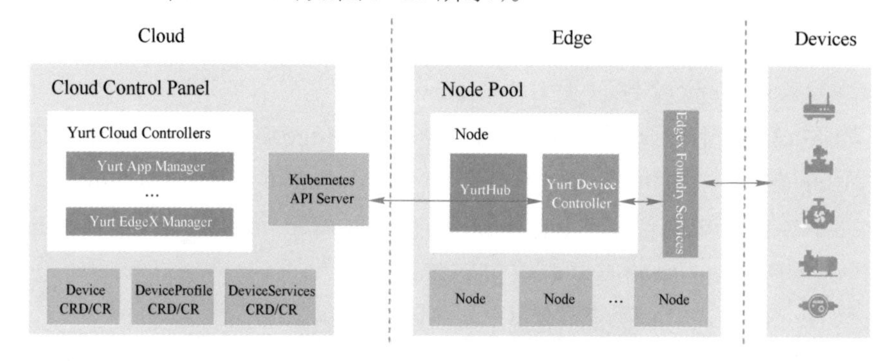

图 3-26 OpenYurt + EdgeX 云边端整体架构模型

- DeviceProfile：描述了使用相同协议的一种设备类型，其中包括一些通用信息，如制造商名称、设备描述和设备型号。DeviceProfile 还定义了此类设备提供的资源类型（例如温度、湿度）以及如何读取/写入这些资源。每个 Device 都需要关联一个 DeviceProfile。
- DeviceService：是与设备交互的边缘连接器在云端的映射，定义了如何将设备接入到边缘设备管理平台，包括设备的通信协议，通信地址等信息。每个 Device 都需要关联一个 DeviceService。
- Device：是现实世界中端设备的映射，例如：电器、警报系统、照明、传感器等设备，它给出了特定设备的详细定义，包括关联的 DeviceProfile（属于哪类设备）、关联的 DeviceService（使用何种通信方式）以及设备特有属性（如照明设备的开关状态等）。

（2）设备管理架构

通过抽象出上述三种 CRD，可以反应出设备基本的状态信息，再使用对应的 Controller 与边缘设备管理平台进行交互，可以将边侧发现的端设备及时映射至云端；与此同时，Yurt-Device-Controller 组件将云端针对设备属性的修改（例如：设置照明设备的开关状态）同步至端设备上，从而影响真实世界中的物理设备。用户只需要声明式地修改 CR 的相应字段，以一种云原生的方式即可达到运维、管理复杂端设备的目的，以下是组成 Yurt-Device-Controller 的三个组件。

- DeviceProfile Controller：它可以将边缘平台中的 DeviceProfile 对象抽象为 DeviceProfile CR 并同步到云端。在 DeviceProfile Controller 的支持下，用户可以在云端查看、创建或删除边缘平台的 DeviceProfile。
- DeviceService Controller：它可以将边缘平台中的 DeviceService 对象抽象为 DeviceService CR 并同步到云端。在 DeviceService Controller 的支持下，用户可以在云端查看、创建或删除边缘平台的 DeviceService 信息。
- Device Controller：它可以将边缘平台中的 Device 对象抽象为 Device CR 并同步到云端。在 Device Controller 的支持下，用户可以通过声明式修改云端 Device CR 的方式来管理边缘平台上的设备信息，如创建设备、删除设备、更新设备属性（如设置灯的开和关等）。

如图 3-26 所示，云边端整体架构模型中，边缘端设备的通信范围往往局限于某一网络区域内，因此可以将同一网络区域内的边缘节点划分为一个节点池，在每一个节点池内部署一个 Edgex Foundry 实例和一个 Yurt-Device-Controller 组件。

- 在与云端 API Server 的通信中，Yurt-Device-controller 只会监听属于该节点池内的设备对象，并将更新信息通过 Edgex Foundry 实例及时地同步至对应的设备上。
- 在与 Edgex Foundry 实例的通信中，复用 YurtHub、节点池以及单元化部署等能力，Yurt-Device-Controller 组件只会访问本节点池内的 Edgex Foundry 实例，并将接入该节点池内的设备信息抽象为 Device、DeviceService 和 DeviceProfile 对象同步至云端。

3.3.5 边缘容器认知误区

1．云边网络差，不稳定

在边缘计算场景中，被提到最多的就是云边网络差且不稳定。其实国内基础网络在 2015 年开始全面升级，尤其是在“雪亮工程”全面完成之后，基础网络有一个很大的提升；根据《第 48 次中国互联网络发展状况》报告，我国固网 100Mbit/s 接入占比已达 91.5%（如图 3-27 所示），无线网络接入已经都是 4G 或 5G 的优质网络。

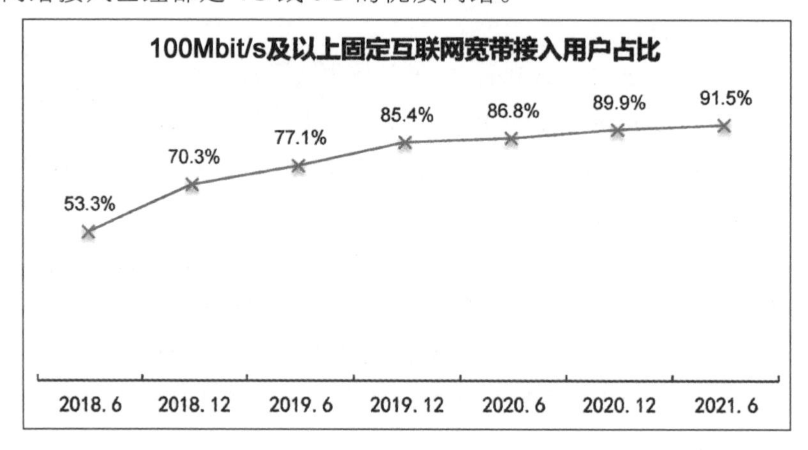

图 3-27 100Mbit/s 及以上固定互联网宽带接入用户占比

真的挑战在云边网络组网，对于使用公有云的场景，公有云屏蔽数据中心网络，只提供了互联网出口带宽，通过互联网打通云边，通常只需要解决数据安全传输即可，接入不复杂；对于私有自建的 IDC 场景，打通云边网络并不容易，主要是运营商网络没有完全产品化，同时私有 IDC 配置有防火墙等其他复杂产品，需要专业的网络人员才能完成组网工作。

2．List-Watch 机制，云边流量大

List-Watch 机制是 Kubernetes 的设计精华，通过主动监听机制获取相关的事件及数据，从而保证所有组件松耦合相互独立，逻辑上浑然一体。List 请求返回是全量的数据，一旦 Watch 失败，就需要重新 Relist。但是 Kubernetes 有考虑管理数据同步优化，节点的 Kubelet 只监听本节点数据，Kube-Proxy 会监听所有的 Service 数据，数据量相对可控；同时采用

gRPC 协议，文本报文数据相比业务数据非常小。在有 1200 个节点的集群上，做的压测数据监控图表，如图 3-28 所示。

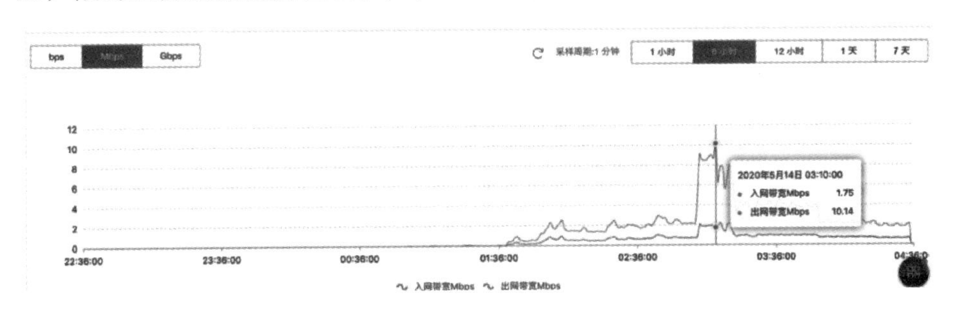

图 3-28　1200 个节点的集群云边流量

真正的挑战在基础镜像及应用镜像下发。当前的基础镜像及业务镜像，即使在中心云，依然在探索各种技术来优化镜像快速分发的瓶颈；边缘的 AI 应用，一般都是由推送应用+模型库构成，推送应用的镜像相对较小，但模型库的体积就非常大，同时模型库随着自学习还需要频繁的更新。

3．边缘资源少，算力不足

边缘的资源情况需要再细分场景，针对运营商网络，面向消费者的资源相对比较充足，最大的挑战是资源共享及隔离；针对实体产业，会有规模可观的 IDC 支持，边缘资源非常充足，足以将整个云原生体系下沉至边缘。针对智能设备，资源相对比较稀缺，但是一般都都会通过一个智能边缘盒子，一端连接设备，一端连接中心管控服务（如图 3-29 所示）。AI 边缘盒子整体配置提升速度较快，长期来看，边缘的算力在快速增强中，可以满足更复杂更智能化的场景需求。

4．Kubelet 比较重，运行占用资源多

通常，节点的资源自下而上分为四层，如图 3-30 所示。

- 运行操作系统和系统守护进程（如 SSH、systemd 等）所需的资源。
- 运行 Kubernetes 代理所需的资源，如 Kubelet、容器运行时、节点问题检测器等。
- Pod 可用的资源。
- 保留到驱逐阈值的资源。

	Jetson Nano	Jetson TX2 Series				Jetson Xavier NX Series		Jetson AGX Xavier Series				
		TX2 NX	TX2 4GB	TX2	TX2i	Jetson Xavier NX 16GB	Jetson Xavier NX	Jetson AGX Xavier 64GB	Jetson AGX Xavier	Jetson AGX Xavier Industrial	Jetson Orin NX	Jetson AGX Orin
AI Performance	472 GFLOPs	1.33 TFLOPs			1.26 TFLOPs	21 TOPs		32 TOPs		30 TOPS	100 TOPS	200 TOPS
GPU	128-core NVIDIA Maxwell™ GPU	256-core NVIDIA Pascal™ GPU				384-core NVIDIA Volta™ GPU with 48 Tensor Cores		512-core NVIDIA Volta™ GPU with 64 Tensor Cores			1024-core NVIDIA Ampere GPU with 32 Tensor Cores	2048-core NVIDIA Ampere GPU with 64 Tensor Cores
CPU	Quad-Core Arm® Cortex®-A57 MPCore processor	Dual-Core NVIDIA Denver 2 64-Bit CPU and Quad-Core Arm® Cortex®-A57 MPCore processor				6-core NVIDIA Carmel Arm®v8.2 64-bit CPU 6MB L2 + 4MB L3		8-core NVIDIA Carmel Arm®v8.2 64-bit CPU 8MB L2 + 4MB L3			8-core NVIDIA Arm® Cortex A78AE v8.2 64-bit CPU 2MB L2 + 6MB L3	12-core NVIDIA Arm® Cortex A78AE v8.2 64-bit CPU 3MB L2 + 6MB L3
DL Accelerator	–					2x NVDLA v1					2x NVDLA v2	2x NVDLA v2
Vision Accelerator	–					2x PVA v1					1 x PVA v2	1 x PVA v2
Safety Cluster Engine	–									2x Arm Cortex-R5 in lockstep	–	–
Memory	4 GB 64-bit LPDDR4 25.6GB/s	4 GB 128-bit LPDDR4 51.2GB/s		8 GB 128-bit LPDDR4 59.7GB/s	8 GB 128-bit LPDDR4 (ECC Support) 51.2GB/s	16 GB 128-bit LPDDR4x 59.7GB/s	8 GB 128-bit LPDDR4x 59.7GB/s	64 GB 256-bit LPDDR4x 136.5GB/s	32 GB 256-bit LPDDR4x 136.5GB/s	32 GB 256-bit LPDDR4x (ECC support) 136.5GB/s	12GB 128-bit LPDDR5 102.4 GB/s	32GB 256-bit LPDDR5 204.8 GB/s

图 3-29 AI 边缘盒子配置

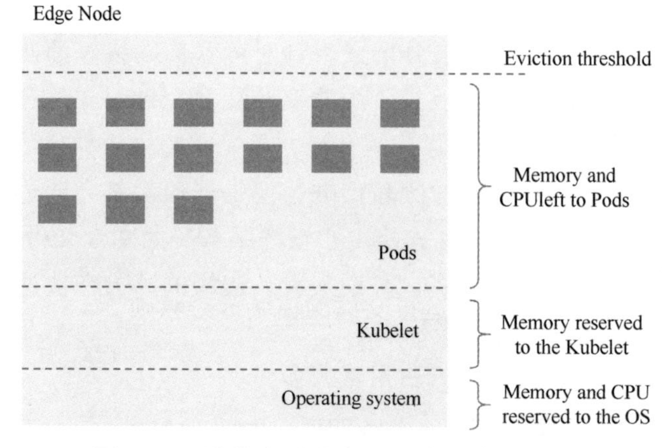

图 3-30 边缘容器节点四层资源分配模型

对于各层的资源分配设置的没有标准，需要根据集群的情况来权衡配置，Amazon Kubernetes 对 Kubelet 资源配置算法是：

Reserved memory = 255MiB + 11MiB × MAX_POD_PER_INSTANCE

假设运行 32 个 Pod，将近 90%的内存都可以分配给业务使用，相对来说 Kubelet 资源占用并不高，如图 3-31 所示。

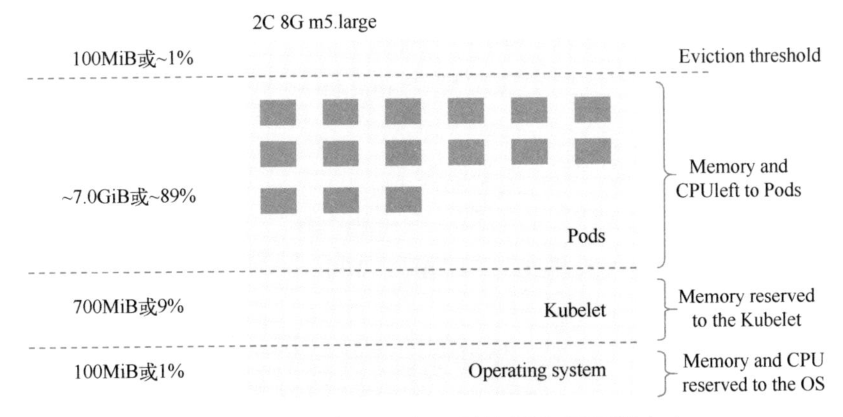

图 3-31 边缘容器节点四层资源分配预留大小

3.4 云原生边缘计算平台

突破中心云计算的边界，将云原生 Kubernetes 从中心拓展至边缘，面向业务构建云边一体化基础设施，不仅统一了广域边缘侧分布式的应用运行时，同时实现了应用的中心化管理和边缘侧运行的云边协同。降低了边缘应用的运维工作量，提升了边缘计算业务创新效率。云边一体化云原生平台的构建整体分为四个方面。

- 基于云边一体化平台架构，打造云边一致性的底层基础设施平台，为上层应用在云边自动调度提供基础。
- 标准化的云边应用架构，保证业务应用架构具备可以随着底层基础设置平台，从云中心拓展拉伸至边缘，以及针对业务应用，实现中心云管理运营、边缘运行支撑的模块拆分原则。
- 构建云边应用统一分发管理平台，不仅统一管理应用容器制品，确保云边制品一致与完整；同时统一管理应用运行的编排文件，确保应用可以在多个边缘快速复制。
- 打造云边多层级联合运维组织，当前，运维尚无法完全实现自动化，良好的多层级运维组织是整个平台稳定运行的关键。

3.4.1 云边一体化平台架构

围绕 Kubernetes 容器平台构建云边一体化云原生基础设施平台能力，

是边缘计算平台的最佳选择，通过云端统一的容器多集群管理，可以实现分散式集群统一管理，同时可以实现 Kubernetes 集群规格配置的标准化，如图 3-32 所示。

- 标准集群（大规模）：支持数量超过 400 个节点的大规模集群，主要面向业务规模较大的云原生应用运行场景。
- 标准集群（中等规模）：支持超过 100 个节点以内的集群，主要面向中等业务规模的场景。
- 边缘集群：在云端部署集群管理节点，将边缘节点单独部署在业务现场，支持运行单业务场景的应用，比如 IoT 物理设备接入协议解析应用，视频监控分析 AI 算法模型等业务场景。

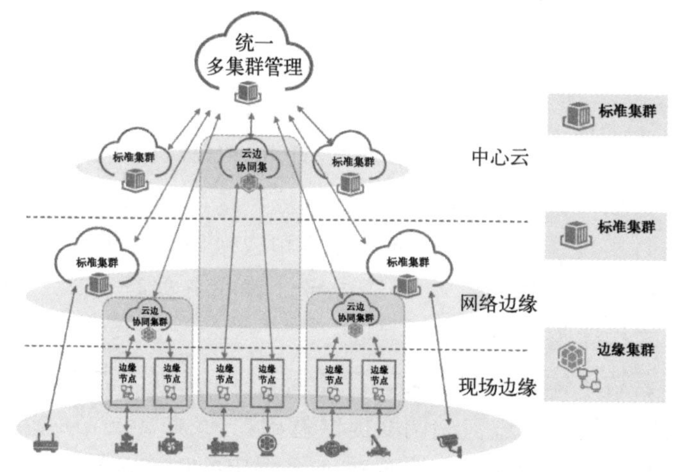

图 3-32 云边一体化集群统一规格标准

按照业务场景需求选择最优容器集群方案，其中边缘容器集群方案与其他集群方案差别较大，其他集群依然保持中心云集群服务的一致性，基础资源集中并且池化，所有应用共享整个集群资源；而边缘容器集群 Master 管理节点集中部署，共享使用，Worker 节点都分散在业务现场，按需自助增加，自行运维且独占使用，容器平台碎片化严重，建议通过标准的 Kubernetes API 来集成整合。这种兼容所有边缘容器的方案，要实现云边一体化，需要实现以下两方面。

1. 多版本 Kubernetes API 兼容

如图 3-33 所示，以 Kubernetes 为中心，设计规划一套泛容器多集群管理平台，管理 Kubernetes 多版本（1.18~1.23），基于 Kubernetes 为基础的容器平台发行版（OpenShift）与衍生版本（边缘容器 K3S、OpenYurt、Kubedge、Baetyl、SuperEdge），打造统一的云原生管理控制平台。

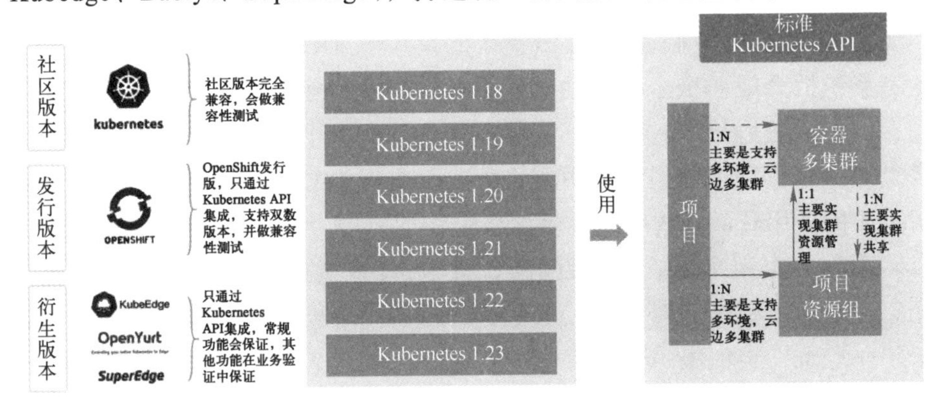

图 3-33　统一的云原生管理控制平台

2. 统一管理，开放应用编排

云边一体化，不仅要考虑云原生平台使用，还要开放接口给其他产品使用，同时要考虑 API 接口的兼容性。通过多集群管理网关提供统一 Kubernetes API 接口（如图 3-34 所示），通过用户自助门户与管理运营门户提供统一的管理及使用平台，同时也面向一些专业的业务平台开放业务编排接口，确保专业平台能力内聚。

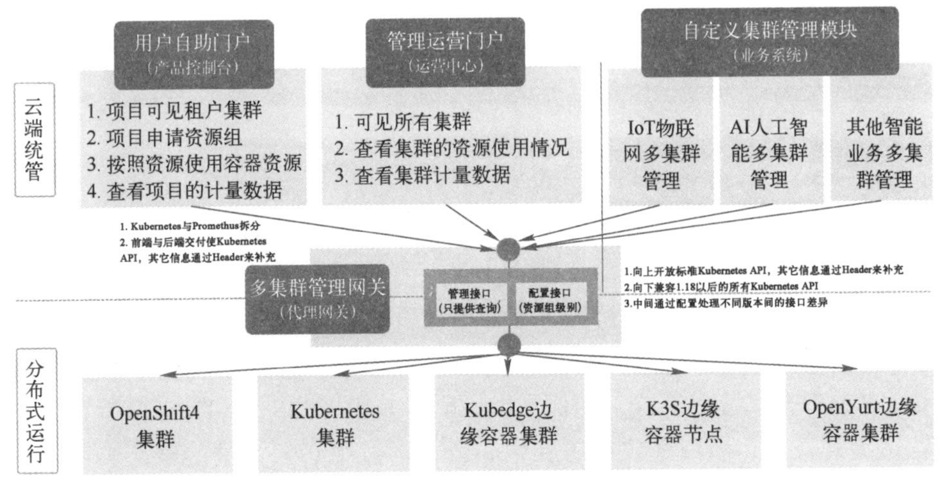

图 3-34　统一多集群管理网关

3.4.2 云边管运协同应用架构

基于中心云的分布式业务应用架构，与云边分布式协同业务应用架构本质上有很大的差别。在中心云更多的是基于 DDD 业务领域，将复杂的业务系统拆分成一个个相对独立的服务，整体构建一个松耦合的分布式应用；但是在云边分布式场景下，更多强调的是集中式管控运营，分散式运作支撑；将管理运营系统集中在云中心，实现中心式管控；将支撑业务实时运作的应用分散至边缘，实现低延迟快速响应，如图 3-35 所示。

从业务应用来看，财务/经营，计划/管理两层属于管控运营类的应用，对延迟不敏感，对安全、大数据分析能力等要求较高，需要通过中心云统一汇聚，实现集中化强管控；控制，传感/执行，生产过程三层属于运作支撑类应用，也可以优先考虑中心云，如果业务场景对延迟敏感，再考虑通过边缘计算能力实现分散式低时延响应。

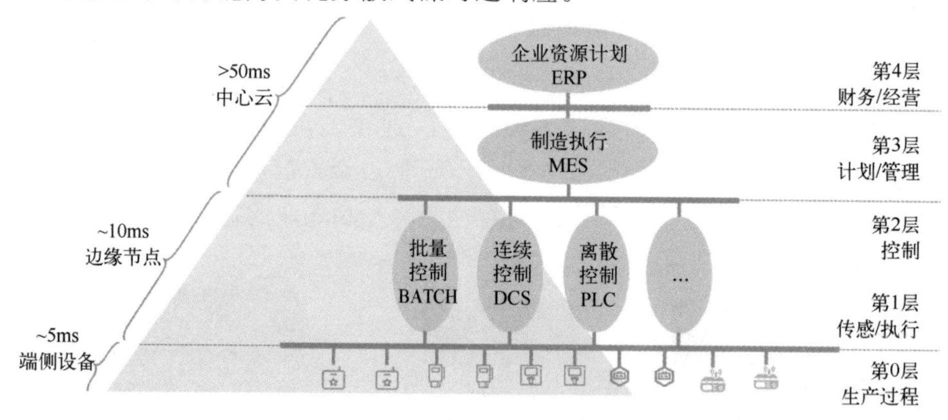

图 3-35 云边管运协同应用架构

从请求响应来看，对时延不敏感（50ms 以上）的都优先考虑使用在中心云计算及云化的边缘产品（CDN）来实现；对延迟敏感（小于 10ms）、运营商骨干网完全无法支持的，才考虑建设边缘计算平台。

以物流领域经典的 OTW 系统（OMS 订单管理系统，TMS 运输管理系统，WMS 仓库管理系统）为例加以说明。其中 OMS 和 TMS 属于典型的管理运营系统，所以建议部署在中心云，通过中心云数据汇聚，实现拼单拆单，多式联运等跨区域业务；WMS 是仓库管理系统，管理四面墙的任务，属于运作支撑应用，并且仓库一般都有一些自动化设备，就可以考虑将 WMS 部署在边缘。

3.4.3　云边应用统一分发管理

云边一体化原则，就是保证与中心云一致的用户体验及产品能力的基础上，通过云边管控通道将云原生能力下沉至边缘，实现海量的智能边缘节点及业务应用，如图 3-36 所示。

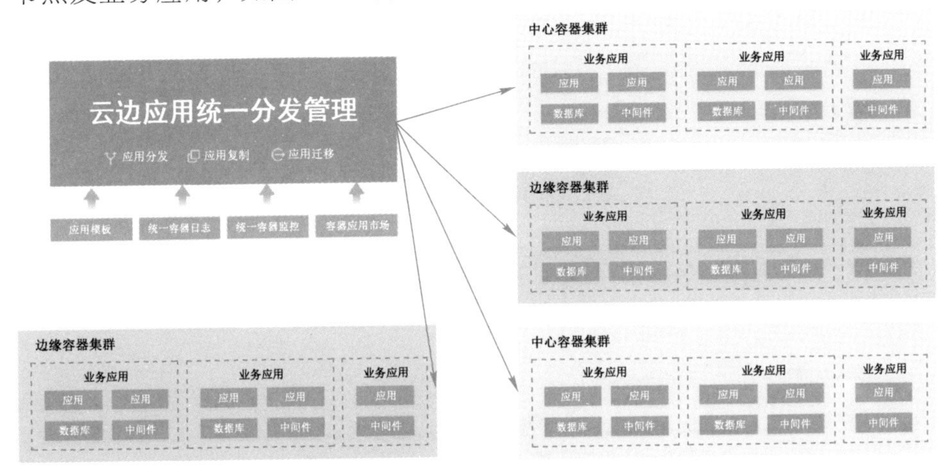

图 3-36　云边应用统一分发管理

以“云端管理、边端运行”的管运协同的云边分布式架构为基础，通过云边端异构多集群分布式应用的中心化统一分发管理平台，实现了云边端多样化分布式应用、在中心云端的一键式自动化分发与部署，以及分布式应用的隔空滚动升级与远程监控运维。

通过云边一体化化调度编排平台，面向业务应用建立了云网边端一体化的弹性敏捷资源调度体系，以及覆盖中心云、边缘云、边缘设备、物联网设备在内的云边端统一云原生运行时和应用管理平台，对异构环境下的分布式应用集群进行统一纳管，为用户提供了一致的上云、用云使用体验；面向运维管理，通过中心化的运行管理和监控运维，在云端实现了分布式应用的批量版本更新与迭代，极大降低了跨地域分布式应用的运行维护成本。

真实面向业务的应用，尤其是云边分布式应用，非常复杂，仅仅通过

Kubernetes 对象及 Yaml 很难管理及编排，所以需要借助 Helm 到 Operator，实现应用的全生命周期管理。Helm 主要实现应用打包和版本管理；Operator 本质是一种调节器模式（Reconciler Pattern）的应用，主要实现应用管理，尤其是有状态应用管理，协调应用的实际状态达到预期。

面向云边应用协同、应用统一分发的场景，建议使用 Operator 框架。实现应用的全生命周期的自动化管理，社区也已经有大量基于 Operator 开源实现的各种中间件和基础应用。面向个性化的应用，建议使用 Helm，其使用门槛不高，可以高效管理配置应用（尤其是边缘应用），实现边缘应用的快速复制分发部署，Helm 与 Operator 覆盖应用生命周期的阶段如图 3-37 所示。

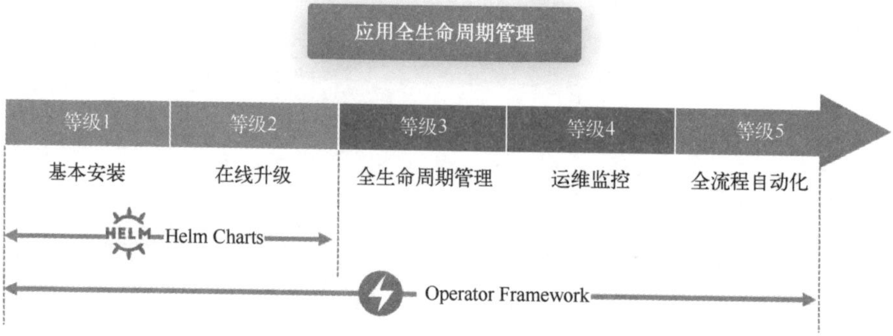

图 3-37 Helm 与 Operator 应用生命周期管理

3.4.4 云边多层级联合运维

边缘是相对的，是中心式云计算的延伸，将计算能力拓展至“最后一公里”，因此不能独立于中心云，而应放在云-边-端的整体架构之下看待。

在边缘计算场景中，边缘是广域分散的，面向设备端侧业务提供服务，跨越的物理空间范围较广，在运维上对平台建设方，尤其是运维团队提出了比较大的挑战。当前，边缘侧的运维无法完全实现自动化，在云边一体化的整体架构下，打造云边多层级联合运维组织，是整个平台稳定运行的关键。

在中心云底层，基础设施完全被屏蔽，面向业务提供产品化比较彻底的弹性计算服务，但是在边缘场景中，由于跨物理空间，需要研发和运维合作才能完成底层基础设施的运维，从而实现面向业务尽最大能力提供云边一致的产品服务，如图 3-38 所示；在中心云，一般都是采用集中式运维，同时也有比较复杂的分工，一般数据中心都会有面向设备的基础运维，也会有专业平台运维及产品运维。在边缘场景中，基础设施的运维需要采用联合运维方式由现场的运维人员负责，缘数据中心面向设备的基础运维人员，应用软件通过中心云来管理运维。

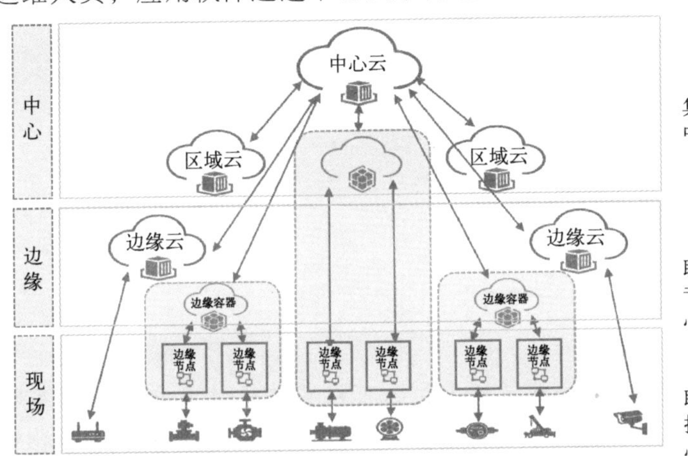

图 3-38　云边一体化多级联合运维

总之，Kubernetes 云原生是一个庞大且复杂的体系，将整个体系下沉至边缘面临很大的挑战与困难。业务应用想要真正践行边缘的云原生体系，需要从理念、系统设计、架构设计等多方面来攻关实现，才能充分发挥边缘计算的优势及价值。

第4章 边缘计算的应用领域

根据边缘计算的类型，可以将边缘计算分为消费互联网用户体验优化、传统产业业务上云及智能化、新型智慧化社会计算三大典型应用领域。其中消费互联网用户体验优化的典型应用包括静态 CDN 内容分发、音视频内容分发等；传统产业业务上云及智能化的典型应用包括智能制造、智能电网等；新型智慧化社会计算的典型应用包括智慧城市、智慧交通、智能家居、智能安防等。

4.1 消费互联网用户体验优化

4.1.1 静态 CDN 内容分发

边缘计算应用场景无论如何都无法绕开内容分发网络（CDN，Content Delivery Network），关于 CDN，本书第 1 章 1.2 节已经有简单的概念讲解，在此进一步详细介绍。

CDN 的出现一定程度上解决了网络数据传输的问题。通过将用户请求量高的热点内容从数据中心推送和存储到距离用户更近的边缘侧，CDN 能够有效地降低主干网传输带宽和时延，提升用户体验。

1．CDN 和边缘计算的关系

（1）CDN 是什么？

简单地说，CDN 就是用空间换时间，空间就是分布在离终端用户较近的边缘节点，时间就是终端用户直接从边缘节点直接获取资源，这样就不需要直接访问源站，从而提升用户体验，如图 4-1 所示，有无 CDN 内容分发的情况。

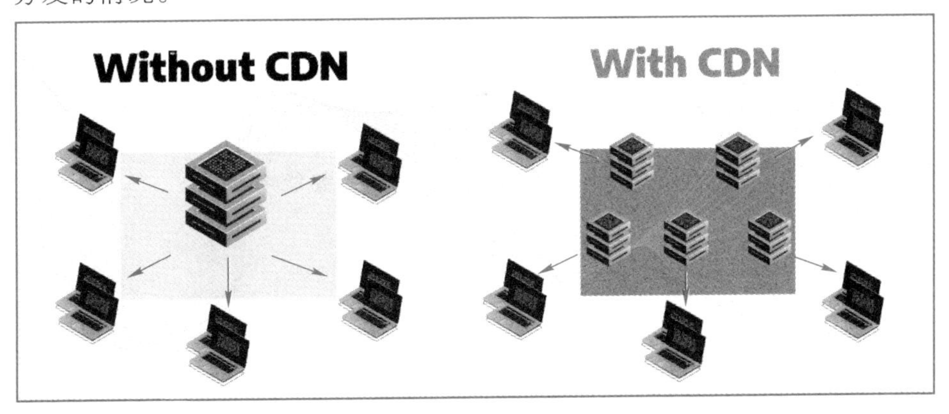

图 4-1 有无 CDN 内容分发的情况

可以将 CDN 做一个不是很恰当的类比，比如现在国内电商平台建立物流系统，在一二线城市会建立大型物流中心（源站），三四线城市会建立小型物流中心（边缘节点），像“双十一”这种大促活动期间，会根据大数据计算提前在各地的小物流中心准备好商品（预热），这样用户就可以快速获取包裹（就近获取）。所以，CDN 可以认为是目前整个互联网的物流系统，只不过 CDN 分发的不是包裹，而是图片、视频、软件安装包等。一般一家 CDN 服务商需要有成百上千个边缘节点，才可以具备比较好的服务质量。

CDN 已经是一种充分验证过的成熟技术，可以不夸张地说，CDN 扛起了整个互联网大部分的流量，没有 CDN 就没有现在繁荣的各种视频网站、直播平台和小视频 APP。经过长期的发展，CDN 在供应链体系、节点建设、网络运维上都有非常成熟的经验和沉淀。

随着互联网智能终端设备数量的急剧增加，传统云计算中心集中存储、计算的模式已经无法满足终端设备对于时效、容量、算力的需求。将云计算的能力下沉到边缘侧、设备侧，并通过中心进行统一交付、运维、管控，是云计算的重要发展趋势。

IDC 预计，到 2025 年全球将有超过 1500 亿的终端与设备联网，数据会迎来爆炸式增长，超过 50%的数据要在网络边缘侧进行分析、处理与存储，这给边缘计算的应用提供了充分的场景和发展空间。

（2）边缘计算分层结构

边缘计算分层结构包括云、边、端，如图 4-2 所示。

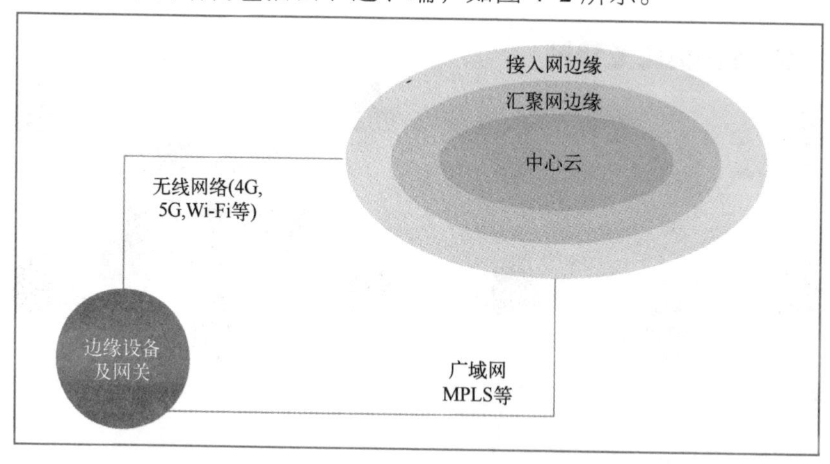

图 4-2 边缘计算分层结构

● 中心云。传统云计算的中心节点，资源丰富，计算力强，扩展性强，服务多区域，但离终端用户远。同时云中心是边缘计算的管控端，负责全网算力和数据的统一管理、调度、存储。

- 边缘。通常服务特定的一个区域，如市、县、区等，部署在目标服务区域 10～30km 的地方，提供满足目标服务区域的计算、存储、网络服务。边缘通常位于 IDC 内，拥有充足的算力和存储容量，和中心有专线或骨干网连接，如 CDN 节点等；边缘又可分为接入网边缘和汇聚网边缘两层，其中接入网边缘靠近边缘设备，与用户或设备端更近，汇聚网边缘聚合一个或多个接入网边缘的数据，与云端进行交互。
- 边缘设备及网关。终端设备，如手机、智能家电、各类传感器、摄像头等。

可以认为 CDN 是边缘计算的一种形态，并且是当前来看规模最大、算力最强的形态，也是成熟度最高的业务形态。但是 CDN 的业务形态也需要做技术架构升级，才能支撑更多的边缘计算场景。

2．边缘计算的技术形态

边缘计算技术形态也可以按照传统的逻辑划分为边缘 IaaS、边缘 PaaS 和边缘 SaaS。

（1）边缘 IaaS

在边缘侧提供虚拟机，这个跟在云中心购买 ECS 差不多，只不过机器部署在边缘 IDC（这里的边缘 IDC 其实是相对于云中心 IDC）上，但是在网络情况和稳定性上是跟云中心不一样的，毕竟云中心有几万台机器的规模冗余，有专门的驻场人员、机房和网络维护，而边缘节点有时候是不具备这些条件的，当然在使用场景上肯定也是不一样的，不建议在边缘部署对数据可靠性要求非常高的业务。

（2）边缘 PaaS

提供虚拟机的方式对于有些用户来说，可能运维起来有点麻烦：比如机器分布在不同地方，归属不同运营商，各地的网络不大一样，机房也有网络割接的时候，管理这些虚拟机也会有不小的成本，难以快速进行业务切换调度。这样一来就需要有边缘场景的 PaaS 服务来帮助用户管理和调度边缘的资源，容器技术和 K8S 是一个在运维调度层很好的运维解决方案。在解决运维的问题后，用户对于 PaaS 的需求也会上升，需要更加多样的能力，特别是对各种中间件的需求（EdgeKV，EdgeStore 等），比如对 EdgeKV 需要具备全网数据同步的能力。

（3）边缘 SaaS

CDN 就是典型的 SaaS 服务，服务主要包含静态文件（文件、图片、视频）加速、动态加速，衍生的服务还包括边缘接入安全、边缘数据安全、P2P 加速，另外视频 AI 也是后续一个重要的 SaaS 服务，比如自动驾驶、IoT 的一个重要需求就是在边缘能够直接进行视频 AI 计算处理，以此来保证边缘处理的低延时。

（4）可编程 CDN

除了往通用计算转型，CDN 的一个重要方向是往可编程 CDN 转型，简单来说就是通过函数计算或者脚本控制 CDN 逻辑，比如 Cloudfare 的 EdgeWorker，在边缘侧支持 V8 引擎运行 JS 脚本，这种技术方案相对容器技术的优势在于更加轻量级、成本更低、启动时间更快。

边缘计算并不是孤立存在的，边缘计算一定需要跟云计算进行协同，即所谓的云边端协同。一种比较形象的说法：如果把云计算比作整个计算机智能系统的大脑，那么边缘计算就是这个系统的眼睛、耳朵和手脚。

完全依赖云计算的计算机系统就好比每一件事都要请示司令部的军队，在需要大量和外界互动的时候会显得僵化，反应迟缓，而且一旦网络有问题就彻底瘫痪了。加入边缘计算之后，就好比让中下层军官也开始发挥主观能动性，能一定程度上自主做出判断和行动决策，同时也只需要把一部分经过筛选的信息上传到司令部，大大缓解了网络通信的压力。即使在和司令部暂时失去联系的情况下，也能自主做出部分决策。

边缘计算跟云计算相比也面临着诸多挑战，以 CDN 为例，边缘节点分布广，单节点规模小（1～100 台机器），大部分节点没有驻场人员，所以维修周期长（1～2 周）。同时节点网络很复杂并且不可控，网络割接、运营商封禁是常有的事情，省与省、国与国之间都有着非常复杂的网络链路。

面对这些问题，就需要对调度/容灾能力、运维能力有比较高的要求，CDN 本身的业务形态就是天然容灾和可调度的：一个节点挂了，流量就可以切换到其他节点上。CDN 节点架构也是相对比较简单的经典三层架构：

四层负载均衡（LVS）+七层负载均衡（Nginx 或者 HaProxy）+缓存服务（Squid），所以 CDN 运维也是比较简单的，机器上主要是缓存数据，单个机器挂了对整体影响不大，不需要做数据迁移。

但是 CDN 要转型到通用边缘计算平台，对调度/容灾能力和运维能力就会有更高要求容器的轻量级和 Devops 特性，加上 K8S 的调度能力，目前看来非常适合边缘计算。

3．未来展望和趋势判断

CDN 已经是一个非常成熟的技术和业务，也是因为成熟，所以同质化严重，同时因为 CDN 的业务黏性不够（改个 DNS 业务就切走了），所以目前国内 CDN 的商业环境并不是太好，CDN 厂商也纷纷进行战略转型，转型为边缘计算平台。但转型之路面临着一些问题：落地场景存在不确定因素，客户接受程度不够等。但是改变可能失败，不改变必定掉队，所以当务之急是先修炼好内功，把新技术（虚拟化/容器/AI）在 CDN 上进行落地，同时积极挖掘各种新业务和场景。

4．CDN 应用案例

以阿里云为例，阿里云内容分发网络 CDN 建立在承载网之上，是由遍布全球的边缘节点服务器群组成的分布式网络，其整体架构如图 4-3 所示。阿里云 CDN 能分担源站压力，避免网络拥塞，确保在不同区域、不同场景下加速网站内容的分发，提高资源访问速度。

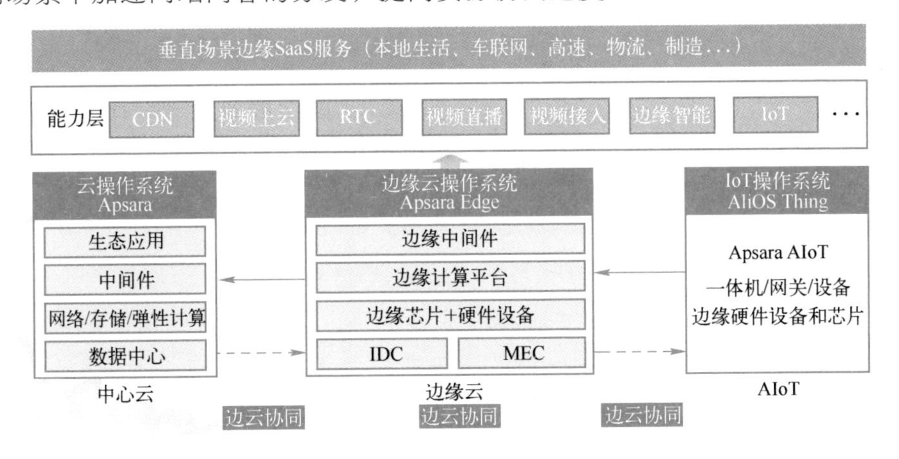

图 4-3 阿里云 CDN 整体架构

阿里云在全球拥有 2800 余个节点。在我国拥有 2300 余个节点，覆盖 31 个省级区域；在国外拥有 500 余个节点，覆盖 70 多个国家和地区，全网带宽输出能力达 150 Tbit/s。

CDN 将源站资源缓存至阿里云遍布全球的加速节点，当终端用户请求访问和获取源站资源时无须回源，可就近获取 CDN 节点上已经缓存的资源，提高资源访问速度，同时分担源站压力。目前阿里云 CDN 部分节点已支持通过 IPv6 访问。

阿里云基于 CDN 服务又延伸出了边缘计算服务， ENS（Edge Node Service，边缘节点服务）基于运营商边缘节点和网络构建，一站式提供靠近终端用户的、全域覆盖的、弹性分布式算力资源，通过终端数据就近计算和处理，优化响应时延、中心负荷和整体成本。帮助用户业务下沉至运营商侧边缘，有效降低计算时延和成本，关于阿里云边缘计算在本书第五章会详细介绍。

4.1.2 音视频内容分发

近年来，我国超高清视频行业受到各级政府的高度重视和国家产业政策的重点支持。国家陆续出台了多项政策，鼓励超高清视频行业发展。《超高清视频产业发展行动计划（2019—2022 年）》明确“4K 先行，兼顾 8K”的总体技术路线，明确超高清产业发展目标；加快行业创新应用，推动行业发展。

在《超高清视频产业发展行动计划（2019—2022 年）》中（以下简称《行动计划》），明确提到，2022 年底，我国超高清视频产业总体规模将超过 4 万亿元，4K 产业生态体系基本完善，8K 关键技术产品研发和产业化取得突破，形成一批具有国际竞争力的企业。

北京 2022 年冬奥会全程采用“5G+8K”技术，以最快的网络传输速度、最高级别的视频清晰度直播冬奥会开幕式、转播各项赛事。

通过图 4-4 不难看出，北京冬奥会采用“5G+8K”技术转播赛事，观众不仅可以欣赏到运动员飘逸的身影动作，甚至连脚下飞扬的雪尘都清晰可见。

图 4-4　北京冬奥会采用“5G+8K”技术转播赛事

国家广播电视总局也表示要加快推动中国超高清视频产业发展。种种迹象表明，超高清视频时代要来了。从数字电视到高清、全高清、超高清 4K，再到今天的 8K，显示像素越来越密，画面越来越清晰。超高清视频的显示效果不光需要一块超高清屏幕，还需要新技术的支撑。由于超高清视频显示包含更大的数据量、需要更快的信息传输速度，因此超高清视频的传输对现有硬件设施提出了一定挑战。边缘计算恰恰可以提高传输效率，带动整个超高清视频采集、制作、播放的升级，让超高清电视真正走向普及。仅在超高清视频这个领域，能够有效提高视频的数据处理能力这一点，就为边缘计算打开了一个广阔的应用场景。

边缘计算的主要特性是低时延与节省带宽，可以节省终端能耗、减少终端计算存储能力、屏蔽远程云服务网络连接故障（与云端数据中心网络连接故障时 MEC 本地临时服务可用）。对于超高清视频领域，边缘计算可以很好地服务于视频传输业务优化。

目前，互联网业务与移动网络的分离设计，导致业务难以感知网络的实时状态变化，互联网视频直播和视频通话等业务都是在应用层自行基于时延、丢包等进行带宽预测和视频传输码率调整（如 HLS 和 DASH），这种调整一般是滞后的，并且由于无线接入层网络的无线侧信道和空口资源变化较快，特别是高密集流动人群地区，这与带宽预测评估算法的码率调整难以做到完全匹配，视频传输难以达到最佳效果。

部署边缘计算平台，利用边缘计算的移动网络感知能力，如通过无线网络信息服务 API 向第三方业务应用提供底层网络状态信息，第三方业务应用实时感知无线接入网络的带宽，从而可以优化视频传输处理，包括选择合适码率、拥塞控制策略等，实现超高清视频业务的体验效果与网络吞吐率的最佳匹配。

4.2 传统产业业务上云及智能化

4.2.1 智能制造场景

1. 什么是智能制造

智能制造（Intelligent Manufacturing，IM）是一种由智能机器和人类专家共同组成的人机一体化智能系统，它在制造过程中能够进行智能活动，诸如分析、推理、判断、构思和决策等。通过人与智能机器的合作共事，去扩大、延伸和部分地取代人类专家在制造过程中的脑力劳动。它扩展了制造自动化的概念更新，融入了柔性化、智能化和高度集成化的内涵。智能制造作为我国工业转型升级的方向，蕴藏着巨大的机会。在2015年3月18日，工信部发布了《关于开展2015年智能制造试点示范专项行动的通知》（以下简称通知）以及《2015年智能制造试点示范专项行动实施方案》，启动智能制造试点。智能制造不仅是我国信息化与工业化深度融合的突破口，也是工业互联网的切入点之一，在未来20年中，我国工业互联网的发展至少可带来3万亿美元左右的GDP增量，应用工业互联网后，企业的效率会大大提高，成本可以显著下降，节能减排作用明显。

由此，在发达国家高端制造业回流、发展中国家低端制造业优势显现的形势下，我国从制造大国升级为制造强国的抓手已经明确——发展智能制造（见图4-5）。

图 4-5　智能制造

2. 边缘计算是智能制造的核心

据 IDC（互联网数据中心）数据统计，到 2022 年，有超过 144 亿个终端设备联网。未来，超过 50%的数据需要在网络边缘侧分析、处理与储存。边缘计算正是充分利用物联网终端的嵌入式计算能力，与云计算结合，通过云端的交互协作，实现系统整体的智能化。在工业内网中，在离工业现场最近的地方，融合网络、计算、存储、应用核心能力的开放平台，就近提供边缘智能服务，可以满足制造企业数字化转型中提出的快速连接、实时业务、数据优化、应用智能、安全保护等方面的关键需求。

工业 4.0 的最终目标是智能制造。有专家认为，工业 4.0 的核心是 CPS（信息物理系统），而融合了网络、计算、存储、应用核心能力的边缘计算，显然又是 CPS 的核心。边缘计算与工业控制系统有密切的关系，具备工业互联网接口的工业控制系统本质上就是一种边缘计算设备，可以解决工业控制的高实时性要求与互联网服务质量的不确定性的矛盾。例如，目前规模以上的冶金企业信息化建设已经颇有成效，但缺少的是终端的智能。冶金的物流跟踪是典型的 CPS，物理与化学形态经常发生改变，控制过程有一定难度。边缘计算在其中可以发挥重要作用，成为工业物联网技术的有效补充。

在目前普遍采用的基于 PLC、DCS、工控机和工业网络的控制系统中，位于底层、嵌于设备中的计算资源，或多或少都是边缘计算的资源。只是目前这些资源比较纷杂、独立、低效，未能充分实现互联、互通、互操作，未能充分标准化和平台化。难以满足现代应用场景在实时、安全、大容量、高速度、自适应计算和通信等方面的要求。

边缘计算能够推动智能制造的实现。引入边缘计算后的工业信息物理系统（工业 CPS 系统）的架构如图 4-6 所示。该系统在底层通过工业服务适配器将现场设备封装成 Web 服务；在基础设施层，通过工业无线网络或工业 SDN 网络将现场设备连接到工业数据平台中；在数据平台中，根据产线的工艺和工序模型，通过服务组合对现场设备进行动态管理和组合，并与 MES 等系统对接。工业 CPS 系统能够支撑生产计划灵活适应产线资源的变化，旧的制造设备快速替换与新设备上线。

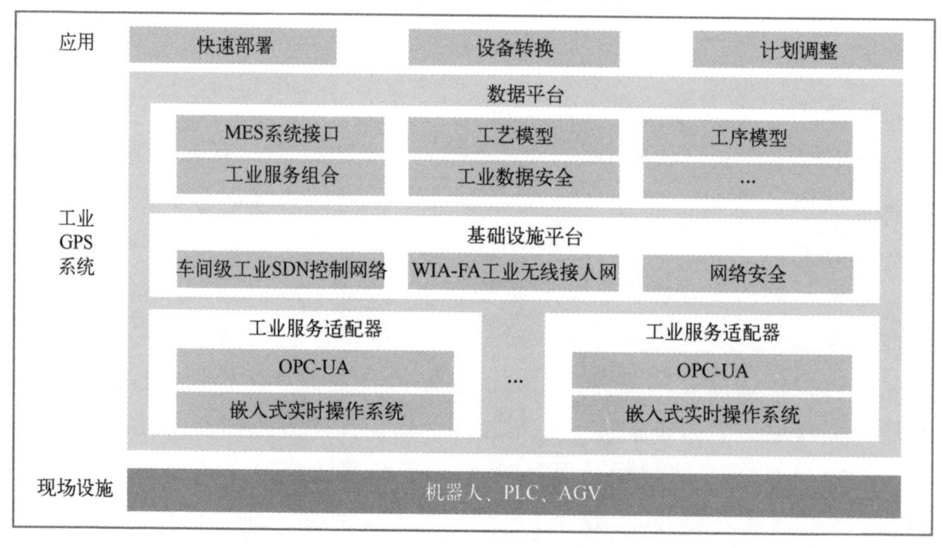

图 4-6 引入边缘计算后的工业信息物理系统架构

通过引入边缘计算，能够为智能制造带来以下性能的提升。

- 设备灵活替换：通过 Web 互操作接口进行工序重组，实现新设备的即插即用，实现损坏设备的快速替换。有效减少人力投入（取消了 OPC 配置工作，工作量下降一半），实施效率提升。
- 生产计划灵活调整：通过生产节拍、物料供给方式的自动变化来适应每天多次的计划调整，消除多个型号的混线切单，物料路径切换导致的 I/O 配置时间损耗。

- 新工艺/新型号快速部署：通过 Web 化的工艺模型的自适应调整，消除新工艺部署带来的 PLC（涉及数百个逻辑块、多达十几层嵌套判断逻辑）重编程、断电启停、数百个 OPC 变量修改重置的时间，新工艺部署时间将大幅缩短。

具体的行业化场景，以软件定义的可重构制造系统为例。中国科学院沈阳自动化研究所（沈自所）根据边缘计算水平解耦的思想构建了新一代自主可重构的工业控制制造系统，并应用在石油化工领域。针对中石油全流程优化、降低开采成本的重大需求，沈自所为中石油提供了针对石油化工领域的智能管控系统，该系统能够实现跨地质、工程、生产、维修全流程优化。该系统能够完成以下几个方面的具体工作：一是能够完成油井生产状态实时感知，智能诊断；二是实现了抽油机实时优化控制；三是对于地质、油藏、生产数据等方面进行的综合性优化。该系统目前已在辽河、胜利、松辽油田推广应用，其效果非常显著，一方面能够及时准确地诊断出油井发生油杆断脱故障，有效延长检泵周期；另一方面，能够实现生产管理的智能化、自动化，减少人工投入达 40%；此外，使得产液量计量准确率高达 90%以上，抽油机有效节能高达 30%以上。

在智能制造的背景下，随着终端数量与连接规模的极速扩展，传统集中式信息处理与管理的模式不再适用，将逐步演进为集中式管理与分布式自治相结合的模式。边缘计算就是充分利用物端的嵌入式计算能力，以分布式信息处理的方式实现物端的智能和自治，并与云计算结合，通过与云端的交互协作，实现系统整体的智能化。

边缘计算在制造业的核心价值是运营技术（OT）与信息技术（IT）的融合，从技术方面主要关注以下三点。

- 要构建统一的技术架构，推进水平解耦合平台化，实现 IT 技术与 OT 技术的融合。
- 高效地利用嵌入式计算资源实现智能化的决策控制。
- 保障系统的安全性，包括物理安全和信息安全。

3. 边缘计算在智能制造领域的优势

边缘计算意味着物联网网络的大部分处理和存储元件都靠近数据收集点与需要采取行动的地方。这意味着将工业物联网的思维和决策能力分配到更接近感知和行动能力的地点。使用这种体系结构，制造商可以最大化物联网带来的好处，并将其局限性带来的风险和影响降至最低。以下是制造商通过使用边缘计算可以获得的一些好处。

（1）提高制造设施的响应能力

为智能制造实施边缘计算的主要好处是使网络延迟最小化，即大幅减少请求传输到数据中心所用的时间、数据中心对信息的处理时间以及返回端点的响应时间。因为在边缘计算中，最经常用到的处理模块离端点更近，因此网络延迟会大为减少。体系结构的这种变化使得制造设施对变化的反应更加迅速，更加敏捷。制造设施可以承载处理现场日常操作所需的核心模块，而很少使用的模块可以存储在中央云服务器上。制造设施可以定期将日志和其他关键信息上传到集中式云服务器，以进行分析和其他高级业务功能。将哪些功能留在中心云服务器上，哪些功能将放到边缘，可能会因业务而不同。

（2）提高网络的可靠性

在使用边缘计算实现智能制造的工厂中，所有运营工厂所必需的处理组件都可以在现场获得。因此，分布式制造单元不再依赖于与中央数据中心的持续连接，与中央数据中心沟通的失误不会影响生产运营，并可确保不间断的运营。由于边缘计算网络中存在多个存储点和数据处理点，因此这些网络不会因硬件故障和网络攻击等其他原因而丢失数据。

（3）降低维护的成本

由于使用了边缘计算，处理和存储能力将分布在整个供应链中，企业网络上的数据不需要远距离和大容量传输，制造商可以避免拥有大容量中央云服务器和大容量数据传输能力的成本，这将设置、维护或订阅高带宽连接的成本降至最低。

4.2.2 智能电网场景

1. 电力2.0

“智能电网”就是电网的智能化，以特高压电网为骨干网架，以各级电网协调发展的坚强网架为基础，以通信信息平台为支撑，具有信息化、自动化、互动化特征，包含电力系统的发电、输电、变电、配电、用电和调度，覆盖所有电压等级，实现“电力流、信息流、业务流”的高度一体化融合的现代电网。

5G 技术将电网行业带入智能电网时代，电网智能化也被称为电力 2.0，是工业互联网的重要组成部分。电力作为一个广泛覆盖的网络，智慧电网可以实现与用户的互动化、电网设备的智能化、电力生产的全自动化、能源绿色化，全面提升电网信息化、智能化水平，充分利用现代通信技术，致力打造安全、可靠、绿色、高效的智慧型电网。不同的电力企业对智能电网还有新的内涵要求，如国家电网提出打造“三型”（枢纽型、平台型、共享型）、建立“两网”（坚强智能电网、泛在电力物联网）；南方电网提出定位“五者”、转型“三商”，即做新发展理念实践者、国家战略贯彻者、能源革命推动者、电力市场建设者、国企改革先行者，推动南方电网向智能电网运营商、能源产业价值链整合商、能源生态系统服务商转型。

电力行业有着天然的边缘计算落地条件。电网公司有着数量多、分布广的变电站、营业厅、配电所，可分级打造边缘节点，建设集算力与电力于一身的边缘计算数据中心站，构建云计算、边缘计算、端计算相互协同的数据处理完整链条。通过云边端协同计算，对内可以有力支撑电网智能巡检、视频监控、在线监测等业务开展；对外则可面向电信运营商、高清视频服务商、游戏服务商等产业互联网与消费互联网领域，提供 5G 基础设施资源、GPU 算力、视频分发等服务。

边缘计算具有“算力下沉”的近端优势。电力行业中位于网络边缘侧的海量终端设备（例如电表的融合终端、电力巡检仪等）都具备一定算力，都可以作为边缘计算节点，原先需要集中采集传输到云中心进行统一处理的工作可下沉到各边缘节点本地处理。这样既可显著削减对传统电网云数据中心的网络带宽流量洪峰，降低远距离传输网络带宽成本，同时还可极大地减少数据在传输过程中的暴露面，提升安全性。

电力行业中还有很多存量的物联网传感器设备，其算力资源十分有限，很多设备甚至依赖于电池供电。这些设备一方面由于资源受限，并不适合用于传输和处理大量数据的业务场景，另一方面，处理复杂的计算任务需要消耗设备电池的有效工作寿命，提高设备维养成本，因此，对这些存量物联网设备可将这些它们并不能够完全胜任的算力“卸载”到靠近它们的边缘计算节点，从而提升计算效率和数据处理效率。在泛在电力物联网推进的过程中，边缘计算具备更低时延、更高效率、海量异构设备连接、本地隐私安全保护、边缘可靠性自治等能力，为电力行业打造智能配电、智能输电、智能用电等多种场景提供更高效、更智能、更安全、更可靠的解决方案。

在电力行业，边缘计算的应用场景总体上可分为采集、预测、巡检三大类。其中，采集类的典型应用场景如智能电表数据采集、智能配电站房等，这类场景通常需要对接大量电力设备终端和物联网传感器，并且需要采集大量数据进行边缘侧本地处理；预测类的典型应用场景如用户用电量预测、设备用电异常检测等，这类场景往往需要结合大数据建立精确的算法模型，以实现精准预测；巡检类的典型应用场景包括电网自动化巡检、设备缺陷智能检修等，鉴于电网相关内容太过专业，本节仅以智能配电站房举例。

2. 智能配电站房

配电站房是整个供电系统与分散的用户群直接相接的部分。配电站房内环境温度过高、湿度过低、漏水、非法闯入等因素极易引起各种电力事故。传统人工巡视的运维方式存在人力成本高、安全可靠性差、意外停电风险大等问题，应采取新的手段来保证电网安全。

智能配电站房是指在配电站房内安装各类传感器设备，通过采集站房内变压器、高低压柜、开关等电气运行及环境相关信息，组建一张自主可控的配电物联网，结合风机、灯光、视频、门禁等执行设备进行联动控制，实现站房内部数据的可视化管理，并且通过边缘计算本地分析处理，实现站房内环境信息与电气量等信息的实时采集，以及配电站房的远程智能化运维管理。采用边缘计算技术的智能配电站房具备以下五方面优势。

（1）全域联动

智能配电站房在整体设计时即考虑设备之间的联动，如温湿度传感器与空调、智能门禁与视频监控、智能门禁与防触电设备、环境感知与风机等，可做到各设备之间的全域联动，当某个感知数值非标时，即可联动其他设备，保证配电站房正常运行。

（2）多网融合

智能配电站房的网络通信支持 NB-IoT、LoRa、4G、5G、APN、光纤、RJ-45 等多种通信方式，可根据不同的应用场景构建通信网络，且支持自组网技术和多网络融合，从而节省网络配置时间和难度，保证数据传输的速度、稳定性和可靠性。

（3）即插即用

为了保证智能配电站房设备的可维护性和可扩展性，站房内配置的硬件固件以及边缘节点核心组件、边缘应用均支持即插即用，免去了更新或维护设备造成的时间和人力成本。

（4）边缘物联代理

智能站房可配备高性能的边缘物联代理装置，针对设备巡检、故障检测、视频监控、网络故障实时诊断、多业务可信接入、电力物联网数据共享和智能分析等场景，实现数据统一复用，安全可靠、便捷运维。

（5）无源无线

智能站房配置的感知设备多采用无线部署方式，摆脱了布线带来的施工难度，且提升了整体美观度。部分感知设备同时采取了无源架构，解决了取电问题，节约能耗的同时也带来更高的安全性。智能配电站房的核心在于边缘计算节点（边缘计算盒子）。边缘计算节点将对接站房内各种传感器设备，采集各种设备数据，运行于边缘计算节点上的边缘应用可本地处理数据，且依靠边缘智能，实时做出响应。

4.3　新型智慧化社会计算

4.3.1　智慧城市场景

1．什么是智慧城市

IBM 与智慧城市：说到智慧城市，就不得不提到“IBM”公司（国际商业机器公司）。为了应对金融危机，使企业取得更高的利润率，IBM 公司将业务重点由硬件转向软件和咨询服务，并于 2008 年 11 月提出了“智慧地球”的理念，引起了美国和全球的关注。智慧地球分成三个要素，即“3I”：物联化（Instrumentation）、互联化（Interconnectedness）、智能化（Intelligence），是指把新一代的 IT、互联网技术充分运用到各行各业，把感应器嵌入、装备到全球的医院、电网、铁路、桥梁、隧道、公路、建筑、供水系统、大坝、油气管道等，通过互联网形成“物联网”；而后通过超级计算机和云计算，使得人类以更加精细、动态的方式生活，从而在世界范围内提升“智慧水平”，最终就是“互联网+物联网=智慧地球”（如图4-7所示）。

图 4-7 互联网+物联网=智慧地球

IBM 给出的“智慧城市”定义为：运用信息和通信技术手段感测、分析、整合城市运行核心系统的各项关键信息，从而对包括民生、环保、公共安全、城市服务、工商业活动在内的各种需求做出智能响应。IBM 定义的实质是用先进的信息技术，实现城市智慧式管理和运行，进而为城市中的人创造更美好的生活，促进城市的和谐、可持续成长。

IBM 的“智慧城市”理念把城市本身看成一个生态系统，城市中的市民、交通、能源、商业、通信、水资源构成了一个个的子系统。这些子系统形成一个普遍联系、相互促进、彼此影响的整体。在过去的城市发展过程中，由于科技力量的不足，这些子系统之间的关系无法为城市发展提供整合的信息支持。而在未来，借助新一代的物联网、云计算、决策分析优化等信息技术，通过感知化、物联化、智能化的方式，可以将城市中的物理基础设施、信息基础设施、社会基础设施和商业基础设施连接起来，成为新一代的智慧化基础设施，使城市中各领域、各子系统之间的关系显现出来，就好像给城市装上网络神经系统，使之成为可以指挥决策、实时反应、协调运作的“系统之系统”。智慧的城市意味着在城市不同部门和系统之间实现信息共享和协同作业，更合理地利用资源、做出最好的城市发展和管理决策、及时预测和应对突发事件与灾害。

国际电信联盟秘书长认为，每个国家的城市将会因为信息通信技术的应用变得更加美好。国家信息化专家咨询委员会副主任、中国工程院副院长邬贺铨认为，智慧城市就是一个网络城市，物联网是智慧城市的重要标志。国际欧亚科学院院士王钦敏提出，智慧城市是充分利用信息化相关技术，通过监测、分析、整合以及智能响应的方式，综合各职能部门，整合优化现有资源，提供更好的服务、绿色环境、和谐社会，保证城市可持续发展，为企业及大众建立一个良好的工作、生活和休闲的环境，它包括城市智能交通系统、城市指挥中心、能源管理系统、公共安全、环境保护等。两院院士、武汉大学教授李德仁则认为：数字城市+物联网=智慧城市。

总之，智慧城市是以互联网、物联网、电信网、广电网、无线宽带网等网络组合为基础，以智慧技术高度集成、智慧产业高度发展、智慧服务高效便民为主要特征的城市发展新模式。智慧化是继工业化、电气化、信息化之后，世界科技革命又一次新的突破。利用智慧技术，建设智慧城市，是当今世界城市发展的趋势和特征。

在我国，智慧城市是城市化发展的高级阶段，智慧城市建设是推进符合中国特色的城市信息化样本，兼具战略和现实意义。智慧城市构想是创造“宜居、舒适、安全”的城市生活环境，要改善城市综合管理、经济建设、民生服务等方面，实现城市“感知、互联和智慧”这一目标，离不开先进和创新的技术支撑。

从铺设网络、装置传感器、搭建系统平台到实现数据全采集，边缘计算在智慧城市中有着丰富的应用场景。在道路两侧路灯杆上安装传感器，便于收集城市路面信息，检测空气质量、光照强度、噪声水平等环境数据。当路灯发生故障时能够即时反馈至维护人员。在大楼电梯内安装传感器，收集电梯载客人数、运行时间等信息，并将信息上传云平台，通过统计分析能够优化电梯运营、排查故障原因。

在商业楼宇停车场内安装停车传感器，便于物业运营管理车位，同时司机也能通过第三方应用程序，根据传感器发来的信号获知空车位信息，后台车位信息的收集、分析及合理调度及基于停车现场的车位信息即时获取，构成了完善的停车传感器系统，一定程度能够缓解高峰期“停车难”的城市化难题。

2. 边缘计算在智慧城市建设中的价值

（1）边缘计算在智慧城市中的作用

边缘计算在智慧城市中的作用包括以下几方面。

- 完成海量数据处理：在一个人口众多的大城市中，无时无刻不在产生着大量的数据，而这些数据如果通通由网络交由云计算中心来处理，那么将会产生巨大的网络负担，降低数据处理效率。如果这些数据能够就近进行处理，在数据源所在的局域网内进行处理，那么网络负载就会大幅度降低，数据的处理能力也会有进一步的提升。
- 实现响应速度低延迟：在大城市中，有很多服务是要求具有实时特性的，这就要求响应速度能够尽可能地进一步提升。比如医疗和公共安全方面，通过边缘计算，将减少数据在网络中传输的时间，简化网络结构，对于数据的分析、诊断和决策都可以交由边缘节点来进行处理，从而提高响应速度，提升用户体验。
- 快速的位置感知：对基于位置的一些应用来说，边缘计算的性能要优于云计算。比如导航应用，终端设备可以根据自己的实时位置把相关位置信息和数据交给边缘节点来进行处理，边缘节点基于现有的数据进行判断和决策。整个过程中的网络开销都是最小的。用户请求可以极快地得到响应。

（2）边缘计算在智慧城市的应用

边缘计算在智慧城市交通的应用不仅体现在智能交通的控制系统、车联网等上，还体现在智慧城市运输和设施管理等基于地理位置的应用上。对于位置识别技术，边缘计算可以对基于地理位置的数据进行实时处理和收集，而不必再传送到云计算中心进行相应操作。

在城市视频监控系统的应用上，可以构建融合边缘计算模型和视频监控技术的新型视频监控应用的软硬件服务平台，以提高视频监控系统前端摄像头的智能处理能力，进而实现重大刑事案件和恐怖袭击活动预警系统与处置机制。

城市中照明、制冷、电器等的过度无序使用，造成电能的大量浪费，传统的人工控制的方式无法根据实际环境的需求实时有序地控制照明及制冷系统，造成即使没有人用，灯也常亮、空调常开的情况，浪费了大量的能源，而通过边缘计算可根据实际环境和能效控制策略进行实时有序控制，实现精细化管理，并定期与云端同步。边缘计算在城市能效管理上的应用可以为之带来更高的可靠性和更低的能源消耗与维护成本，实现城市楼宇能效管理和智能路灯等。

边缘计算赋能的智慧城市典型应用包括智能电梯（如图 4-8 所示）和智能照明。

图 4-8　智能电梯

边缘计算能够实现电梯故障的实时响应。“梯联网”一般采用电梯传感器数据-远端 APP-云端这条数据传输链路，该链路一旦意外中断，传感器边缘部件要相对独立且具备计算能力，以应对电梯故障并及时做出响应。

边缘计算能够确保实时数据本地“存活”。“梯联网”中数据上云很重要，但与云端的链路一旦中断，就需要边缘网关能够具备处理本地事务的机制，将数据实时存储在网关上，待网络恢复后上传。

（3）边缘计算能够实现数据聚合

电梯传感器每天采集的信息量极其庞大，边缘计算能够确保部分数据及时聚合处理，而无须与云端建立连接，将数据上传云端。

智慧城市的建设依靠单一的、集中处理方式的云计算模型无法应对所有问题，需要多种计算模式的融合才可以解决这些问题。边缘计算模型可作为云计算中心在网络边缘的延伸，能够高效地处理城市中任意时刻产生的海量数据，更安全地处理用户和相关机构的隐私数据，帮助政府更快更及时地做出决策，提高人们的生活质量。

4.3.2 智慧交通场景

1. 边缘计算助力智能交通

在可预见的未来，有两个行业的快速发展是非常明确的，一个是通信行业，另一个就是交通行业，因为社会的快速发展带来的是更多的信息和物理实体上的交流，信息的交流靠通信，物理实体的交流靠交通。因此，作为通信技术与交通技术的结合，智能交通领域一直是备受关注的焦点。

边缘计算通过物联网将计算能力和服务部署在网络的边缘，向附近的终端、感应器、用户提供通信和计算服务，解决物联网系统在高分布式场景下的海量异构连接、业务实时性、业务智能性、数据互操作性以及安全和隐私保护等挑战。通俗来说，在智能交通应用场景中，云计算就相当于智能设备的大脑，处理相对复杂的进程；而边缘计算就相当于智能设备的神经末梢，进行一些“下意识”的反应。

运用边缘计算和物联网，可以提前侦测到可能发生的交通事故，再和车辆结合，配合监测结果，可以自动避免车祸，有效减少车祸数量。对于交通拥堵，边缘计算可以实时分析处理监测到的交通状况，根据车流量、车流速度来判断是否会发生拥堵，实时提供最优路线，并调整拥堵地段的交通状况，如调整红绿灯，快速改善拥堵状况，并把重要数据返回云端。借助边缘计算、物联网等技术快速发展的城市智能交通，如图 4-9 所示。

图 4-9　基于边缘计算和物联网的城市智能交通

（1）边缘计算让智能交通更具安全性

无论是公路、铁路、海运还是航空，安全都是交通行业最为重要的事情。例如各大科技公司都不遗余力进行开发的自动驾驶技术迟迟不能应用的最重要原因，也是其不能确保自动驾驶车辆能“下意识”地对外界环境及时做出反应，从而确保行驶的绝对安全。边缘计算可以很好地解决智能交通的安全问题。例如，一辆自动驾驶的汽车在面临危险需要及时停止的时候，如果还需把数据上传到云端，通过计算得出停止的命令，再传送到汽车，汽车再做出反应，那么就不如让车辆本身具备一定的边缘计算能力，可以更为迅捷地来处理这一问题。同时，我们还可以预想这样一个场景，突发的自然灾害、信号干扰或技术故障使得某一区域自动驾驶的汽车、列车陷入无网络状态，那么，它们就应该依靠边缘计算赋予其的计算能力做出“下意识”的反应，确保其行驶安全。

（2）边缘计算使智能交通系统更具经济性

未来，边缘计算在提升交通系统经济性上还大有作为。例如，目前城市轨道交通系统实现自动驾驶的一大障碍就是屏蔽门。现在屏蔽门的开闭主要是靠列车司机的肉眼识别，整列车所有车门都要等待最后一个上车的人上车才能关闭。整个屏蔽门系统这时只有一个中枢大脑，而缺少“末梢神经”。如果每个屏蔽门都安装上具备边缘计算能力的检测及控制设备，能够独立、安全地控制自己的开合，这无疑可以大大提高城市轨道交通系统的经济性，使得城市轨道交通自动驾驶成为可能。如果说云计算使智能交通系统的大脑“更聪明”，那么边缘计算就使智能交通系统的末梢神经“更灵敏”。这两者在提高交通系统的运行效率，提升其经济性上的作用是同样重要的。

中国交通行业快速发展，高铁成为中国名片，每年新建地铁里程也是令世界瞩目，我们又成为世界第一大汽车制造和消费国，国产大飞机也即将投入运营，以上种种都意味着我国的智能交通行业有着比其他国家更良好的“练兵场”。例如，我们应用边缘计算概念的最新产品在经过大量试验后可以大规模地在高铁上应用，获得大量使用数据，而西方企业则没有这个机会。因此，我国企业在智能交通领域边缘计算技术的发展上有绝对的优势。

2. 边缘计算在智能交通领域的实践

深圳交警借助华为 Fusion Server 高性能边缘计算服务器（如图 4-10 所示），搜集实时交通数据，将交通信息存储、过滤、处理后，传回到华为开发的交通大数据平台，准确地提供“移动对象时空引擎”和“实时交通出行量计算”的信息，依据拥堵区域、道路和位置点等多维度数据进行实时拥堵分析（5 亿条数据秒级分析），再将智能分析后的结果传到边缘侧，实现信号调优从被动采集到主动感知，从局部优化到宏观规划，从而有效地制定信号配时策略、交通诱导设置策略，以及对流量来源地的疏导指挥等策略，整体提升交通管制效率。

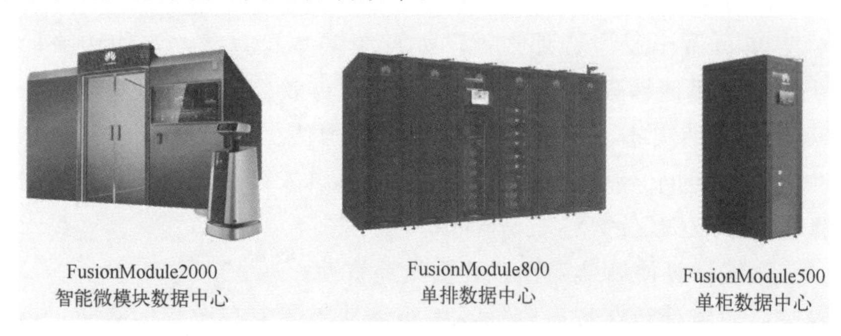

图 4-10 华为 Fusion Server 高性能边缘计算服务器

利用边缘计算能力实时监测反馈，实现了深圳交通的智能管控，通过信号调优方案，深圳市高峰期局部重点路段持续时间预期可减少 15%，深圳大梅沙、龙华等部分重点路段运行速度能够提高 9%。

华为公司为巴士在线提供了整体智慧公交车联网解决方案，在每一台公交车上部署车载智能移动网关，搭载统一运营平台，对分布在不同地点的多媒体终端进行统一调度，实现立体化、差异化的精准营销。这为车上乘客提供了更好的乘车体验。该方案中，车载智能移动网关就扮演了一个“神经末梢”的角色，它能够缓存一些数据信息，使得汽车在网络信号环境不好的地方也能保持平稳的运营。这种技术给以后轨道交通领域乘客上网问题的解决也带来了很好的思路。例如，地铁就可以搭载类似设备，在网络环境较好的车站缓存信息，这样一来，在网络信号不太稳定的两站之间的行驶区域就能使乘客有更好的上网体验。

海康威视发布“IoT-基于神经网络的认知计算系统——海康 AI Cloud 框架”。海康威视总裁表示，将 AI 算力注入边缘，赋能边缘智能是大势所趋。海康威视发布的 AI Cloud 框架，如图 4-11 所示，由云中心、边缘域、边缘节点三部分构成，实现从端到中心的边缘计算+云计算。

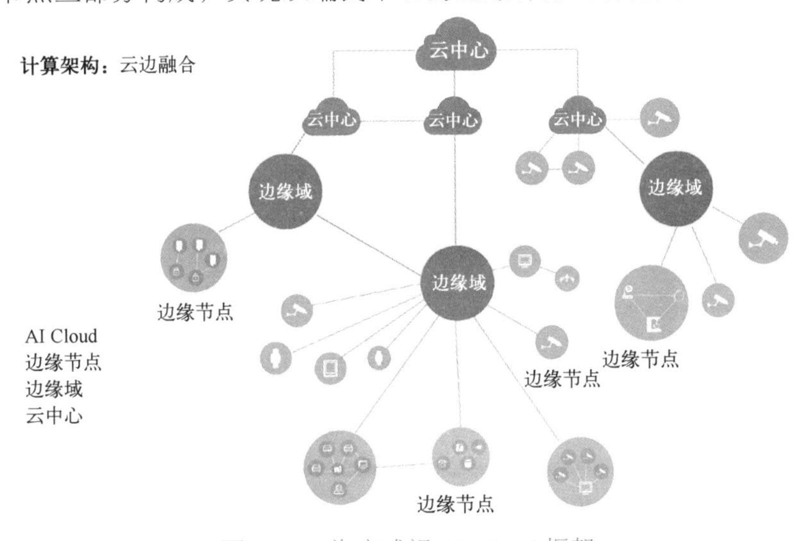

图 4-11　海康威视 AI Cloud 框架

基于此框架，海康威视发布了以海康深眸、海康神捕、海康超脑、明眸为代表的一系列 AI 智能边缘设备，搭载了高性能 GPU 计算芯片和深度学习智能算法。这些设备能够在边缘侧实现对原始视频图片中人体、人脸、车辆等属性信息的高效提取和建模，数据回传云端统一分析的同时，也可满足本地自治系统的数据应用，提升业务敏捷性和实时性。

海康威视在智能交通领域引入了边缘计算技术。海康威视在云平台上汇聚全城路网、过车、信控配时数据，提供全局的交通数据“超脑”计算中心；在路口终端，边缘计算系统自主学习路口的交通流模态，通过场景适配自主生成路况管理预案库，自动调节路口的交通秩序管理手段。

由此形成了智能交通中心大脑+神经元末梢的新型智能交通生态系统。海康威视已经在宜春、海口、洛阳等城市开展试点工作。

3. 边缘计算在智能交通领域面临的挑战

边缘计算为智能交通系统带来了机遇的同时，目前的发展也遇到了一些挑战。

1）边缘计算设备常常要面临高温、高寒、高湿等复杂环境，如何在这样的环境下保持设备的长久运行是一个非常重要的问题。

2）边缘计算设备的缓存及运算能力是根据其任务有选择进行的，这就需要厂家对它们进行“量身定制”。

3）边缘计算设备要应用在交通系统的各个环节，涉及的厂家众多，如何统一这些设备的生产标准，这有待于在智能交通领域一些重要企业牵头制定标准。

随着 5G 商用的不断推进，智慧交通将为各类交通运输企业带来发展机遇和空间，进而有效地提升交通运输的效率。但在智慧交通的发展过程中，我们面临着如下问题：交通数据资源的分割和信息碎片化；交通信息模型复杂；数据缺乏统一的标准；基于交通信息服务行业链和价值链的大量数据尚未形成。我们必须继续探索和解决所有这些问题。

4.3.3 智能家居场景

1. 什么是智能家居

（1）智能家居的概念

智能家居是以住宅为平台，兼具建筑设备、网络通信设备、信息家电，集系统、结构、服务、管理为一体的高效、舒适、安全、便利、环保的居住环境（如图 4-12 所示）。智能家居利用计算机技术、网络通信技术和综合布线技术，将与家居生活有关的各种子系统有机地结合在一起，通过统筹管理优化人们的生活方式，帮助人们有效地安排时间，增强家居生活的安全性，并实现节能减排。

图 4-12　智能家居以住宅为平台

智能家居是在互联网发展的影响之下产生的，是物联网在生活场景中的实际应用。智能家居通过物联网技术将家中的各种电器（例如：电灯、电视、音响、电动窗帘、空调等）连接在一起，利用物联网技术控制家电、照明、防盗报警、环境参数检测等。

与普通家居相比，智能家居除了拥有传统家居的使用功能外，还具有网络通信、设备工作可视化、信息家电、设备的自动化等特性，能够为使用者提供与家居全方位的信息交互功能，同时还能够提高生活效率、节约能源等。一个智能家居系统的结构图如图 4-13 所示。

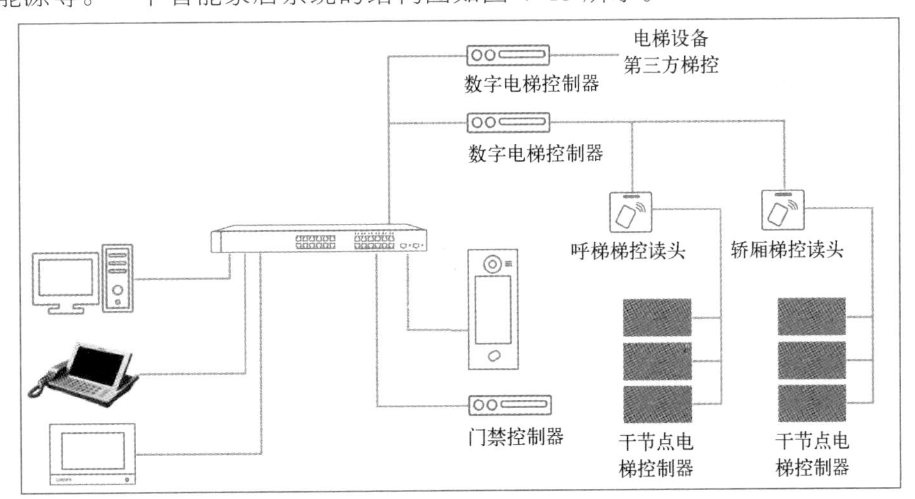

图 4-13　智能家居系统的结构图

智能家居系统有以下几个特征。

- 家庭中具备完善的、安全的保安防灾措施和生活服务的智能控制器。
- 家庭与小区和社区具有高度的交互能力和沟通能力。
- 家庭内部具备完善的安保措施、全面的设施监控管理和信息化的服务管理。
- 为家庭提供多媒体信息服务。
- 提供了一体化的、综合的服务。

智能家居系统按照用户和小区的需求，大致可以分为以下几类。

- 需要集中联网和控制的智能家居系统。包括楼宇对讲系统、抄表监控系统等，这些系统都需要集中控制和与外部联系。
- 只需要在室内联网的系统。如灯光控制系统、家电控制系统等，这些系统的共同的特点是具有一定的私密性，不需要与公共管理单位发生信息的交换。

（2）智能家居系统的特点

智能家居以家庭居住环境为平台，使家居生活变得更加安全、节能、智能、便捷、舒适。例如：智能家居的安装不需要破坏隔墙，不需要重新购买新的设备就可实现系统与家庭现有的设备对接，实现轻松智能的远程操控。智能家居拒绝华而不实、充当摆设的功能，智能家居以实用为核心，最大限度地贴合用户的使用习惯，为用户提供最佳的体验。智能家居还具有良好的可靠性，智能家居的各个子系统能够全天候保障家居系统的安全。

2．智能家居的发展趋势

随着科学技术的迅猛发展，人们开始步入以网络化和数字化为标志的智能化社会，对生活环境和工作环境的质量要求不断提高。伴随着数字化和信息化的进程，智能化成为不可抵挡的趋势。智能家居的概念起源甚早，但一直未有具体的建筑案例出现，直到世界上第一幢智能建筑于 1984 年在美国出现后，美国、加拿大、欧洲和东南亚等一些经济比较发达的国家才先后提出了各种智能家居的方案。智能家居在美国、新加坡、日本等国都有广泛应用。

智能家居是计算机技术、网络技术、控制技术向传统家电产业渗透发展的必然结果。我国智能家居的发展始于 20 世纪 90 年代末，经过快速发展，现已日益渗透到平常百姓的生活当中。智能家居属于体验式消费，非常注重场景联动和全智能体验感。目前，很多用户对智能家居的了解只停留在一个远程控制的表象上，其实这是对智能家居的最大误解。

智能家居并非只是远程控制，智能家居具有场景化、联动、自动执行等智能特征。比如智能灯光控制系统可以打造“起床模式”“离家模式”等不同场景（如图 4-14 所示）。

图 4-14　智能家居具有场景化、联动、自动执行等智能特征

以起床模式为例：早晨，当您还在熟睡时，轻柔的音乐缓缓响起，卧室的窗帘准时自动拉开，温暖的阳光轻洒入室，呼唤你开始新的一天。当你起床洗漱时，营养早餐已经做好，用餐完毕，音响自动关机，提醒您赶快上班。晚上，窗帘会自动关闭，室内灯光自动打开。当你和家人外出旅游时，可设置主人在家的虚拟场景，这样小偷就不敢轻举妄动了。这一切，均由智能家居来帮你完成。

3. 边缘计算在智能家居中的应用

边缘计算低时延的特性完美可完美应用于智能家居中需要及时响应的应用场景，如烟雾报警器（如图 4-15 所示）。思科（CISCO）的 Packet Tracer 模拟器就是实现智能家居的一个很好的应用，智能家居利用边缘计算进行监控并根据在家中检测到的烟雾浓度采取措施。

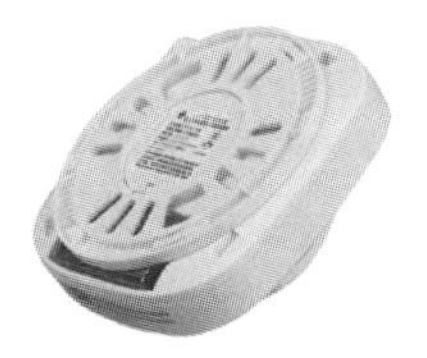
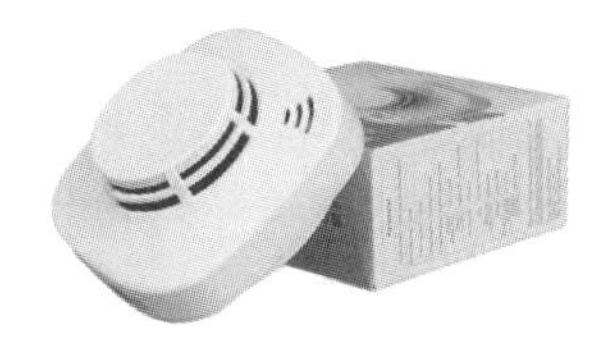

图 4-15　烟雾报警器

一般情况下，家庭网关充当所有家庭内部设备的集中器和路由器。并提供一个基于 Web 的界面，允许用户监视和控制各种智能家居设备，家居设备可以通过无线或有线方式连接到家庭网关，用户可通过家中的任何计算机，如平板电脑、智能手机、笔记本电脑或 PC 机，远程监视和控制智能家居中的设备。家庭网关通过无线连接各个智能设备，包括：前门、窗户、车库门、风扇/烟雾检测器。各个设备连到微控制器（MCU），由微控制器进行编程控制家居设备。

例如，业主在车库里停放了一台汽车，发动汽车时会产生一氧化碳，这会增加房屋内的一氧化碳浓度。智能家居的微控制器（MCU）通过监测烟雾传感器测量的烟雾浓度读数，分析并决定是否给房屋通风。

在上述智能家居的应用场景中，边缘计算是最佳选择。

智能家居中央控制系统处理烟雾传感器产生的数据，并用其就房屋空气质量做出决定，而无须将传感器数据发送到云端进行处理。如果采用云端处理则会减慢响应时间，如果与互联网的连接中断，整个系统将出现故障，还可能使用户面临生命危险。

智能家居的网关组件也可以认为是一种边缘计算应用。对于在同一网关内的智能组件，网关可以处理这些组件收到的信息并根据用户设置或者习惯做出决策，控制执行组件执行相应动作。对于能够实现边缘计算的智能家居组件，部署在边缘计算上的自动化功能，在用户的外网断开的时候，功能依然是不受影响的，这就避免了在断网时造成的智能家居系统瘫痪问题。

智能家居主要通过云端来连接、控制家中的智能设备，很多家庭局域网内的设备互动也通过云计算来实现。但设备过度依赖云平台也会带来诸多问题，比如，家里一旦出现网络故障，设备就很难进行控制。另外，通过云平台控制家中的设备，有时候响应速度慢，会带来很强的延迟感，并且随着智能家居设备品类的增加，这一不良体验会越来越频繁。

这时，边缘计算就能在智能家居领域大放异彩，它不仅能填补云计算目前的不足，并在具体应用场景中能满足更多需求，进一步提升计算效率。一方面，有了边缘计算的支持，物联网对设备的控制就相当于人对于手的控制，可以直接通过大脑意识控制，因为当设备之间的联动通过局域网内的边缘计算实现时，边缘计算内的逻辑在云端上早有备份。

另一方面，在智能家居不同产品的互动场景中，边缘计算也将充当网管或中控系统，通过云计算与边缘计算的协同，来实现设备之间的互联互通、场景控制等需求。

智能家居通过将所有设备联网，产生了大量的实时数据，要将数据转换为具有商业价值的信息，对计算能力和存储空间的需求将不断增加，这些一般由公共云供应商来提供。但是在云计算服务发展的过程中，数据传输以及网络提速的费用也越来越高。如果服务的实时性要求高，对云计算服务来说应对起来比较棘手。边缘计算能识别更加靠近网络边缘的分布式计算基础设施，它使边缘设备可以在本地运行应用并立即做出决策，可以降低网络传输数据的负担，在网络连接断开时，也可以使物联网设备继续运行，从而提高了系统恢复能力，还能防止将敏感数据传输到边缘以外，提高了系统的安全性。

4.3.4　智能安防场景

1. 视频监控

随着我国政府对平安城市、“雪亮工程”以及交通运输等领域的投入持续增长，对于安防产品的需求不断提升，安防市场规模也在随之不断扩大。视频监控是整个安防系统最重要的基础设施之一，视频监控系统位于最前端，很多子系统都需要通过与其相结合才能发挥出自身的功能。

按照安防产品的分类来看，视频监控市场占比最大，占所有安防产品的 50%左右。

基于云计算模型的视频监控技术尽管增加了视频数据的安全与可靠性，降低了用户的建设维护成本，但面对视频本身的非结构化数据特性和爆炸式增长的边缘视频数据，仍存在以下问题急待解决。

- 海量视频传输到云计算中心对网络带宽要求较高，实时性得不到保证。
- 视频数据处理任务集中在云平台执行，增加了云计算中心视频服务器的处理负担。
- 存储和管理大量冗余视频数据，增加了存储节点能耗。

现有云计算相关技术不能高效处理海量边缘视频数据。因此，催生了边缘大数据处理模式，即边缘计算。

2. 边缘计算+视频监控

以云计算和物联网技术为基础，融合边缘计算模型和视频监控技术，构建基于边缘计算的新型视频监控应用的软硬件服务平台，可以提高视频监控系统前端摄像头的智能处理能力（如图 4-16 所示），进而实现重大刑事案件和恐怖袭击活动预警系统和处置机制，提高视频监控系统的防范刑事犯罪和恐怖袭击能力。

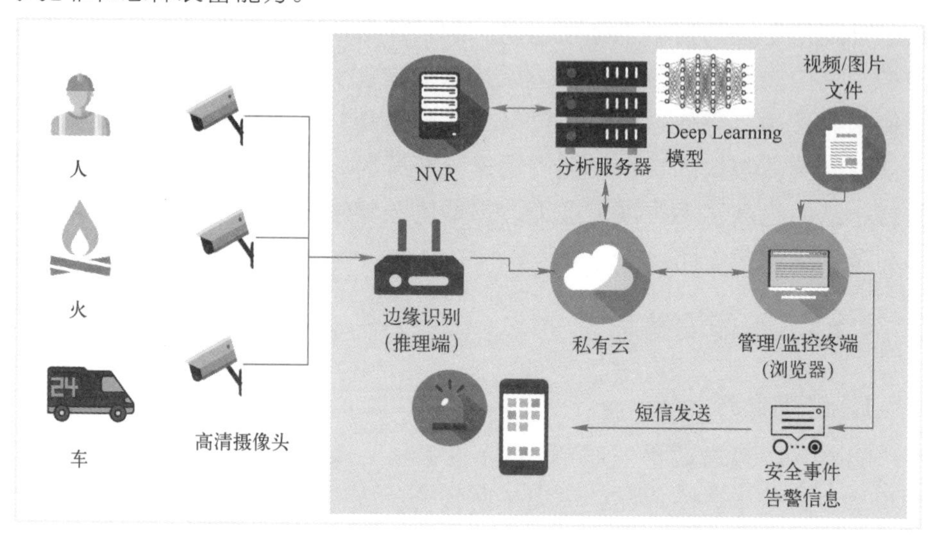

图 4-16 视频监控是边缘计算的重要应用场景

边缘计算+视频监控技术其实是构建了一种基于边缘计算的视频图像预处理技术，通过对视频图像进行预处理，去除图像冗余信息，使得部分或全部视频分析迁移到边缘处，由此降低对云计算中心的计算、存储和网络带宽的需求，提高视频分析的速度，此外，对视频图像预处理使用的算法采用软件优化、硬件加速等方法，提高视频图像分析的效率。

云计算中心具有较强的计算处理能力，将网络边缘设备产生的数据上传到云计算中心进行存储与处理已经得到了普遍应用。随着万物互联时代的到来，网络边缘设备的数量迅速增加，产生着海量的数据，据统计，大约有 3000 万个监控摄像头部署在美国，每周生成超过 40 亿小时的视频数据，甚至一个摄像头也能产生上百 GB（每周）的数据。如果将这些摄像头采集到的原始数据未经处理直接上传到云计算中心，一方面会占用很多不必要的存储空间，另一方面会给网络带宽资源带来了巨大的负担。为此，在视频数据上传至云计算中心之前，应先在边缘设备上对其执行预处理，在监控摄像头上加入计算能力，当检测到视频画面中有运动目标时，对监控信息进行存储，如果没有运动目标就不存储。这样可以节省大量的存储空间，而且可以减轻数据传输对网络带宽的压力。这实际上就是，基于边缘预处理功能，构建基于行为感知的视频监控数据弹性存储机制。边缘计算软硬件框架为视频监控系统提供具有预处理功能的平台，实时提取和分析视频中的行为特征，实现监控场景行为感知的数据处理机制；根据行为特征决策功能，实时调整视频数据，既减少无效视频的存储，降低存储空间，又最大化存储“事中”证据类视频数据，增强证据信息的可信性，提高视频数据的存储空间利用率。

如图 4-17 所示，将具有计算能力的硬件单元集成到原有的视频监控系统软硬件平台上，实现具有边缘计算能力的新型视频监控系统，在视频数据采集的边缘端进行视频数据的处理。一方面，基于智能算法的预处理功能模块执行模糊计算，对实时采集的视频数据执行部分或全部计算任务，这能够为实时性要求较高的应用请求提供及时的应答服务；另一方面，具有可伸缩的弹性存储功能模块利用智能算法感知监控场景内行为变化，实现较高的空间存储效率。

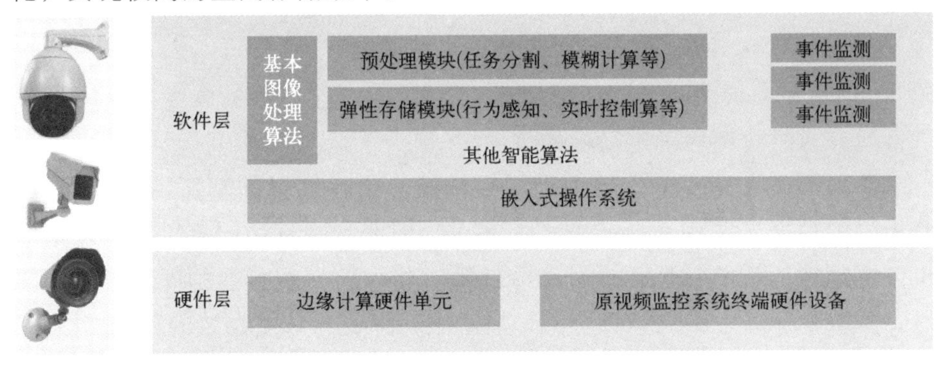

图 4-17　基于边缘计算视频监控系统框图

3．视频边缘计算应用案例——人脸识别

基于边缘计算自身的技术优势及特点，将云计算、物联网技术与边缘计算结合，将显著提升对于时延、带宽、成本等指标要求较高的场景的支撑能力。例如，通过视频边缘计算网关，将人脸识别（如图 4-18 所示）、越界报警等行为分析功能由系统主站计算处理前移至现场，可有效降低视频监控系统的网络带宽需求及通信成本。

图 4-18 人脸识别示意图

人脸识别是一种重要的生物特征识别技术，是通过计算机自动判断两幅人脸照片相似度的技术统称。其中，信号采集部分通过光学传感设备采集人脸照片。预处理模块对采集的原始信号进行处理，确定人脸所在的区域。特征提取模块则将预处理后的信号转换成表征其特性的一串“数字码”，存储在模板数据库中。比对时，将目标特征与数据库中的人脸特征进行运算，经处理后确定目标的身份。

在基于边缘计算的人脸识别应用场景当中，通过前端抓拍+边缘计算分析的前后端智能相结合的模式，将人脸识别智能算法前置，在前端摄像机内置高性能智能芯片，通过边缘计算，将人脸识别抓图的压力分摊到前端，解放云计算中心的计算资源，以集中计算资源做更高效的分析。

图 4-19 所示的即为一种结合边缘计算的人脸识别解决方案。边缘计算视频网关融合了人像结构化引擎、人像搜索引擎、数据存储等功能。其中，人像结构化引擎是人像识别的基础，内置基于深度学习（其核心为多层神经网络）的人脸识别技术，实现准确的多角度人脸检测、五官标定、面部特征点定位，以及特征提取与比对。通过接收前端人脸抓拍摄像机上

传的人脸抓拍数据，或通过处理来自摄像机或媒体服务器的视频数据，实现实时人脸检测。

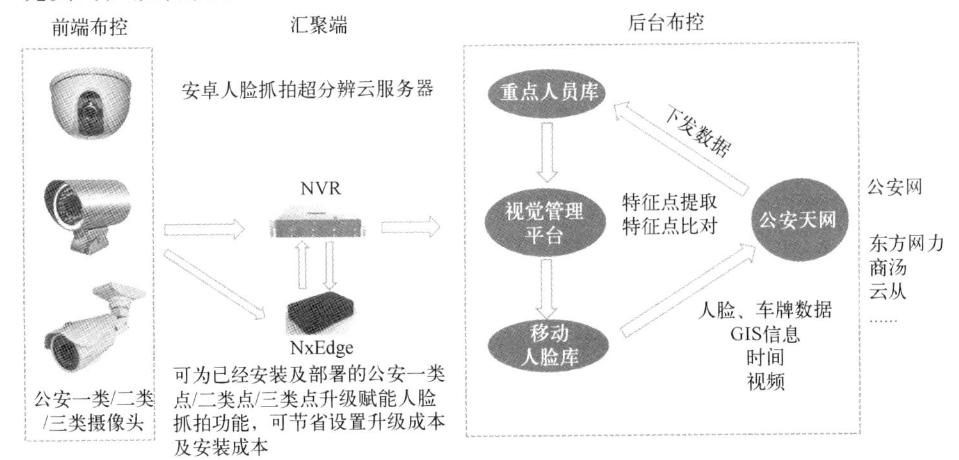

图 4-19　结合边缘计算的人脸识别解决方案

视频监控系统在公共安全领域的应用越来越受到重视，基于边缘计算的新型视频监控系统为视频数据处理增加了更高的计算能力、更低的传输延迟以及更精准的处理能力。随着边缘计算系统架构的发展和定制化功能的完善，边缘计算将能够更好地推动新型视频监控系统在公共安全领域发挥更大作用。

第5章 边缘计算生态圈

与中心式云计算不同，边缘计算更多是面向应用，组合各种现有的技术形成一个符合业务特殊需求的综合解决方案。边缘计算不是一种技术，而是一种生态，边缘计算生态圈主要包括企业生态（主要包含网络运营商，公有云厂商，以及智能设备商）和产品生态（主要包含边缘计算平台，边缘计算应用，以及边缘计算硬件三大类）两部分。

5.1 边缘计算企业生态

5G 时代，无论是网络运营商、公有云厂商，或是智能设备商，都希望借助边缘计算的东风来一场华丽的转身，本节详细介绍移动、联通、电信、百度、阿里、腾讯云、华为、中兴等 ICT 厂商在边缘计算领域的策略与布局，从而可以从中了解产业界边缘计算的发展动向。

5.1.1 网络运营商

1. 中国移动

中国移动作为运营商的老大哥，一直积极探寻各种 5G 应用场景和应用，对边缘计算格外重视，无论发布“5G+AICDE”战略，还是成立边缘计算开放实验室，中国移动对成为边缘计算领域的领军者是志在必得（图 5-1 所示为中国移动 5G）。

图 5-1　中国移动：国内 5G 边缘计算领军者

（1）5G + AICDE

“5G+AICDE”是指：将 5G 作为接入方式，与人工智能（AI）、物联网（IoT）、云计算（Cloud Computing）、大数据（Big Data）、边缘计算（Edge Computing）等新兴信息技术深度融合，打造以 5G 为中心的泛智能基础设施。推进 5G 和边缘计算技术紧密融合，构建电信级边缘云服务能力。中国移动将加快建设广覆盖、固移融合的边缘数据中心，打造"连接+计算"的泛在基础设施，提供电信级边缘公有云服务和定制化边缘私有云服务，更好地满足未来 5G 业务在时延、带宽和安全等方面的关键需求。

5G 网络的三大典型应用场景：低时延高可靠通信（URLLC，Ultra-Reliable and Low Latency Communication）、增强型移动宽带（eMBB，Enhanced Mobile Broadband）、海量机器类通信（mMTC，Massive Machine Type Communication）均与边缘计算密切相关。其中：URLLC 对超高可靠低时延通信的要求，eMBB 对高带宽的要求与 mMTC 海量设备对连接的要求，都需要边缘计算的引入。由此可见，5G 时代的到来离不开边缘计算，边缘计算是 5G 时代网络发展的重要方向之一，也是 5G 服务于垂直行业的重要利器之一。

中国移动认为，边缘计算的核心是构建更加通用、灵活并且支持多生态业务的分布式 IT 资源。过去 20 年，中国移动打造了一个覆盖无线和固定连接的网络基础设施平面。NFV（网络功能虚拟化）技术的演进发展也促使中国移动开始建设服务于虚拟化网元的电信云设施。面对工业互联网、人工智能等新兴业务，运营商需要在端到端的网络平面的基础上，借助边缘计算打造面向全连接的算力平面，形成算力的全网覆盖，为垂直行业就近提供智能连接基础设施。

（2）中国移动积极研究与测试 MEC 技术

在上海举办的 F1 赛事上，中国移动用了几十个小站进行了无线网室内覆盖的部署。同时考虑到用户观看比赛对时延的要求非常高，所以中国移动也使用了一个独立的 MEC 设备来进行网络部署，它的内容直接跟无线网连接。根据实测数据，现场实时直播的时延低至仅有 500ms，几乎没有时延。观众在智能手机、平板电脑等移动终端上，通过 APP 可以多角度、近乎零延迟地观看赛事，不仅看到飞驰而过的赛车，还可以多角度观看赛道上赛车运行的实时视频，甚至驾驶舱里驾驶员的表情变化也能看到，观众获得了前所未有的逼真体验（图 5-2）。而如果用传统的直播方式，将服务器放在互联网上，然后再通过网络传输数据，延时大概是将近 50 秒，现场实时体验大打折扣。所以使用 MEC 技术给用户的体验是一种非常巨大的改善。

另外，中国移动还开展了基于 AR 技术的实验和测试，例如在博物馆里用多媒体 AR 的方式来进行用户参观讲解。因为采用了内容服务器直接跟无线网络连接的本地化方式，这种 AR 讲解对时延问题的处理效果非常好，用户能够体验到流畅自然的 3D 图像展示效果。

在其他方面，中国移动将无线网络的能力开放出来。网络感知都有一个 API 跟业务服务器相结合，当使用 MEC 技术感知到用户在使用的是一个视频类的服务时，它将识别这位用户的级别，如果是 VIP 用户，基站可以对这个用户的资源进行优先调度，从而更好地保障用户的体验。

图 5-2 应用边缘计算技术的 F1 赛事直播

除此之外，中国移动还做了把一些内容下沉，在无线网络的边缘进行缓存，进而显著提升用户体验的实验，效果都很理想。

（3）中国移动对边缘计算的思考

1）边缘计算的部署位置。

与传统云计算相比，边缘计算的部署位置更靠近用户，但不同行业对边缘计算部署位置的理解和认知不尽相同。以 OT 领域为例，主流公司纷纷探索现场设备智能化升级的方案，通过向现场设备部署 SDK 的方式使能边缘计算业务。而对于互联网领域，在关注现场设备的同时，部署位置略高的边缘云也是目前的研究热点。互联网企业通过边缘云实现业务的局部集中，充分发挥资源共享优势，同时大幅节约业务上云的带宽并得到更好的业务实时性。

结合运营商端到端基础资源建设及业务发展的特征，从物理部署位置来看，中国移动的边缘计算节点大致可以分为网络侧边缘计算和现场级边缘计算两大类。网络侧边缘计算部署于地市及更低位置的机房中，这些节点大多以云的形式存在，是一个个微型的数据中心。现场级边缘计算则部署于运营商网络的接入点，这些节点一般位于用户属地，大多没有机房环境，是用户业务接入运营商网络的第一个节点，典型的设备形态为边缘计算智能网关等 CPE（客户终端）类设备。这里需要指出的是，对于蜂窝网基站这类节点，虽然也属于接入点，但由于其部署在运营商机房中，物理位置有高有低，仍将其归类为网络侧边缘计算节点。

2）边缘计算技术体系。

边缘计算技术体系涉及多个专业领域，具体来看可以分为行业应用、PaaS 能力、IaaS 设施、硬件设备、机房规划和网络承载几个重要领域。针对边缘计算的不同部署位置，这些专业领域均存在着更加个性化的技术选择。在行业应用方面，目前边缘计算的行业应用的发展大体呈现两个阵营，一类是已经在公有云部署的成熟业务，随着业务量增长和用户实时性体验的需求，产生了向边缘计算延伸演进的动机。这类应用往往对原属公有云生态有着较强的依赖性，同时面临着网络、数据和业务逻辑各层面边云协同的技术挑战。另一类是新兴的边缘计算原生业务，由于自身对时延、带宽和安全的苛刻需求，需要就近使用边缘计算资源。这类应用对公有云生态的依赖性较弱，但由于边缘计算生态目前还不成熟，此类应用生态碎片化比较严重。

边缘计算的 PaaS、IaaS 和硬件平台，需要同时考虑上述两类应用生态并进行针对性设计，在满足已存公有云应用生态下沉需求的同时，构建原生边缘计算应用生态所需的核心能力。

PaaS、IaaS 和硬件平台是边缘计算技术体系中的关键赋能模块。

在 PaaS 方面，运营商利用自身网络资源的独特优势，可以通过基础 PaaS 平台为上层应用提供各类特色网络能力。在 IaaS 方面，基于运营商在 NFV 领域的探索，边缘计算需要考虑基础设施层面与 NFV 的共享和融合，同时也要兼顾独立部署的能力。在硬件方面，考虑到边缘计算节点机房的条件，需要对服务器外观和功率进行重新设计和定制。

对于 PaaS 层，中国移动认为，边缘计算提供的 PaaS 层服务，既能作为增值服务为平台创收，又能降低应用上线的难度。此外，边缘计算 PaaS 平台的部署架构应该分为：边缘计算 PaaS 集中管理平台、边缘计算数据中心 PaaS 平台、边缘计算智能网关轻量级 PaaS 平台。与此同时，PaaS 平台主要是为了解决业务部署、业务开通、无线能力和核心网能力引入、边缘计算 PaaS 平台 SDK、第三方平台的 PaaS 能力、业务运维、多节点管理等问题。另外，边缘计算 PaaS 平台应是一个开放的平台，它的开放体现在边缘网络能力的开放，平台管理的开放及平台服务的开放。构建边缘开放，与合作伙伴共同孵化创新业务是运营商进行业务赋能的主要抓手。

对于 IaaS 层，边缘计算的业务需要部署在靠近用户和终端设备的网络边缘，采用软硬一体的物理形态或承载在云资源池之上的云化形态。采用云化形态在部署、运维、计费方面更加灵活，边缘业务提供者可按需使用资源，避免重资产、重运维，同一边缘区域发展业务的边际成本较低。边缘计算 IaaS 服务于云化形态的边缘应用，是用来部署和运行边缘计算业务和相关网元功能的云化基础设施，是云计算技术与边缘计算场景的结合。另外，IaaS 架构也实现了统一运维、自治性、承载多类型云平台、管理轻量化、按需使用和计费、统一云资源视图、组网轻量化、支持 SDN、支持加速的核心理念。

对于硬件层，中国移动联合中国电信、中国联通、中国信通院、英特尔等公司发起了面向电信应用的开放电信 IT 基础设施项目——OTII，首要目标就是形成运营商行业面向电信及边缘计算应用的深度定制、开放标准、统一规范的服务器技术方案及原型产品。OTII 项目得到了产业界的广泛关注，迄今为止已经得到传统电信设备、服务器、部件、固件和管理系统等领域的超过 26 家主流供应商的积极支持。

（4）构建产业生态

中国移动于 2018 年 10 月 30 日成立了边缘计算开放实验室（如图 5-3 所示），致力于提供产业合作平台，凝聚各行业边缘计算的优势，促进边缘计算生态的繁荣发展。边缘计算生态比较碎片化，各行业在边缘计算领域中独自探索，为解决当前领域中的问题，开放实验室拟定了以下具体目标。

1）开放入驻、跨界合作。开放实验室欢迎 IT/CT/OT 跨界合作，促进产学研用协作创新。

2）提供服务、成果开放。开放实验室将提供平台进行合作集成研发，在开放实验室，系统、能力以及成果将会全面开放。

3）需求引导、应用为王。实验室将注重需求引导，面向实际应用，进而赋能垂直行业，推动商用开放实验室内部协调中国移动各个产研院、省公司以及专业公司，外部凝聚各领域合作伙伴、标准化组织、产业联盟等，共同形成三个工作组，分别是总体技术组、产品集成组和应用推广组。

图 5-3 中国移动边缘计算开放实验室

总体技术组将致力于边缘计算总体架构、行业标准以及开源项目的研究，将来会以此打造中国移动边缘计算认证体系；产品集成组主要负责边缘计算平台和硬件的研究规划方案，将成为边缘计算产业推动的最重要的方面；应用推广组负责建立和推广边缘计算解决方案，初期以测试环境为基础进行布局。技术、集成和应用三方面共同推进、相互配合，打造完整的边缘计算推进策略。

开放实验室目前已经具备全栈服务能力，可供合作伙伴进行技术研究和应用部署。在接入能力方面，开放实验室可以提供 4G/5G 无线接入和宽带有线接入网络能力；在硬件方面，开放实验室可以提供通用服务器、OTII 服务器以及嵌入式网关设备等；基础资源方面，开放实验室可以提供包括虚机/容器的等资源；在 API 方面，开放实验室在 MWC2019 上发布的 Sigma 平台目前已经具备面向 5G 的 6 类 30 余种网络 API 能力。

此外，在应用领域，开放实验室已经和合作伙伴进行实验环境（试验床）建设共 15 项，覆盖了高清视频处理、vPLC、人工智能、TSN 等新兴技术，涉及智慧楼宇、智慧建造、柔性制造、CDN、云游戏和车联网等多个场景。

（5）影响力

中国移动与业界合作伙伴联合开创了许多创新解决方案和服务，形成了成熟的边缘计算软硬件技术栈，已有 105 个项目 200 余个行业应用在超过 100 个节点落地，为合作伙伴提供 5G 网络和多形态超强边缘算力。同时基于北京、浙江、江苏、福建、广东的 5 个孵化器节点，为应用开发者提供需求对接、环境适配、分发部署、商用上线的一站式边缘计算孵化服务。2021 年在工业质检、云游戏、车联网等重点场景举办边缘计算大赛，进一步推进边缘计算技术的发展，展现边缘计算领域的先进科技和应用成果，促进边缘计算产业落地。此外，在开源方面，依托 CNCF、LF Edge Akraino、Edgegallery 等开源社区和项目，引入主流开源技术，为边缘计算行业产品演进储备技术。在标准方面，以统一技术体系作为输入，在国际、国内标准组织开展标准化工作，主导和推动边缘计算技术研究和标准制定多达 14 项。在 3GPP 参与和推动 eEDGE_5GC、EDGEAPP、TSN、5G LAN、eNPN 等标准方案制定；在 ETSI 参与和推动边缘 API Gateway、MEP DNS、RNIS 等标准方案制定；在 ITU 主导和推动 Y.FMC-AAEC-req、Y.IMT2020-CEFEC、Y.3526 边缘云管等技术标准制定；在 CCSA 主导和推动 MEP、边缘能力开放、Mp2 接口等标准方案制定。

2. 中国联通

中国联通（LOGO 如图 5-4 所示）是三大运营商里面最专注边缘云的一家运营商，以 MEC 边缘云为锚点，形成的“网、云、业三位一体发展”模式，得到广泛的认可。

图 5-4 中国联通—边缘云的王者

早在 4G 网络时代，中国联通就一直在测试 MEC。MEC 虽然是 5G 网络的使能技术，但由于架构及平台的开放性，MEC 亦可部署于 LTE 网络，为移动运营商提供增值服务。2017 年 6 月，中国联通携手诺基亚、腾讯、英特尔首次在上海“梅赛德斯-奔驰文化中心”成功搭建网络边缘云系统，利用 LTE 网络验证了基于 MEC 的多角度视频直播和主播互动业务。测试数据表明，场馆内直播时延仅有 0.5 秒，相比时延大于 30 秒的传统互联网直播方式，大幅度改善了用户的实时观看体验，也为中国联通面向 5G 网络的智能场馆解决方案推广与建设打下了坚实的基础。

此外，中国联通还联合诺基亚贝尔、英特尔、腾讯云发布了《中国联通边缘计算技术白皮书》(如图 5-5 所示)。该白皮书基于 5G 业务需求及 MEC 产业进展，定义了中国联通对 MEC 平台能力和应用场景的需求，给出了中国联通 4G 网络 MEC 部署策略建议，及面向 5G 网络的演进规划，供 MEC 产业界参考。

(1) 以 MEC 为触点，促“网、云、业”三位一体发展

作为 5G 时代的引领者之一，中国联通秉承集约、敏捷、开放的宗旨，全力构建了以 DC 为中心的 CUBE-Net2.0 全云化网络，意图加快 5G 商用步伐。MEC 边缘云将高带宽、低时延、本地化业务下沉到网络边缘，成为网络重构和数字化转型的关键。数以万计的边缘节点是运营商的绝佳优势资源，这既是开启与 OTT 及垂直行业合作的新窗口，也是优化 5G 体验的最后一公里。

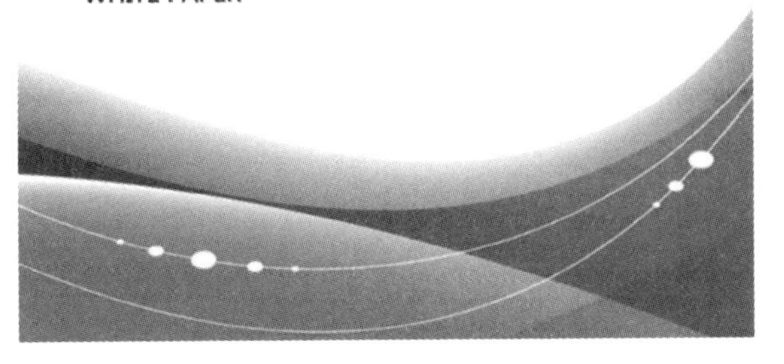

图 5-5 《中国联通边缘计算技术白皮书》

作为中国联通 5G 最为重要的战略，联通 MEC 边缘云聚集了产业链上诸多优秀的合作伙伴，已在国内 20 余个地市开展试点，陆续打造了智能场馆、智慧安防、智慧港口、智慧景区、智慧水利、智慧校园、智慧商场、云游戏云 VR 等应用示范标杆，为 5G 商用铺垫了应用之路。同时，在产品上，联通边缘云也构建了开放灵活的边缘业务平台 CUBE-Edge，合作孵化 Edge-Eye 边缘眼、Edge-Video 新媒体、Edge-Link 工业机器视觉检测、Edge-Link AR/全息远程教学及维修、智能网联等创新业务产品。

中国联通以 MEC 边缘云为锚点，形成的“网、云、业三位一体发展”模式，受到越来越广泛的认可。在“网”方面，联通 MEC 边缘云架构已经具备支持 4G 到 5G 平滑演进的能力，5G 网络可进一步支持 MEC 灵活部署，5GMEC SA 架构可为运营商更快地支撑新业务发展；在“云”方面，其打造的边缘云业务平台正在通过多地试点全面赋能行业应用；在“业”方面，联通也正在全面探索 MEC 边缘云商业场景，重点孵化十大行业产品。

（2）为生态伙伴全面赋能

与合作伙伴打造适应各类行业客户商业模式的 MEC 方案，是中国联通在边缘云上越来越明晰的发展路线，各项技术和合作创新也不断赋能其产业合作者。中国联通核心网首席架构师在公开场合进一步强调了其 MEC 边缘云开放合作共赢的理念。

1）开放 MEC 边缘云创新实验室，共享优质平台：联通通过 MEC 创新实验室为合作伙伴提供多层次的合作，包括试验验证环境、虚机/容器等 IaaS 资源能力、PaaS 原子能力、创新业务孵化等方面的合作，通过渠道赋能、资本赋能、平台赋能助力合作伙伴形成商业闭环，实现技术、商业的双轮驱动。

2）提供 7+33+N 个 5G+边缘云试验网，共享优质网络：联通将在广州等 7 个城市的核心区域、33 个城市的热点区域、N 个城市行业应用区域提供 5G+边缘云网络覆盖，为合作伙伴提供优质的网络服务。目前，在联通 5G 试商用工程中，70%～80%的业务场景都是基于 5G 边缘云提供服务，MEC 已成为撬动 to B 垂直行业的关键利器。

3）全面启动 MEC 边缘云创新合作招募，共赢广阔市场：中国联通通过数十亿元的战略投资，全力构筑"云、管、边、端、业"能力。目前已启动创新业务合作招募，欢迎能力提供商、渠道拓展展、应用提供商加入，共同加速商用落地推广。

中国联通很愿意开放能力，协同整个产业界来进行商业模式，重新构建 5G 网络的边缘生态。

2021 年 3 月，中国联通携手联想、华为在江苏常州共同完成全国首个基于 5G SA+MEC+V2X 的车路协同示范，并发布基于 5G+C-V2X 的新一代车路协同解决方案（如图 5-6 所示）。

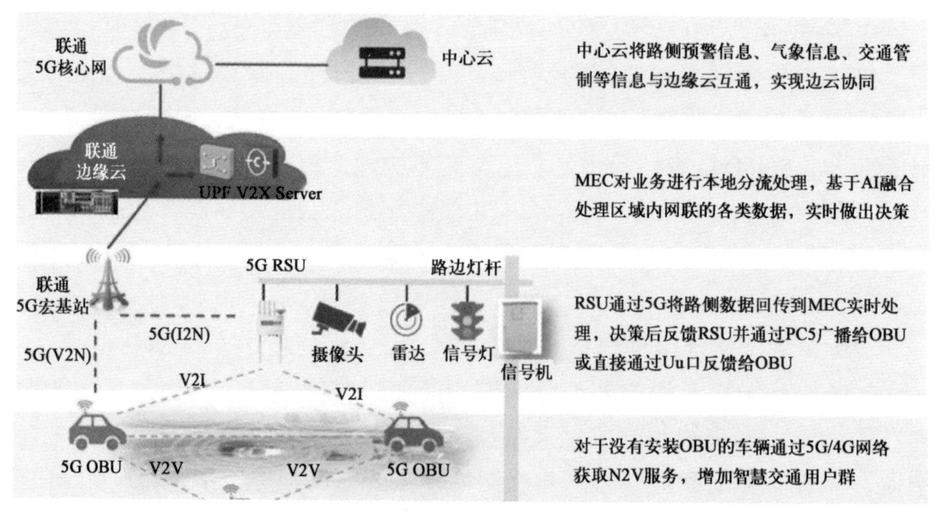

图 5-6 中国联通 5G SA+MEC+V2X 车路协同解决方案

该方案基于 5G SA 网络架构，采用支持 5G SA Uu +PC5 的双模路侧设备（RSU）和车载设备（OBU），实现对车端及路端基础设施信息的无线实时通信，基于 5G MEC 边缘云实现高带宽、低时延通信，终端与边缘侧平均往返时延为 12ms。部署在边缘云的容器化 V2X Server 实现视频实时智能分析、多元数据融合计算、智能决策等高性能智慧交通应用服务。

基于 5G SA+MEC+V2X 的车路人云协同的新一代智慧交通解决方案，将 5G 强大的边缘云计算能力下沉并赋能智慧交通领域。一方面解决路侧基础设施数据有线回传带来的施工复杂度及成本问题，同时可在 V2X 终端普及率不高的现状下，实现车路协同的快速落地推广。

目前基于该方案中国联通已完成车辆防碰撞预警、车辆绿波通行、道路施工预警、云端数据下发、交通事故预警及恶劣天气预警等多种应用，并进行了长时间的测试验证（如图 5-7 所示）。测试结果证明 5G MEC+C+V2X 在功能和性能指标上完全满足智慧交通业务需求，为运营商切入智慧交通领域奠定了坚实的应用基础，为后续 5G+C+V2X 车路协同方案规模商用提供了参考样板。

图 5-7 中国联通 5G SA+MEC+V2X 车路协同演示现场

（3）创新与发展

中国联通充分探索 5G 边缘计算网络赋能车联网行业，携手国家智能商用车质量检验检测中心，双方合作在江苏常州搭建成全国最大、基础设施最完备的 5G 独立专网（含 MEC）车路协同测试床示范基地，面向智慧交通领域，携手开展车路协同创新场景测试、5G 网络新技术验证及面向全域自动驾驶的车路协同解决方案等面向车联网行业的典型商用实践。

截至 2022 年 3 月，中国联通通过采用 Kubernetes+Kubevirt 的算力平台架构和 SDN+NFV+Overlay 的网络架构，对全国近 600 个边缘算力节点在算力平台和网络架构两个方面的系统升级，构建了更加便捷、轻量化和敏捷高效的边缘云网融合底座。边缘网络服务业务交付由原来的现场配置网络设备、调测、业务测试转变为现有的远程自动化配置和业务开通，速率从之前的 72 小时缩短到数分钟以内，边缘算力平台由原来的虚机形态升级为现有的云原生业务形态，资源利用效能提升 30%，运维由原来的现场专业技术人员一对一操作转变为一对多模式的远程操作，人力节省 75%，成本节省 15%，大幅提升了边缘业务“云网边端业”灵活组网的需求。

自平台升级以来，中国联通边缘计算产品实现对多样化边缘应用需求的广泛支持，在工业制造、电力能源、医疗健康、智慧交通、能源矿山等重点行业快速商业扩展，新增客户 300+，月业务增长超过 30%，其中共享业务 180+，专享业务 150+，大幅提升 5G 网络和边缘计算商业价值。

（4）行业贡献

中国联通秉承开放合作的理念，携手产业各界创造一个全新的价值链和充满活力的边缘生态系统，正式对外推出“MEC 生态合作伙伴开放平台”，在全球范围内招募 MEC 边缘云业务开发者，为开发者提供业界最强边缘应用开发平台，包括边缘 IaaS、CaaS、aPaaS、Openness、边缘网络能力、增值服务能力和 5G 边缘沙箱能力，提供平台 API、SDK 和开发者工具集合，聚焦大视频、VR/AR、工业物联网、车联网等高带宽、低时延等业务，将位置、计费、QoS 等平台能力开放给第三方，促进 IT 与 CT、OT 融合，深入挖掘边缘网络的潜在盈利，全力构建边缘内容生态圈。为更好满足日益旺盛的边缘计算业务需求，中国联通将持续聚焦“智能制造”“智慧医疗”“智慧交通”“智慧园区”等领域，未来将打造多个商用标杆，携手腾讯、阿里、百度、虎牙、抖音等合作伙伴建成全球最大的 MEC+2C 试商用基地，为 5G 云游戏、VR 直播、8K 超高清视频等等业务的发展奠定基础。

3. 中国电信

中国电信（LOGO 如图 5-8 所示）对边缘计算领域主要做的是 IDC/CDN 资源布局与业务规划，和在运营商政企网关/家庭网关/机顶盒/摄像头等引入边缘计算并开展物联网边缘网关研究；以及在边缘平台与边缘云网络中引入 MEC，推出基于 MEC 的业务平台及解决方案。

图 5-8 中国电信——打造边缘计算开放平台

中国电信和中国联通一样，都在积极布局边缘云。云计算是 IT 时代优秀的计算模式，边缘计算是 DT 时代优秀的计算模式。数据成为企业重要资产，数据资产的安全成为“云计算”的敏感问题，在这种情况下，很多公司会把计算节点更多地放在自己的边缘甚至自己的数据中心，边缘云成为一个契机。边缘计算的兴起也与 IT 技术的发展相关，数据的计算存储成本降速超过带宽成本的下降速度，数据的规模和连接数的发展速度超过云和网络的成本下降速度。

（1）中国电信对边缘计算进行了三重关注

边缘计算分为公有云提供商、网络通信提供商、专业服务提供商以及工业设备/服务提供商“四大门派”。

公有云提供商将公有云服务延伸至终端设备，当前重点是 IoT，还将包括 CDN 等云服务（例如 AWS）的 IoT 服务无缝扩展至设备，百度云天工的 IoT 服务延伸到设备。网络通信提供商在网络重构以及 5G 网络建设构建中推进网络云化，在通信网络边缘引入边缘计算节点，例如中国电信、联通、移动、AT&T 等在积极探索网络边缘机房 DC 化改造和业务承载。视频监控提供商、CDN 提供商等专业服务提供商进行计算升级。工业设备/服务提供商推出适应边缘场景的服务器/网关和微型数据中心设备/服务升级，例如研华推出 IoT 边缘智能服务器，可提供集中式数据管理、边缘分析及云连接等服务。

对于成为综合信息服务提供商为目标的电信运营商而言，需要对边缘计算进行多重关注。而中国电信对边缘计算进行了三重关注：第一是整体的 IDC/CDN 资源布局与业务规划，中国电信天翼云逐步构建“2+31+X”的资源布局，除了内蒙古、贵州两个超大规模云基地之外，正式启动将资源池部署到 31 个省的计划，再配合下沉到地市的私有云、CDN 等 X 节点，其中中国电信 CDN 节点数 1800 个，并积极进行端局 DC 化改造；第二，在运营商网关/设备方面，运营商政企网关/家庭网关/机顶盒/摄像头等引入边缘计算，并开展物联网边缘网关研究；第三，在边缘平台与边缘云方面，网络中引入 MEC，推出基于 MEC 的业务平台及解决方案。图 5-9 所示为中国电信 MEC 的愿景。

图 5-9 中国电信 5G MEC 的愿景

中国电信在 MEC 上进行了很多研究探索，例如打造边缘计算开放平台 ECOP，构建边缘云网融合的网络服务平台及应用使能环境，推进边缘业务应用创新发展。中国电信定义了服务框架类、网络服务类、ICT 服务类三大类 API 接口，而在产业推进方面，中国电信积极开展广泛的业务与技术，ECOP 外部合作伙伴超过 12 家。

（2）MEC 主要有三种部署模式

从通信视角来看，当前通信网络中 MEC 有四种形态，具备不同移动网络能力：第一种是 4G 网络下独立设备透明串接形态的 MEC，与核心网无接口本地简单包月计费；第二种是 4G 网络下 CU（Centralized Unit，集中单元）分离 SAE-GW（System Architecture Evolution，核心网演进）提供的 MEC，作为核心网的一部分，支持移动计费；第三种是 5G 网络下的 UPF/MEC，基于 5G 标准定义，天然支持各种计费；第四种是正在研究推进中的固定移动融合接入的 MEC。目前现网业务试点基本是第一种形态，MEC 的计费和监听能力不足对业务的发展存在制约限制。

从 IT 云化视角下来看，MEC 主要有三种形态，可逐渐增强边缘应用服务环境：第一种，基于通用硬件与虚拟化平台主要提供本地分流的 MEC，MEC 作为分流网关，本身实现虚拟化；第二种是基于 NFVI 提供多种资源与能力的 MEC，MEC 提供网络功能+基础的边缘 IaaS 服务；第三种是全面 NFV 化的 MEC，MEC 提供边缘 IaaS 和 PaaS 服务，NFV MANO（网络功能虚拟化管理和编排）针对边缘应用的管理需要拓展。

MEC 能力不断丰富，向开放平台发展。MEC 边缘计算平台当前大多作为移动分流网关引入，MEC 作为网络与云融合的 NFV 平台，有丰富的扩展能力。

目前，中国电信已进行了一些 MEC 的探索，MEC 主要有三种部署模式：

第一种是点模式，面向大型商场、校园、博物馆等高密度高流量高价值客户，作为无线覆盖增强特别是室分系统的增值业务，按点按需部署，提供缓存、推送、定位等，MEC 由独立的服务器形态设备和服务组成，服务器设备规格形态多样化，接受统一的远程运维管理。

第二种是块模式，面向大型园区、工厂、港口等有本地数据中心和云服务需求的大中型政企客户，作为政企 ICT 服务按区域部署，提供虚拟专网、业务托管、专属应用等，MEC 由虚拟化的小型服务器集群和存储设备和服务组成。

第三种是雾模式，面向需要跨区域、大范围内给大量最终用户提供就近服务的客户，如车联网、CDN、互联网游戏等提供商，作为有明确商业模式和具有规模化发展效益的业务在省级和全国范围内规模部署，提供边缘 CDN、存储、行业应用服务等，MEC 以中小型云资源池服务存在。

（3）5G MEC 是运营商切入工业互联网的重要技术手段

当前，基于 MEC 构建客户本地边缘专属的移动虚拟专网并切入行业客户市场成为运营商 ICT 服务发展模式之一，如中国电信在浙江镇海炼化、北仑港招商码头等项目为客户提供基于 MEC 的高品质移动专网并拓展提供移动、宽带和云服务。中国电信基于 MEC，在工业边缘云领域进行了许多探索，包括通过网关屏蔽多种工业设备、传感器的各种工业接口和协议接入，以及支持固定移动融合接入，提供“超低延时、规模连接、海量数据、安全隔离”的高效处理。

基于 MEC 的工业边缘云的主要面向对象包括人、机器、机器人，中国电信积极探索 5G MEC 与机器视觉系统的结合，机器视觉是使机器具有像人一样的视觉功能，从而实现各种检测、判断、识别、测量等功能进而提供生产操作控制的系统，5G MEC 的超低时延与高可靠将使得机器视觉系统的远程云化控制成为可能。

4G 改变生活，5G 改变社会。5G MEC 是运营商切入工业互联网的重要技术手段；工业边缘云是两化融合的典型，需要更紧密的跨行业合作。

（4）5G MEC 融合架构

中国电信提出的 5G MEC 融合架构基于通用硬件平台，可以支持 MEC 功能、业务应用快速部署；支持面向用户的业务下沉、业务应用本地部署；可以实现业务的分布式、近距离、按需部署；还支持网络信息感知与开放；以及支持缓存与加速等服务及应用。

MEC 支持应用要最终要落在网络上。所以，需要把 5G 的网络平台和 MEC 平台整体考虑。

- 第一是共享统一的 CDN，用户在多网络环境下，可以体验业务的一致性。
- 第二是统一的边缘平台，可以适应新型业务的部署，企业统一通信网络及定制化。
- 第三是边缘加速，通过缓存、VCDN、视频转码，提升多网用户的 QOE（Quality of Experience，体验质量）。
- 第四是多网络能力开放，不仅是移动网络，也可以是固定网络及 Wi-Fi。

通过边缘网络对业务能力的构建，充分发挥固网优势，降低移动网络回传压力，提升保证多网络用户的一致性体验，促进网络与业务的深度融合，某种程度上可以解决在 5G 时代多种网络长期共存的问题。

（5）行业贡献

引领边缘计算技术创新和标准制定：中国电信牵头完成国内首个边缘

计算国家科技重大专项，在 ITU-T、CCSA 等标准组织联合牵头标准制定 10 余项，累计申请发明专利 57 项，发表论文 26 篇，出版相关专著多部，申请软件著作权多项。

赋能企业数字化转型：中国电信联合生态合作伙伴打造智能制造、石油化工、能源电力、煤炭矿山、教育医疗等多个垂直行业的 5G MEC 解决方案，基于自研 MEC 平台完成百余个商用项目签约交付，满足客户数字化转型的定制化需求。

未来，中国电信将依托 6000 余个边缘机房，5 万余个的综合接入局所等云网资源，秉持开放、合作、创新的理念，持续推进边缘计算建设及产业发展，与合作伙伴携手打造 MEC 边缘云网生态，赋能千行百业。

5.1.2　公有云厂商

云计算厂商也不想在万物互联时代落于人后。对于云厂商来说，边缘计算是目前最清晰的方向。阿里云、百度智能云、腾讯云等主要的云计算厂商在边缘计算领域也纷纷布局。

1. 阿里云

阿里云调整了物联网的战略地位，边缘计算的重要性也随之上升。目前，阿里云在边缘计算最主要的布局就是边缘节点服务（ENS）以及物联网边缘计算产品 Link Edge。图 5-10 所示为阿里云的愿景。

图 5-10　阿里云的愿景

（1）边缘计算产品 Link Edge

在 2018 年的云栖大会·深圳峰会上，阿里云宣布 2018 年将战略投入边缘计算技术领域，并推出首个 IoT 边缘计算产品 Link Edge，将阿里云在云计算、大数据、人工智能的优势拓宽到更靠近端的边缘计算上，打造云、边、端一体化的协同计算体系（如图 5-11 所示）。

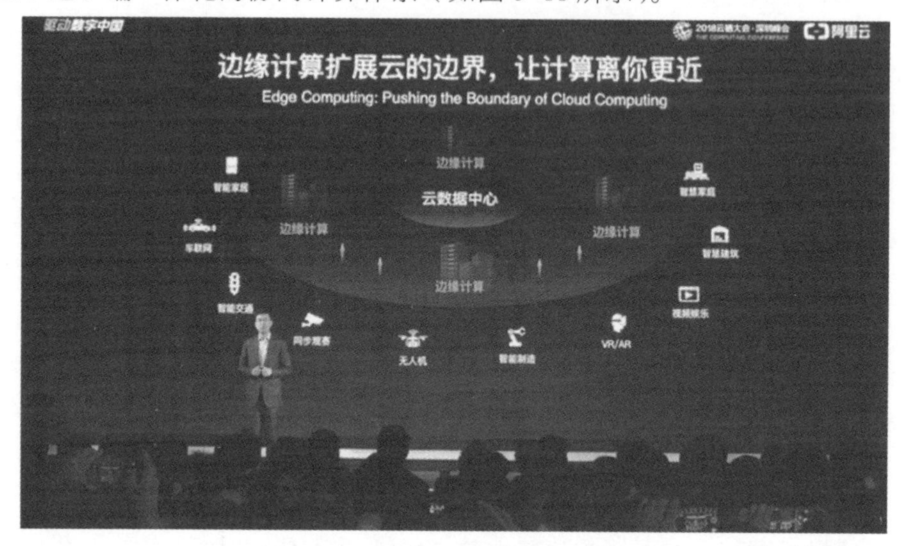

图 5-11 阿里云推出 Link Edge

阿里发布的首款边缘计算产品为 Link Edge，开发者能够通过它轻松将阿里云的边缘计算能力部署在各种智能设备和计算节点上，如车载中控、工业流水线控制台、路由器等。此外，Link Edge 支持包括 Linux、Windows、Raspberry Pi 等在内的多种环境。

比如，基于生物识别技术的智能云锁利用本地家庭网关的计算能力，可实现用户的无延时体验，即使在断网的情况也能顺利开锁，避免“被关在自己家门外”的尴尬。云与边缘的协同计算还能实现场景化联动：用户一推开门，客厅的灯就自动打开迎接你的到来。

Link Edge 的优势还体现在提升 AI 的实践效率上，开发者可将深度学习的分析、训练过程放在云端，将生成的模型部署在边缘网关上直接执行，优化效率、提升产能。Link Edge 融合了阿里云在云计算、大数据、人工智能方面的优势，可将语音识别、视频识别等 AI 能力下沉至设备终端，让设备拥有“天然”的智能，即使断网也可运行。同时阿里巴巴集团宣布将 IoT 列为继云计算后新的主赛道，并宣布战略投入边缘计算领域，将优势拓宽到了更接近端的边缘上。

（2）阿里云边缘节点服务（ENS）

2019 年 7 月 24 日，阿里云发布国内首个全域边缘节点（ENS）服务，以 300 多个边缘节点算力基本覆盖全国省会重点城市，同时支持热门地区和城市，具备高效、低成本、低时延特点，将成为 5G 时代计算基础（如图 5-12 所示）。

图 5-12　阿里云边缘节点服务（ENS）

1）边缘节点服务（ENS）的概念。

ENS（Edge Node Service）是基于靠近终端和用户的节点提供边缘的计算分发平台服务，使客户可以轻松地将自己业务中适合下沉到边缘的模块放到边缘运行，建立云边协同的分布式边缘架构，从而具备低时延和低成本的优势，减轻云计算中心的压力。ENS 的边缘节点已覆盖国内主要地区及运营商，可以在这些边缘节点上根据客户需求提供可动态调度的计算资源，同时支持客户将自己的业务应用软件打成镜像包分发到边缘节点上。ENS 将阿里云的公共云边界进一步拓展到边缘，与公共云一起完整支撑客户“中心+边缘”的复杂业务架构需求，真正将云的基础设施能力做到下沉到用户身边。

边缘节点服务（ENS）被定义为边缘融合的计算平台，融合是指在边缘的基础设施如 MEC、IDC 等资源上做融合。也有在计算形态、提供形式以及运维方面的融合。通过 ENS 可以解决传统自建边缘设施所需面临的以下一系列问题。

- 业务弹性。在使用 ENS 之前，自建边缘节点的周期要 1～2 个月，业务弹性比较差，而且突发需求应变能力弱，在业务高峰过后资源也会面临闲置。而使用 ENS 后即可实现分钟级别全国范围的边缘算力的分发。
- 成本。自建节点需要做资源采购，硬件的供应链管理，综合运维等工作，业务启动成本比较高。而使用 ENS 无须启动资金，并且降低综合成本近 30%。
- 可靠性。在自建边缘节点上要面临 DDoS 防护、主机安全等问题，同时要应对软硬件故障对业务带来的稳定性风险，需要耗费很大的精力来开发完整的解决方案。而 ENS 在提供高可靠性服务的同时可以做到秒级发现问题和处理问题。
- 运维。多节点远程运维挑战很大，而 ENS 通过体系化、自动化的运维可以使运维效率提升 30%。

2）ENS 的价值和优势。

使用了阿里云边缘节点服务，客户可以完成分钟级别的边缘资源创建，终端到节点的响应时间缩短为 5ms，同时节省 30%以上的中心带宽成本。

ENS 将一些自建设施的问题封装到底层，用户不可见也无须关心，使业务启动或扩容的资金大大减少，并节省大量的管理成本。通过 ENS 的资源动态调度能力，资源扩缩容都可以在比较短的时间周期内得到满足，结合按需购买和按量付费的产品体验，在满足业务资源需求的同时充分节约客户成本。

在产品体验方面，ENS 有完整易用的 Web 管理控制台和 Open API，支持计算资源的远程在线管理和计算分发管理，支持各项运行指标的实时可视化监控，以及各项用量数据的统计分析，极大地提升了监控运维的能力和效率，简化了监控运维的方式。

节点的自治服务及自恢复能力是考验可用性的核心要求。边缘节点在与中心管控失联的情况下，能够确保节点内服务的可用性和连续性，保障基本的服务能力，同时在中心管控重新建连后，能够确保状态和数据的完整回传，具备极高的可用性。

3）ENS升级——首个全域覆盖的边缘计算基础设施发布。

移动网络和固网的汇聚基本上都要在省会骨干节点上完成，在运营商的基础网络里，省会网络节点是枢纽，所以构建基于省会节点覆盖的、具备优质的网络性能和稳定性的边缘网络十分重要。依托于此，企业可以进行资源选点构建自己的边缘业务，获得更好的边缘基础网络服务能力。

现阶段，边缘资源覆盖以及弹性能力十分重要，这也是边缘计算需要提供给企业的核心能力。本次阿里云ENS的重大升级使其成为国内首个全域边缘节点服务，ENS全部边缘节点总数超过300个，平均每个运营商在每个省份的覆盖是3个，可以在省内建立多可用边缘布局。同时ENS全域边缘节点还支持20多个多线边缘节点。覆盖全国所有省会三大运营商，热门地区支持三线城市覆盖。省会节点是整个网络中的枢纽节点，ENS为客户提供优质的省会节点资源，支持网络边缘的任意设备接入延时低于5毫秒，这能够帮助客户基于此边缘设施来快速将核心业务下沉，构建广泛覆盖的边缘应用。

在互动直播场景中，最大的业务诉求就是低时延。而因为主播和观众都是全网分布的，在应用ENS后可以就近接入主播以及观众的终端，主播的视频流在ENS节点做接入，节点中完成转码，转码完成后通过CDN进行内容分发，整个直播链路是在边缘完成的，不用回到云中心，大大降低直播延时和偏远地区的连接成功率。

在本地视频信息分析这一典型的流量本地化场景中，摄像头的视频流接入到ENS，在边缘节点直接进行切片和存储，同时，ENS针对具体的视频业务，会利用AI算力去识别关键信息，将结构化的信息回传到云计算中心。同样整个流量都是在本地完成，是不需要回传云计算中心的。ENS提供了大容量、低成本的对象存储方案，同时提供GPU虚拟化和AI算力，在智慧公安、智慧门店、智慧小区等场景发挥作用。

4）ENS全面升级

自2017年阿里云战略布局边缘计算技术领域起，阿里云边缘云ENS已积累100余篇专利，发布国内首部《边缘云计算技术及标准化》白皮书，牵头国内首个边缘云国标立项，参与制定团标《信息技术 云计算 边缘云计算通用技术要求》和行标《边缘云服务信任能力要求》。始于阿里云CDN，历时7年建设了2800余个全球节点，完成了边缘云ENS的技术积累，为边缘云商业化打下了殷实基础。

在 2021 年 9 月的云栖大会边缘云专场上，阿里云边缘云负责人杨敬宇宣布 ENS 产品形态全面升级。阿里云边缘云 ENS 全面升级为两种产品形态（如图 5-13 所示）。

- 公有云产品形态，提供一站式全域覆盖、弹性交付、优质网络的分布式云网服务。
- 混合云产品形态，提供边缘云软硬件产品&能力一体化输出，为客户提供丰富的边缘云行业解决方案，方便客户灵活进行业务创新、市场拓展及商业探索。

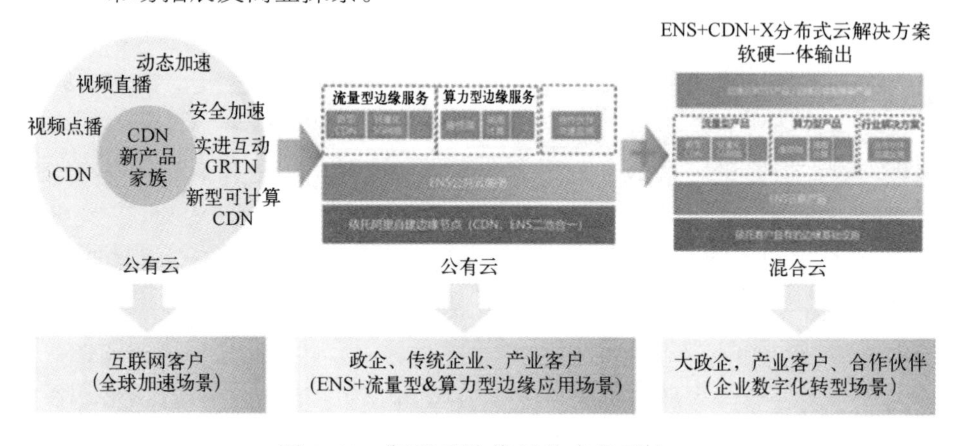

图 5-13 阿里云边缘云的产品形态

面对 2800 余个边缘云节点，百万级 Pod 实例超大规模应用的挑战，在服务客户过程中沉淀了智能调度、拓扑感知、故障逃逸、分布式管控、自动化的装机运维配置、多点协同等关键技术能力，实现边缘云 ENS 的高稳定和高可用。

在本次论坛上，阿里云共发布了 4 个基于边缘云 ENS 的核心商业应用场景，包括：CDN on ENS、视图计算 on ENS、云游戏 on ENS 以及云智能终端 on ENS。

- CDN on ENS：CDN 作为最成熟的边缘云应用场景，CDN on ENS 全面整合边缘算力资源，在全站加速、下载加速、直播点播及移动加速等应用场景中极大提升资源利用效率，通过云边协同技术降低对于中心带宽成本和资源的压力，提升稳定性的同时提升用户体验。

- 视图计算 on ENS：全面升级视图计算 on ENS，覆盖图像分析、视频分析、物体识别，摄像头上云等应用场景，提供了位置无感的链接、计算以及周期性存储服务。视图计算历经多样化的场景积累和打磨，在满足短延迟、低成本的基础上，沉淀了瘦终端、小型云模式、不用频繁换端等产品优势。
- 云游戏 on ENS：阿里云边缘云 ENS 解决云游戏落地的“最后 1 公里”，游戏应用上传即完成全球边缘云节点的部署，根据用户分布就近处理数据请求。游戏分发时达到毫秒级指令生效，实现快速分发到边缘。云游戏在边缘进行计算、分析以及下发指令，真正做到业务的快速响应。
- 云智能终端 on ENS：通过内容上云、流化传输实现非智能终端的智能化，聚合丰富的内容、应用和 AI 智能算法，在解决广电行业普遍面临的终端类型多、标准不统一、应用适配难、升级成本高、服务能力受限等痛点的同时，为用户提供了更多应用服务，全面提升用户体验。

阿里云边缘云 ENS 已在广电、游戏、电力、政企、工业等各产业落地，与行业场景深度融合，加速产业数字化转型，面向产业、生态全面开放。当前阿里云已完成边缘设施全面云化，接下来还将围绕边缘芯片/设备、边缘计算平台（操作系统）、城市边缘中间件、城市边缘应用及服务这四个边缘技术栈进行布局，随着 AI、5G、IoT 等新技术的逐渐成熟，希望能有更多的行业合作伙伴以及运营商、数据中心合作伙伴能和阿里云一起，从边缘计算的标准、技术、产品、应用等多维度深度融合，结合自己的特点，能力，共同打造一张云边协同的边缘云体系，探索丰富多元的、面向产业的落地场景，共筑 5G 边缘计算繁荣生态，为客户打造离用户更‘近’的计算。

2. 百度智能云

百度云（LOGO 如图 5-14 所示）在边缘计算领域有丰富的成果，并一直保持开放的模式。2018 年，百度智能云发布了首款边缘计算产品—智能边缘 BIE（Baidu IntelliEdge），并发布了国内首个开源的智能边缘计算框架，在 GitHub 上建立了 Open Edge Computing Project，至今已成为国际知名的边缘计算开源项目。

图 5-14 百度云——第一个吃螃蟹的边缘计算厂商

（1）百度智能边缘 BIE

百度是国内云计算厂商中较早涉入边缘计算领域的。2018 年 5 月底，在百度云 ABC Summit Inspire 智能物联网大会上，百度云发布了国内首个智能边缘产品百度智能边缘 BIE。智能边缘 BIE 是百度云发布的国内首个智能边缘产品，符合“端云一体化”趋势。部署了智能边缘 BIE 的设备和边缘计算节点，既可以与百度云天工进行无缝数据交换，对敏感数据进行过滤计算，也可以在无网或者网络不稳定的情况下，缓存数据、独立计算，实现实时的反馈控制。百度云智能边缘架构图如图 5-15 所示。

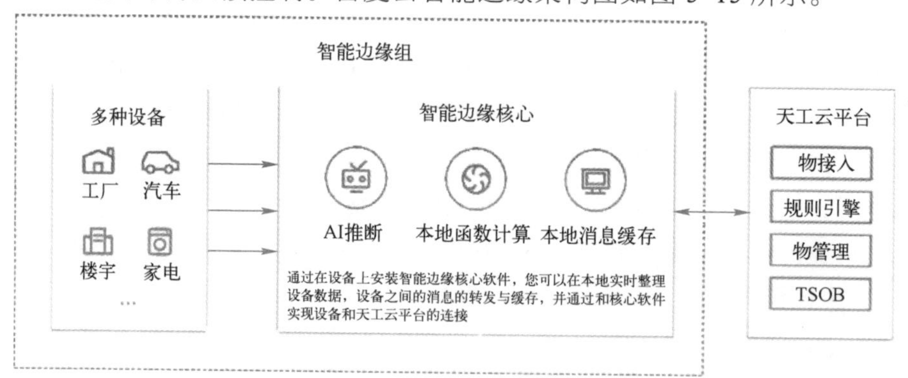

图 5-15 百度云智能边缘架构图

智能边缘包括的核心组件“智能边缘核心”，具有本地消息缓存、本地函数计算、AI 推断等三大功能。具备实时响应、离线运行、安全通信、智能化应用和体验、减缓数据爆炸和网络流量压力等特性，可以帮助企业更好地应对设备数据洞察、数据安全等多方面挑战。

目前，百度云正致力于通过“云”+“端”的方式来解决巨量的计算能力需求。智能终端本身可以进行大部分计算，只向云端传输少量主要的数据信息，而云端更多承载数据训练的任务，通过集中的训练不断提升设备性能。

智能边缘 BIE 已经能够支持 PaddlePaddle 和 TensorFlow 等主流 AI 平台训练的算法模型，并与百度云推出的函数计算服务完全兼容。仅有 10M 大小的 SDK 能够独立运行在 10 多种主流系统和硬件架构上，让每一台联网的终端设备都“轻装上阵”，实时处理本地数据。

面向各行各业对 ABC（人工智能+大数据+云计算）的进一步需求，智能边缘（BIE）将 ABC 的能力从云计算中心扩展至边缘计算节点，让更多的客户在更多的场景下，可以享受到百度云 ABC 的能力。

（2）智能边缘计算平台 OpenEdge 开源

2018 年 12 月，百度宣布，为让 AI 技术更好地落地，由百度智能云打造的智能边缘计算平台 OpenEdge 将全面开源（如图 5-16 所示）。这是百度智能云继当年 5 月 31 日发布国内首款智能边缘产品 BIE 后，在边缘计算领域的又一重大举措。OpenEdge 是中国首个全面开源的边缘计算平台。百度云希望通过开源，将 BIE 的核心功能全面开放，同时推出国内首个开源边缘计算平台——OpenEdge，打造一个轻量、安全、可靠、可扩展性强的边缘社区。

图 5-16　百度云开源 OpenEdge 智能边缘计算平台

借助开源 OpenEdge，开发人员可以更灵活地开发自己的边缘解决方案和应用。百度云期待利用社区的力量为国内边缘计算技术营造良好生态，促进边缘计算在中国快速发展，加速更多行业人工智能应用落地。

OpenEdge 是百度云自研的边缘计算框架，主要是为了贴合工业互联网应用，将计算能力拓展至用户现场，提供临时离线、低延时的计算服务，包括消息路由、函数计算、AI 推断等。OpenEdge 和云端管理套件配合使用，可达到云端管理和应用下发，边缘设备上运行应用的效果，满足各种边缘计算场景。

从目前发布的版本来看，OpenEdge 还仅仅具备设备接入和消息转发的能力。从其官方网站了解到的其主要功能包括以下几点。

- 物连接入支持设备基于标准 MQTT 协议（V3.1 和 V3.1.1 版本）与 OpenEdge 建立连接。
- 消息转发通过消息路由转发机制，将数据转发至任意主题、计算函数。
- 函数计算支持基于 Python2.7 及满足条件的任意自定义语言的函数编写、运行。
- 远程同步支持与百度云天工 IoTHub 及符合 OpenEdge_Remote_MQTT 模块支持范围的远程消息同步。

（3）百度 AI 边缘计算行动计划

2019 年 7 月 4 日，在 2019 百度 AI 开发者大会 AI+5G 论坛上，百度宣布“百度 AI 边缘计算行动计划”正式启动。

该行动计划由百度联合中国联通、中国移动、中国电信、中兴通讯、爱立信、英特尔、浪潮、富士康工业互联网等合作伙伴共同发起，旨在凝聚行业资源、推动和促进产业合作、催生和加速行业应用创新。根据介绍，在此行动计划指导下，为了加速 AI 能力在边缘计算的场景应用，引导 AI 边缘计算技术发展，加深 AI 与 5G/边缘计算相互赋能，百度开启两大“首发”：AI 边缘计算技术白皮书和边缘计算 Baidu OTE 平台，从构建 AI 边缘计算技术体系、目标应用场景引导、边缘计算服务模型和关键技术等方面，在产业共建、技术共享、商业模式探索上迈出产业合作第一步。

同时，百度宣布将 Baidu Over The Edge（Baidu OTE）边缘计算软件

栈进行开源，旨在利用 AI 推理、函数计算、大数据处理和产业模型训练推动 AI 场景在边缘计算的算力支撑和平台支持，加速百度 AI 应用生态在 5G、物联网等新型场景下快速落地。

（4）百度智能云边缘计算深入千行百业

边缘计算在 2020 年迎来大发展。百度智能云边缘计算深入到视频、交通、制造等重点行业领域，赋能企业，带来边缘计算新体验。

1）携手爱奇艺，效率、成本、客户体验全面改善。

2020 年，互联网视频火热发展，百度智能云边缘计算联手爱奇艺打造“极质+极智”体验。在此前，经过国庆阅兵这一重大直播事件对边缘计算的稳定性、可靠性检验后，爱奇艺将直播、点播等场景的一系列操作都迁移到了离终端用户更近的边缘计算节点上。

应用边缘计算节点 BEC 后，上传速度较之前有 30%以上的提升，成功率基本保持在 99.99%。而分发到用户侧观看速度提升 20%，用户体验层有 25%的提升。

成本方面，带宽成本节约最为显著，能达到 20%～25%。追热剧不卡顿、画质高清、互动功能多元化。

百度智能云边缘计算助力视频平台企业有效应对视频业务的快速变化，实现提效、降本、提升用户体验。

2）加码车路协同，智慧交通快速落地。

V2X（Vehicle to Everything）车路协同不仅是发展智能交通的关键技术，也是边缘计算的典型应用场景，具有设备多、分布广、网络复杂、低时延等典型边缘计算特点。

百度智能云边缘计算凭借海量边缘节点统一管理、云边协同、边缘节点自治、边缘集群轻量化、智能监控等技术实现了路侧众多边缘设备的统一纳管，为 V2X 车路协同提供了可靠、实时的本地能力支撑，保障了智慧交通的快速落地。

截止 2020 年底，智能交通 V2X 车路协同已经在长沙、沧州、阳泉、广州、重庆、南京、银川、合肥、成都等城市先后落地，百度智能云边缘计算让智慧交通快速落地有保障。

3）深入包钢 5G 智慧矿山项目，提升矿山综合效益。

在 5G+工业互联网领域，百度智能云与内蒙古移动在包钢“智慧矿山”

项目中深入合作，在白云鄂博矿区实现了5G智能边缘计算的本地化部署。

基于5G的大带宽、低时延和高可靠通信能力和边缘计算的智能调度、智能运维、自动化部署等特性，能够实现AI场景化服务到5G网络边缘的高效部署和毫秒级的计算任务响应，为矿卡车辆的无人驾驶和采矿设备的无人操作，以及矿山生产运营、调度的自动化管理提供支撑。

5G边缘计算和AI的深度融合将加速AI技术在各行各业的应用，将会让更多产业享受到5G+ AI带来的技术红利。

4）牵头业界标准，获得多项行业认可。

百度智能云携手业内标准组织和开源组织等，不断研究边缘计算的未来趋势，联合制定一系列的标准和规范，并且在技术的前沿性、场景落地能力方面获得行业认可。

（5）持续迭代，云边缘不断突破

百度智能云边缘计算节点BEC（Baidu Edge Computing）基于运营商边缘节点和网络构建，一站式提供靠近终端用户的弹性计算资源。边缘计算节点覆盖全国七大区、三大运营商。BEC通过就近计算和处理，大幅度优化响应时延、降低中心带宽成本。

云边缘BEC支持裸金属服务器，各类计算形态全面覆盖，完成多形态存储能力的构建，计算能力逐步增强；边缘节点基本完成国内全省份节点覆盖，并在多国部署了边缘计算节点；不断完善监控和拨测能力，完成VPC网络和海外节点功能上线，CDN节点持续开发。

端边缘ECS完成硬件产品矩阵构建，推出自研百度IP边缘盒子及多款硬件服务器，具备批量售卖能力，支持边缘极端环境下稳定运行，率先在自动驾驶场景中完成试点，支撑智慧工地解决方案，完成多家大客户交付。

3. 腾讯云

腾讯云（LOGO如图5-17所示）作为中国云计算行业的一个重要成员，拥有海量的计算、网络、存储资源，并且拥有10000余人的研发、产品、售前、售后、商务、生态运营等团队，致力于用更好的技术、更稳定的产品，更优质的服务去为客户、合作伙伴提供云和边缘的计算能力。

图 5-17 腾讯云 LOGO

（1）物联网边缘计算平台（IECP）

2019 年 8 月，腾讯云重磅推出物联网边缘计算平台（IoT Edge Computing Platform，IECP），解决的是物联网落地“远水救不了近火”的难题。该平台的推出将彻底打通物联网应用落地的“最后一公里”，让云端强大的计算能力快速延伸到用户的边缘，数以亿计的物联网设备将可以随时随地畅享云计算带来的海量数据处理能力和前沿 AI 技术。这是腾讯云基于丰富的实践经验及技术积累，对物联网解决方案布局的又一次跨越。

腾讯云物联网边缘计算平台集中了实时响应、离线处理、简化部署、优质传输、云端一体管理五大优势，实现了物联网在实际场景中的数据处理和快速落地。以离线处理为例，腾讯云物联网边缘计算平台可以无缝地将腾讯云的大数据分析、机器学习、语音识别、图像识别等智能数据分析能力与本地的计算节点进行结合，实现数据的边缘与云上的分层分析处理，最大限度地降低数据分析成本，确保数据分析的实时和高效。

除此之外，腾讯云物联网边缘计算平台实现了灵活性的云端一体管理。只需要通过腾讯云物联网边缘计算的控制台，就可以对边缘节点和云上中心进行统一化的控制管理，满足两个环境一体管控的管理需求。

腾讯云推出物联网边缘计算平台，一方面顺应了物联网的发展趋势，另一方面也是腾讯布局物联网产业的重要一环。相比云计算传输到云端，再把结果反馈到终端的路径，边缘计算就近解析的效率更高。但是边缘计算作为一种新型解决方案，核心聚焦的是物联网场景下，靠近用户的“小数据”计算难题，它并不能取代云计算。腾讯云物联网边缘计算产品团队指出，边缘计算是云计算的另一种形式，是计算的下沉，并没有跟云计算、云中心脱离，包括核心数据、核心应用都跟云中心连接，这样才能保证应用稳定性和数据安全性。简而言之，边缘计算和云计算属于相互协同的关系，每个服务的用户都需要适合自己的产品和能力。

物联网时代的边缘计算已经逐渐成为能够与云计算同台竞技的解决方案，未来定会形成“边云协同”的存在方式，腾讯云物联网边缘计算平台的落地，则加速了“边云协同”时代的到来。

（2）腾讯云边缘计算机器（ECM）

除了推出物联网边缘计算平台，腾讯云还推出了边缘计算机器（Edge Computing Machine，ECM），ECM通过将计算能力从中心节点下沉到靠近用户的边缘节点，为您提供低时延、高可用、低成本的边缘计算服务。ECM 按实际使用量计费，可以根据业务需求调整边缘模块服务区域和规模，迅速灵活的应对业务变化，低成本为用户提供更快速的响应。

边缘计算机器具有如表5-1所示的各项功能。

表5-1 边缘计算机器的功能

功能	描述
边缘模块	管理边缘服务的基础模块。边缘模块包括边缘实例，模块下所有实例使用基本一致的计算、 网络和镜像等配置，对外可以提供相同的服务。通过管理边缘模块，可以简化扩缩容操作， 易于后续灵活调整业务的区域部署
边缘实例	计算实例，不同计算场景可以选择适合的实例类型。用户可以根据计算需求灵活选择CPU、 内存、网络等配置
网络服务	提供电信、联通、移动等多家运营商公网IP服务，帮助业务实现区域内低时延高带宽的网络覆盖
自定义镜像	通过云边协同，支持使用自定义镜像创建边缘模块的实例
云监控	提供丰富的性能监控能力，方便对重要性能数据进行管理。并可以通过告警策略实现自动发送告警通知或其他自动化操作
安全组	支持通过安全组实现协议和端口维度的网络流量控制和管理。合理配置安全组可以全面提升网络安全性

腾讯云边缘计算机器主要应用在实时音视频以及云游戏等领域，毕竟这两个领域都是腾讯最擅长的。

1）实时音视频。

- 场景描述：实时音视频业务（例如互动直播）场景下，业务对网络时延具有较高的要求。为保证优质的业务体验，需实现低网络时延。如果用户所在的地理位置与中心机房的物理距离过远，网络时延将会明显增加，影响业务体验。
- 解决方案：腾讯云边缘计算机器的基础资源建设在全国各个地区，可以为业务提供靠近用户和终端的计算和网络的云服务。通过就近部署应用和服务，用户到业务服务器的网络时延可以得到明显优化。以互动直播为例，由于主播与观众的双向数据传输对时延敏感，如果您通过使用边缘计算机器部署相关业务服务，则可以极大地优化网络时延，使主播与观众的业务体验得到更好的保障。实时音视频流程图如图 5-18 所示。

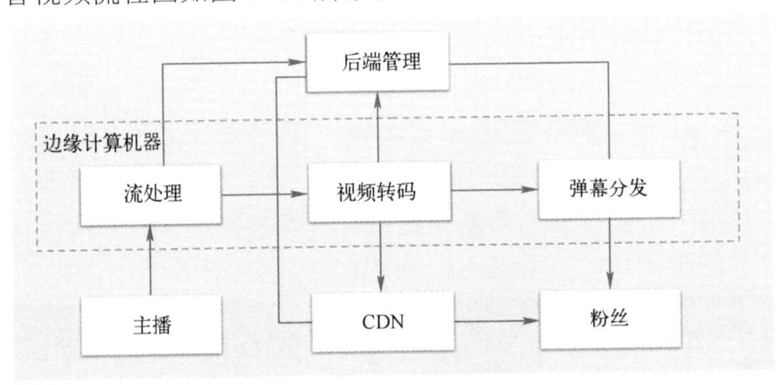

图 5-18　实时音视频流程图

2）云游戏。

- 场景描述：云游戏指在云服务器端运行的游戏，不仅需要将渲染后的游戏画面推送到终端，还需要将终端操作的指令传输到云端服务器进行处理。这种实时交互的需求，使得云游戏对网络时延有较高的要求，需要在尽量靠近用户终端的位置提供服务。
- 解决方案：通过将云游戏服务部署在边缘计算机器，业务可以在靠近用户的位置提供云游戏服务。达到网络传输距离的缩减，显著降低网络时延，满足云游戏双向数据传输对网络时延的苛刻要求。云游戏的音视频流程图如图 5-19 所示。

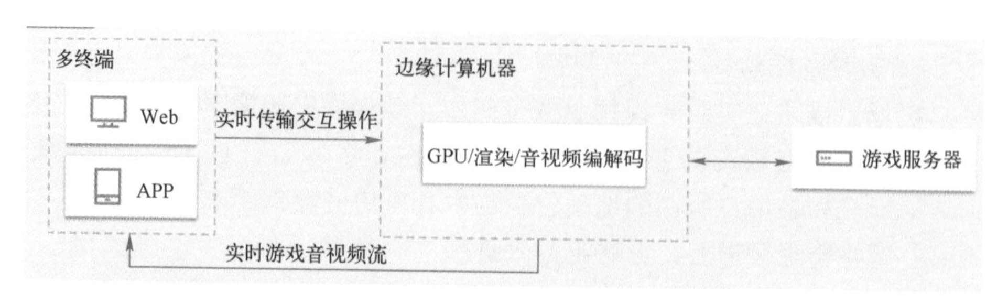

图 5-19 云游戏的音视频流程图

（3）智能边缘计算网络平台（TSEC）

腾讯在边缘计算领域最主要的产品就是物联网边缘计算平台（IECP）和边缘计算机器（ECM），除了这些还有边缘接入和加速平台（TSEC）、AIoT 物联网关、5G 行业专网、物联网开发平台（IoT Explorer）、5G 物联 SDK、5G 行业 DTU、5G SDWAN 等，实现了“云-边-网-端”的全面覆盖。

但是随着腾讯发展重心的改变，TSEC 这款产品被逐渐边缘化，但还是在此处简要介绍一下这款曾经的“C 位”产品。

2019 年 6 月，腾讯推出智能边缘计算网络平台（TSEC，Tencent Smart Edge Connector）。TESC 的特性如图 5-20 所示。腾讯希望在整个行业转型中扮演一个连接器的角色，腾讯会提供很多这样的套件，提供基础能力为整个行业，甚至为 To C 的 APP 服务。

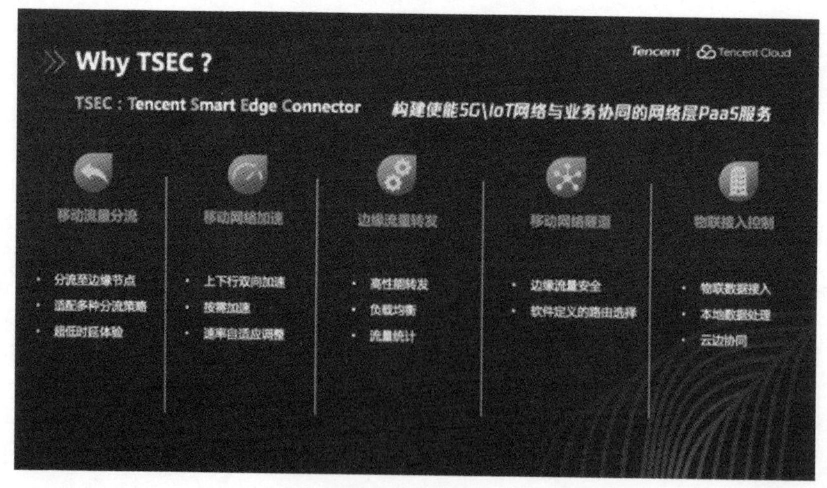

图 5-20 腾讯智能边缘计算网络平台（TSEC）

TSEC 架构包括两层，第一层是 TSEC 的核心层，包括一些套件，另一个是 TSEC 接入网关层，主要是靠近用户侧的一些接入能力，包括移动网的接入能力，现场及物联网的接入能力，Lora（Long Range Radio，远距离无线电）网关的接入能力。

TSEC 现在被称为边缘安全加速平台（Tencent Cloud EdgeOne），基于腾讯全球边缘节点面向境外市场提供 L4/L7 安全防护和加速服务，为电商与零售、金融服务、内容资讯与游戏等行业保驾护航，提升用户体验。

（4）腾讯创新发展

2021 年 11 月，在腾讯数字生态大会上，腾讯云首次正式对外推出其分布式云战略，同时发布行业首家全域治理的云原生操作系统遨驰 Orca。此举标志着腾讯云提供云服务的深度与广度迈上一个重要台阶，为今后的云计算市场竞争夯实了牢固基础。

基于腾讯云遨驰（Tencent Cloud Orca）云原生操作系统，腾讯云分布式云将中心云的产品和服务延伸到本地、边缘、终端，用户任意需要的地方，让云服务无处不在。全局视角统一管控运维应用，仅需一次打包，便可跨云、跨平台、跨地理位置的任意部署，实现处处运行与多域协同。不仅如此，用户还可以通过云开发、低码平台等云原生平台，打通与微信、企业微信通道，让云的入口延伸到端。用户通过微信/企业微信直接创建业务应用，免去移动应用构建中烦琐的基础设施搭建和运维工作，进一步降低了开发的门槛，提升了企业基于云创新的可行性。实现“一朵云、无差异、无障碍、无处不在”。

2021 年，腾讯云发布了专属可用区 CDZ 和边缘可用区 TEZ 两款产品，TEZ 边缘可用区产品一站式提供覆盖全国三大运营商的三网带宽，将网络、计算、存储等云产品能力下沉到边缘，提供高弹性、高稳定性、高安全性、低成本的基础设施资源。边缘就近访问，就近处理，有效降低成本和时延，助力业务轻松上云。CDZ 产品通过提供腾讯云标准公有云技术栈，延伸至客户自建机房等基础设施内，打通拓展自建机房以及云上生态，实现能力统一，体验一致，无缝集成公有云上所有弹性 PaaS 以及 SaaS 服务。

5.1.3 智能设备厂商

许多 ICT 硬件厂商都在开发软、硬件产品或推出解决方案来推动边缘计算实现落地。华为、中兴通讯、新华三等 ICT 硬件厂商选择在边缘计算的设备层布局，推出基于边缘计算的物联网解决方案、智能边缘平台、MEC 解决方案以及边缘计算服务器等硬件设备。

1. 华为

华为（LOGO 如图 5-21 所示）在边缘计算领域的投入和成果是国内任何厂商都无法匹敌的，无论是推出边缘计算产品还是边缘计算解决方案，华为都走在前列，算是边缘计算集大成者。

图 5-21 华为——边缘计算集大成者

华为创始人任正非认为，未来发展程度最高的技术将会是人工智能。在华为内部，对于未来有两个主要关注的领域。首先，华为希望在世界上为用户提供最好的互联体验，5G 就是互联的一个部分；其次，华为将力争打造世界上最好的边缘计算产品。那么华为的边缘计算到底进展如何呢？

（1）边缘计算产业联盟

2016 年年底，华为、英特尔、ARM、中科院沈阳自动化所、软通动力等六家单位联合发起的边缘计算产业联盟（ECC）正式成立（如图 5-22 所示）。边缘计算产业联盟旨在汇聚产业界的力量，促进相关主体之间的交流和深度合作，促进供需对接和知识共享，共建边缘计算产业生态，面向商业应用落地，有效推进边缘计算产业的发展。截至 2022 年 1 月，联盟会员数量达 326 家，累计发起 30 个测试床，推动了边缘计算在电力、交通、制造、智慧城市等领域的创新和落地。

图 5-22 边缘计算产业联盟正式成立

（2）华为协同 ECC 实现边缘计算的商用落地

依托 ECC 平台，华为边缘计算物联网解决方案（EC-IoT）快速与行业应用场景和相关应用相结合，依据不同行业的特点和需求，完成了从水平解决方案平台到垂直行业的落地。华为已经累计在 ECC 发起或参与了 10 个测试床，覆盖了电力、工业制造、智慧城市等多个行业的多种应用，如梯联网、智慧水务、智能楼宇、智慧照明、智能制造等。

（3）华为边缘计算产品

迈入 5G 和 AI 时代，新型业务如增强现实（AR）、虚拟现实（VR）、互动直播、自动驾驶、智能制造等应运而生。以上这些业务场景对低时延和高网络带宽有着强烈诉求，而在传统的集中式云计算场景中，所有数据都集中存储在大型数据中心，由于地理位置和网络传输的限制，无法满足新型业务的低时延、高带宽等要求。

- 网络高时延：传统云计算无法即时处理和分析新型业务产生的数据，导致应用终端获得的响应慢，体验差。
- 带宽高成本：新型业务的应用终端产生的数据传回云端将消耗更高的网络带宽，导致服务厂商需要支付高昂的网络成本。
- 数据合规性：新型业务数据存储在云端，无法满足企业对敏感数据本地化存储的要求，直接影响企业数据上云的策略。

面对传统集中式云计算的固有局限性，边缘计算成为应对新型业务和数据合规业务的较好选择。边缘计算通过在靠近终端应用的位置建立站点，最大限度地将集中式云计算的能力延伸到边缘侧，有效解决以上的时延和带宽问题。云计算与边缘计算的对比如图5-23所示。

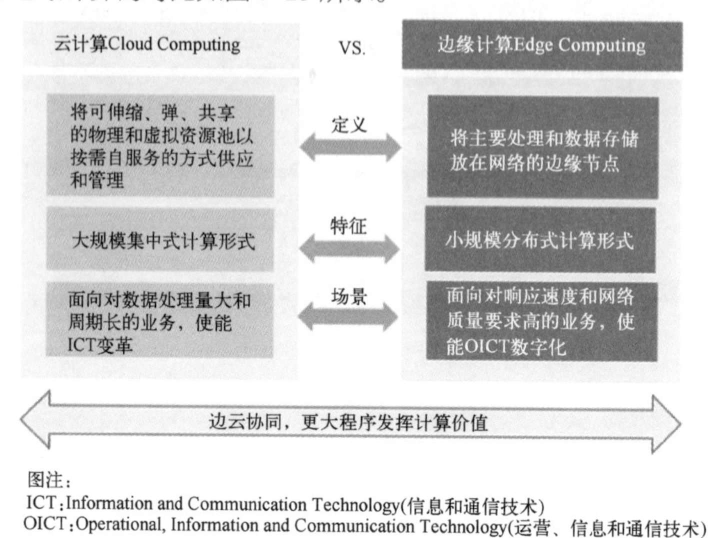

图5-23 云计算和边缘计算的对比

从广义上讲，云计算囊括边缘计算，边缘计算是云计算的扩展，二者为互补而非替代关系。只有云计算与边缘计算相互协同（简称边云协同），才能更好的满足各种应用场景下的不同需求。

按照从用户/终端到中心云的距离，可以划分3个“圈”。

- 第一个“圈”是现场边缘，覆盖1～5ms时延范围，算力以AI推理为主，主要面向自动驾驶、工业互联网等实时性业务。
- 第二个“圈”是近场边缘，覆盖5～20ms时延范围，算力以渲染为主（同时还有一部分推理），主要面向视频场景。
- 第三个“圈”是传统的公有云（也称为中心云），覆盖20～100ms时延范围，用于承载未下沉到边缘的业务，例如海量的数据存储、挖掘、训练等。

面向近场边缘和现场边缘场景，华为云分别推出了智能边缘云（Intelligent Edge Cloud，IEC）和智能边缘小站（Intelligent Edge Site，IES）两款产品。

- 智能边缘云IEC：提供广域覆盖的分布式边缘云，用于客户就近灵活部署业务。

- 智能边缘小站 IES：提供部署在用户数据中心的软硬件一体的边缘解决方案。

除了上述两款产品，华为云还推出了面向客户业务现场场景的智能边缘平台（Intelligent Edge Fabric，IEF）产品。作为基于云原生技术构建的边云协同操作系统，IEF 的整体架构如图 5-24 所示。IEF 可运行在多种边缘设备上，将丰富的 AI、IoT（Internet of Things）及数据分析等智能应用以轻量化的方式从云端部署到边缘，满足用户对智能应用边云协同的业务诉求。

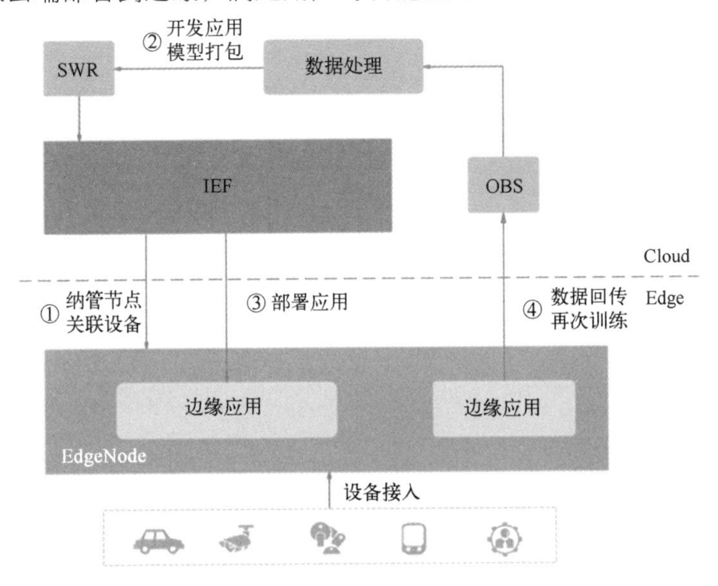

图 5-24 IEF 整体架构

在华为全连接大会上，华为正式发布华为云智能边缘平台（Intelligent Edge Fabric，IEF），提供从 AI 芯片、智能硬件到边缘云服务的全栈能力，为企业带来完整的智能边缘解决方案。

凭借华为 30 年来深厚的技术积淀，华为在智能边缘领域可以提供从芯片、网络、硬件、边缘云服务、AI 全栈一体化的智能边缘产品，帮助客户轻松构建智能边缘。华为云智能边缘平台 IEF 服务，可广泛适用于安全、交通、看护、安监、无人零售、智能制造等领域，通过云侧推送应用、更新算法，对设备进行统一管理和软件升级。

华为云智能边缘平台 IEF 通过使能端、边缘侧的计算资源，将华为云企业智能服务延伸到边缘侧，将边缘节点智能化。随着连接设备的爆炸性增长，以及用户对隐私保护、机密性、低延迟和带宽限制的需求，企业可以采用云上AI模型训练、边缘模型推理、预测执行的模式，既满足了实时性的要求，同时大幅降低无效数据上云。

IEF云服务已率先应用到如智慧园区、工业制造等多个场景。在某智慧园区项目中，通过在边缘侧实现视频智能预分析，将海量数据本地消化，避免大量数据回传带来的带宽浪费和时延，有效降低园区运营成本。

（4）华为开源智能边缘项目KubeEdge

2019年3月20日，CNCF基金会及技术委员会全体一致同意来自华为的开源智能边缘项目KubeEdge加入CNCF社区，成为CNCF在智能边缘领域的首个正式项目。2020年9月，KubeEdge晋升为CNCF孵化级项目（Incubating），标志着项目已进入大规模生产落地期。目前已在包括CDN、工业、能源、园区、交通等在内的多个行业迅速发展并落地应用，落地用户包括联通沃云、谐云、时速云、中移在线、瑞斯康达等组织。

截至2021年12月，KubeEdge社区累计吸引全球开发者超过10万名，其中来自超过50个企业组织的600多名开发者参与了社区的核心代码贡献，社区合作伙伴包括Arm、三星电子、法国电信、中国移动、中国联通、中国电信、华为云、时速云、KubeSphere、EMQ、博云等。KubeEdge架构如图5-25所示。

KubeEdge是首个基于Kubernetes扩展的、提供云边协同能力的开放式智能边缘平台。KubeEdge的名字来源于Kube+Edge，顾名思义，就是依托Kubernetes的容器编排和调度能力，实现云边协同、计算下沉、海量设备接入等，将Kubernetes的优势和Cloud Native云原生应用管理标准延伸到边缘，解决当前智能边缘领域用户所面临的挑战。

华为云智能边缘平台IEF是以KubeEdge为内核而打造的商业化产品，该服务于2018年年初上线后，历时一年多的线上运行，在边缘视频智能分析、工业智能等多领域为客户成功提供了商业解决方案。IEF除为客户提供KubeEdge能力外，借助华为云整体服务产品优势，还有其他一些优势。

- 通过与华为云ModelArts服务配合、云端模型训练、边缘推理的方式，支持视频分析、文字识别、图像识别等20余项AI模型下沉，将智能下沉到边缘，目前已应用于智慧园区、工业制造、零售商超等领域。

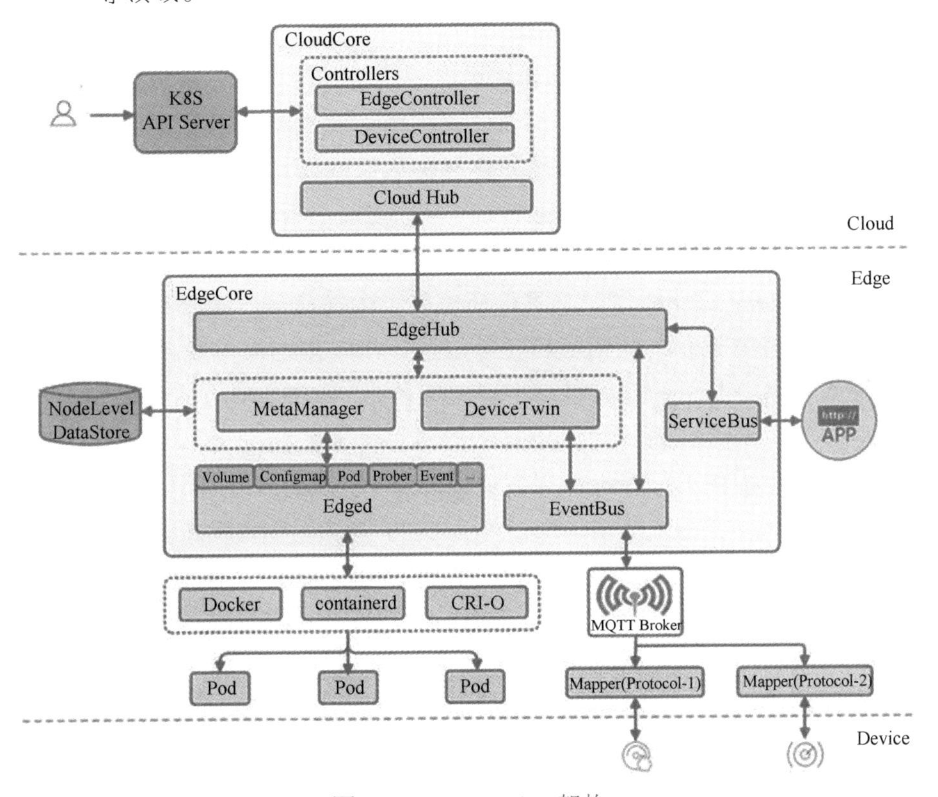

图 5-25　KubeEdge 架构

- 提供软硬一体化解决方案，为用户提供低成本、开箱即用、云上集中运维的一站式服务，解决方案的完整性和易用性业界领先。
- 与华为自研 Ascend（昇腾）芯片深度集成，形成高性能、低成本的边缘 AI 推理算力。

KubeEdge 横跨云计算和智能边缘两大领域，拥有非常大的想象力空间，足够给国内的优秀工程师们提供施展才华的平台。华为希望借助 KubeEdge 开放的架构设计吸收更多全球开发者参与 CNCF 云原生社区，使 CNCF 云原生和智能边缘生态更加繁荣，一起将 KubeEdge 打造为中国在全球 CNCF 云原生社区以及智能边缘领域生态的名片。智能边缘拥有广袤的市场，KubeEdge 将推动业界形成边缘应用和设备管理部署的统一标准，解决智能边缘和物联网用户的实际需求。

（5）EdgeGallery

华为除了上面介绍的那些产品外，还发起了业界首个 5G 边缘计算开源平台 EdgeGallery。

EdgeGallery 聚焦 5G 边缘计算场景，通过开源协作构建起 MEC 边缘的资源、应用、安全、管理的基础框架和网络开放服务的事实标准，实现同公有云的互联互通，在兼容差异化异构边缘基础设施的基础上，构建统一的 MEC 应用生态系统，释放 5G 潜能，使能千行百业。2020 年 8 月 6 日，EdgeGallery 宣布在码云上正式开源。

EdgeGallery 是由中国信息通信研究院、中国移动、中国联通、华为、腾讯、紫金山实验室、九州云和安恒信息等八家创始成员发起的 5G 边缘计算开源项目，其目的是打造一个以“连接+计算”为特点的 5G MEC 公共平台，实现网络能力（尤其是 5G 网络）开放的标准化和 MEC 应用开发、测试、迁移和运行等生命周期流程的通用化。

EdgeGallery 开源社区由华为公司于 2020 年 4 月倡议发起。EdgeGallery 不仅是一个 MEP 平台，未来更是一个面向应用和开发者的端到端的解决方案，将为应用开发者、边缘运营及运维人员提供一站式服务。社区致力于让开发者能更便捷地使用 5G 网络能力，让 5G 能力在边缘触手可及；通过边缘原生的平台架构，让边缘业务可信可管；通过无码化集成、在线 IDE 工具、统一应用入口等实现多元开放的边缘生态，让应用轻松上车，最终实现 5G ToB 生态的繁荣，为企业和社会带来经济价值。

EdgeGallery 平台采用 Apache License 2.0 作为开源代码协议，已在码云发布第一批种子代码，与业界几十家应用伙伴、共 30 多款应用完成了集成验证，覆盖了智慧园区、工业制造、交通物流、游戏竞技等应用场景，并已在 EdgeGallery App Store 中进行展示。

EdgeGallery 社区已在深圳和西安建立了两个自动化测试中心，并在北京、南京、上海、东莞等地陆续建成 5 个场景化测试验证中心。目前，EdgeGallery 社区已有 8 家高级会员和 14 家普通会员，项目托管地址为 gitee.com/edgegallery。

2．中兴通讯

中兴通讯（LOGO 如图 5-26 所示）在边缘计算领域紧追华为，稳扎稳打，聚焦“4C”战略，释放电信云价值。

图 5-26 中兴通讯—厚积薄发的追随者

（1）“聚焦 4C”战略，打造四大能力

边缘计算被誉为是 5G 时代的风口。目前业界各个厂商纷纷在边缘计算领域加大投入。其中，运营商在边缘计算产业上的优势非常明显：一是位置近，固移终端一跳直达；二是成本低，接近公有云的低成本；三是质量高，云网协同质量有保障；四是生态广，生态影响力大。

在中兴通讯看来，“云边网”组合可以充分激发运营商的优势。为此，中兴通讯提出了“聚焦 4C”的边缘计算发展战略，围绕 Cloud（云化部署，统一运维）、Compute（专用硬件，异构加速）、Connection（多种制式，融合接入）、Capability（开放平台，共建生态），打造了在边缘计算领域的四大服务能力。该战略的特点如下。

- 可实现广覆盖的分布式 MEC 方案，支持多种硬件形态，适配不同机房环境；轻量级虚拟化，提高资源供给效率。
- 可实现云边无缝协同，包括云边资源统一调度，一站式服务；网络能力开放，提供丰富的业务能力；固移融合，保障不同接入体验的一致性。
- 嵌入式边缘智能系统除了包含丰富的 AI 算法模型，可增强边缘智能，还有高性能硬件、GPU、智能网卡等产品。
- 可按需调度 MEC 资源，实现多级 MEC 资源统一管理和调度。

边缘计算的大规模部署离不开垂直行业的支持，边缘计算需要找到合适的应用场景才能真正释放价值。中兴通讯从一开始就关注边缘业务在行业应用场景领域的落地，目前已探索出“1+4”的场景模式。

“1”是指运营商无线类业务，即包含高精度室内定位、无线网络信息服务能力、无线智能网络优化、O-RAN 应用以及视频 TCP 加速服务在内的无线类基本应用。

“4”则是指包括大视频、智能制造、智能电网、车联网在内的四大行业应用领域。

在大视频领域，视频类业务，特别是 CDN 演进至 Living VOD，以及云游戏演进至 AR 游戏等都是非常好的落地点。有了 MEC，通过 UPF 下沉，可以在离用户非常近的边缘处就将基于视频的流量转发给应用来处理。

在智能制造领域，中兴通讯已经试点落地了很多典型场景：如工厂园区通过 5G+MEC 实现园区内流量卸载提供本地准专网代替园区 Wi-Fi 及有线网络；MEC+工业 AR 实现辅助巡检和装配；MEC+AGV 通过对 AGV 控制上移视频和图像特征分析提取实现多 AGV 联动控制。后续随着业务的不断发展，边缘计算运用于现场设备实时控制、远程维护及操控、工业高清图像处理等工业应用领域将逐渐增多与普及。

在智能电网领域，MEC 及 5G 网络切片等技术的发展和完善，为电网用户体验、业务高可靠的安全隔离提供新的实现方式。

车联网领域是目前业界最关注的 MEC 落地场景。车联网提供了从汽车内外部传感器到路侧 RSU 公共信息的整合性低时延、高效率网络，还可以提供智能化决策，是未来边缘计算重要的应用负载和演进方向。

（2）全方位布局，充分释放电信云价值

除了计算和网络，边缘计算更离不开高质量的云。对于边缘计算而言，通过靠近无线网络侧的 MEC 开放平台，可整合产业链的合作伙伴生态，向个人、家庭、企业用户提供低时延、高带宽的属地化无线数据业务服务，让客户可以享受更丰富的应用，实现更好的业务体验。

随着 MEC 商用落地，边缘云将大规模部署。边缘机房是稀缺资源，在边缘机房有限的机房空间部署 MEC，管理节点对资源占用比例大成为突出的问题。为了适应边缘计算的各种部署场景，中兴通讯可提供轻量化边缘云解决方案。

此外，中兴通讯还提供全系列 MEC 服务器以匹配不同应用场景，实现性能与成本的最佳匹配。早在 2019 年 6 月，中兴通讯就发布了 E5410（单节点）和 E5430（三节点）两款 MEC 服务器，服务器搭载英特尔最新至强处理器 Scalable processor，配合 AI 加速卡，使其在边缘侧具备很强的神经网络推理能力。

而中兴 MEC 解决方案在网络边缘部署了具有强大计算和存储能力的虚拟化平台，可提供丰富的网络基础服务，满足不同应用类型的边缘部署，为第三方提供定位信息服务、区域内物联网设备的接入和管理及视频服务等，将边缘海量设备接入到平台中，提供基础数据的分拣和提炼，加速边缘应用的开发，便于运营商和第三方一起合作构建边缘垂直应用。

（3）双核驱动，分布式云为运营商保驾护航

值得一提的是，中兴通讯还推出了“双核驱动的分布式云”，以运营云化、功能云化、资源云化，构建“基础设施+功能+运营”的分布式云化网络。

边缘数据中心是运营商在边缘计算领域的重要资源，是运营商经过几十年的通信行业发展，自然沉淀而形成的结果。任何一家 CSP（通信服务提供商）想复现如此众多又精确匹配的基础设施已几乎没有可能。因此，运营商不仅可以将通信管道能力开放，还可以进一步将边缘机房的云基础设施开放给第三方应用，向第三方应用提供计算、存储、网络等资源，重构电信云价值。不同的应用对云资源的需求不同，包括虚机、裸金属和容器等。如何平滑引入容器成为关键，如果仅是在 OpenStack 叠加 Kubernetes，将增加边缘云的管理复杂度，而且管理资源消耗占比太大。而中兴通讯通过 OpenStack 和 Kubernetes 的双核融合，平滑引入容器云，为运营商提供统一的边缘云 IaaS 管理视图和 PaaS 服务视图，提供一致的管理体验，针对边缘业务的不同部署场景，灵活提供虚机、容器、裸金属资源。双核融合还可共享 NFV 领域成熟的资源管理系统，最大限度地共享 NFV 基础设施服务，比如统一计算（CPU、GPU、FPGA），统一网络（Neutron、SDN、SmartNIC），统一存储（Cinder、Ceph），统一安全（vFW、KeyStone），统一高可用性（Backup、Disaster Recovery）等，进一步提高资源利用效率，降低系统集成复杂度。

（4）积极探索商业模式，实现三赢

作为 ICT 融合的新生技术，边缘计算将高带宽、低时延、本地化业务下沉到网络边缘，为固移融合提供统一的电信基础设施支撑，这对于运营

商数字化转型和产业结构升级至关重要。

中兴通讯一直致力于为运营商的数字化转型提供助力，协助运营商将传统的移动网络打造成智能网络，并在网络边缘为不同类型的消费者提供更加个性化的服务。目前，中兴通讯和国内三大运营商紧密合作，已经进行了智慧商业、智慧校园、智能工厂、VR/AR、自动驾驶等试点，积累了丰富的组网部署实施经验。

一种新兴技术和生态的诞生与兴起，需要背后商业模式的强有力支撑。面向未来，业界对边缘业务平台的各种应用场景有着无限的憧憬与期待。美好的愿望要变成现实，也需要整个产业链的共同努力。中兴通讯希望能够携手更多的行业合作伙伴，共同探讨边缘计算的合作模式，共建5G网络边缘生态系统，全面推动边缘业务的蓬勃发展。

虽然目前边缘计算的商业模式还在探索过程中。但中兴通讯相信，在全产业链的共同推进努力下，后续不仅会涌现大量“节流”型的边缘应用，也会有海量的“开源”型业务诞生，实现设备商、运营商、业务商三赢的格局。

3. 新华三集团

作为数字化解决方案领导者，新华三集团（LOGO如图5-27所示）在边缘计算领域拥有深厚的技术积累、丰富的产品形态和落地案例。作为业内极少数实现ICT融合的厂商之一，新华三集团（以下简称“新华三”）拥有计算、存储、网络、安全等全方位的数字化基础设施整体能力，并结合雄厚的5G、AI、物联网、云计算、大数据等前沿技术创新实力以及三十余年行业实践的深厚积淀。

新华三将边缘计算技术与行业应用深度融合，将ABC能力扩展到边缘，可为百行百业客户提供一站式边缘云、MEC等边缘计算方案；更拥有边缘计算ICT融合网关、OTII服务器、边缘计算板卡、业界首款超融合形态的边缘云产品（UIS-Edge）等多元化产品形态，覆盖边缘计算全场景，已在运营商边缘云、数字工厂、智慧园区、智慧金融、智慧交通等多行业领域落地。

（1）H3C AD-EC应用驱动边缘计算解决方案

新华三的边缘计算策略一直是比较低调的，从来没有大规模对外宣传过，新华三发布的第一款边缘计算产品是H3C AD-EC应用驱动边缘计算解决方案，作为新华三大互联应用驱动网络战略的重量级方案，应用驱动边缘计算解决方案将成为支撑行业数字化转型的又一重要“基石”。

图 5-27　新华三集团

新华三认为，边缘计算的落地和发展就要解决三个问题：计算、存储、网络资源在边缘如何协同，如何使云端和边缘端高效协同，以及如何大规模部署运营。对此，新华三提出了“边缘即云”的概念，将“云”从数据中心扩展到网络的边缘，让用户可以像云一样按需获取边缘计算能力。

H3C AD-EC 应用驱动边缘计算解决方案就是新华三在“边缘即云”概念下，针对边缘计算场景提出的，是包含 AD-EC 控制器、LA 系列融合网关、生态应用在内的一整套边缘计算解决方案。AD-EC 控制器采用了开放的 SDN 控制平台，拥有南北向标准接口，具有一体化的 ICT 管理能力，可以实现高效运维。LA 系列融合网关则具备 IT&CT 融合、开放平台、丰富的物联接口、场景化定制等一系列特性。

通过 AD-EC 应用驱动边缘计算解决方案，用户能够更好地实现 ICT 一体化高效运维、边缘及云高效协同，以及边缘池化按需分配，体验到位置无感知、体验无差异的应用效果，并通过以云计算理念在海量边缘节点构建的融合资源池，按业务应用按需分配备计算资源。

在 AD-EC 应用驱动边缘计算解决方案基础上，新华三还与合作伙伴一起，推出了智慧停车、智慧教室、智慧餐厅、智慧公交等一系列跟衣食住行紧密相关的场景化解决方案，对边缘计算的应用普及将起到十分重要的推动作用。

新华三认为未来边缘计算的发展必然会向应用驱动的方向转变。秉承

“应用驱动云领未来”的新 IT 战略，新华三也将继续坚持以开放、可定制、融合的思路，以应用为导向，不断更新与完善 AD-EC 解决方案，为新 IT、新经济的建设添砖加瓦。

（2）边缘计算节点

在智能边缘场景中，新华三为中国市场带来了业界首款边缘计算节点 HPE EL1000 和 EL4000 两款服务器产品。

为什么边缘计算服务器被单独拿出来？这就不得不说它的独特性。通常来说，采用标准通用硬件设备对机房可用空间、电源供应、承重等基础设施有着特殊的要求。拿电信运营商举例，无论是现有综合接入机房还是边缘 DC 标准通用硬件设备都难以满足需求，且它们数量庞大、位置分散、改造难度大。因此，业界不得不在现有基础设施条件上探索，推出适合边缘的计算平台。

事实上，除了电信运营商，包括亚马逊、谷歌、Meta、阿里巴巴等互联网和云计算巨头都在推进自己的网络边缘布局。然而，无论是运营商还是 OTT（Over The Top，意指互联网企业冲击替代运营商），边缘所面临的环境都对计算平台提出了新的要求。以 ODCC（Open Data Center Committee，开发数据中心委员会）发起的面向电信应用的开放 IT 基础设施项目——OTII 来说，它对边缘服务器提出的要求如下。

1）机架空间限制：传输及接入机房机架多为 600mm 深，少部分达到 800mm，远小于数据中心 1200mm 的机架深度，常规通用服务器无法部署。

2）环境温度稳定性：由于边缘机房的制冷系统的稳定性无法有效保证，因此服务器最好具备原电信设备的温度适应能力。

3）机房承重限制：众多的边缘机房普遍低于数据中心承重标准，对服务器的部署密度造成影响。

此外，OTII 项目的建设还包括对服务器性能的需求、对异构计算的需求，以及运维管理需求等，这要求边缘计算服务器都要有全新的设计。

其实，在 OTII 项目中，新华三也参与了对 OTII 服务器技术方案的制定和行动计划书，新华三还同中国移动合作进行了边缘计算的试点和部署。在新华三服务器新品发布会上展示的边缘计算节点（如图 5-28 所示）HPE Edgeline EL1000 和 Edgeline EL4000 两款产品，通过先进的设计理念和制造工艺，不仅实现了体积的微型化，更能在适应恶劣工况的条件下提供强大性能、管理及无线连接能力，能够让数据在边缘和生产端被有效汇聚和处理，降低整体网络压力，提升 IT 效率。

HPE Edgeline EL 1000

HPE Edgeline EL 4000

图 5-28　边缘计算节点产品

5.2　边缘计算产品生态

5.2.1　边缘计算平台

根据边缘计算平台的设计目标和部署方式，可将目前的边缘计算开源平台分为两类：面向边缘云服务的边缘计算开源平台、面向物联网端的边缘计算开源平台。

1. 面向边缘云服务的边缘计算开源平台

（1）Akraino

Akraino 于 2018 年推出，现在是 LF Edge 的一部分。Akraino 是一组面向边缘的开放基础架构和应用程序蓝图，Akraino 的三层架构如图 5-29 所示。Edge IaaS/PaaS，IoT。Akraino 目标是创建支持针对边缘计算系统和应用程序优化的高可用性云堆栈，旨在改善企业边缘、OTT 边缘和运营商边缘网络的边缘云基础设施状态，为用户提供新的灵活性，以快速扩展边缘云服务，最大化边缘支持的应用程序和功能，并帮助确保必须始终运行的系统的可靠性。

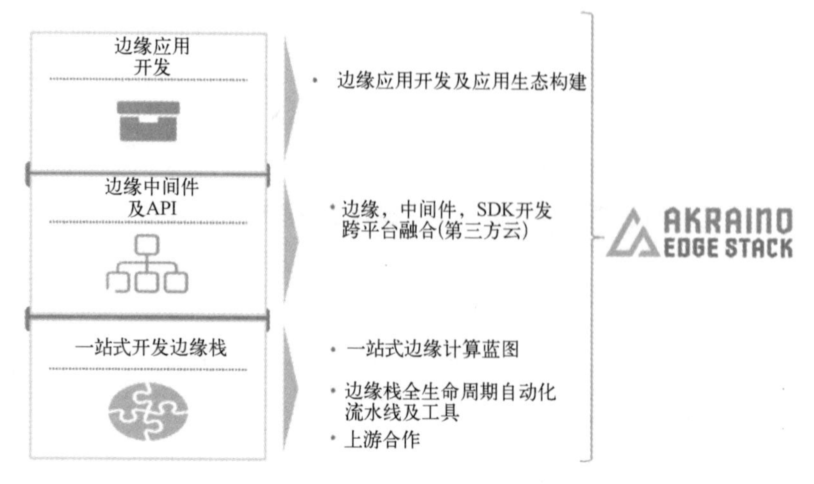

图 5-29 Akraino 的三层架构

Akraino 与 Airship、OpenStack、ONAP、ETSI MEC、GSMA、TIP、CNCF 和 ORAN 等多个上游开源社区/SDO 合作。Akraino 提供了一个完全集成的解决方案，支持集成堆栈的零接触配置和零接触生命周期管理。

2021 年 2 月，Akraino Release 4 (R4)发布了 7 个新蓝图。R4 版 Akraino 蓝图支持更多的用例、部署和 PoC，支持更高级别的灵活性，快速扩展公有云边缘、云原生边缘、5G、工业物联网、电信和企业边缘云服务并测试边缘云蓝图以部署边缘服务。

2021 年 10 月，Akraino 发布 Release 5 (R5)，提供了一个功能齐全的开源边缘堆栈，可在全球范围内实现多种边缘平台。Akraino 的第五个版本带来了三个新蓝图（总共 30 多个蓝图），并为跨边缘的各种 Kubernetes 部署提供了额外支持。

新的用例和蓝图为工业边缘、公有云边缘接口、联合 ML、KubeEdge、私有 LTE/5G、SmartDevice Edge、互联汽车、AR/VR、边缘人工智能、Android 云原生、SmartNIC、Telco Core 和 Open-RAN、NFV、IOT、SD-WAN、SDN、MEC 等提供了边缘堆栈。

（2）StarlingX

StarlingX 是一个完整的云基础设施软件堆栈，提供了基于容器的基础架构，适用于工业物联网、电信、视频交付和其他超低延迟的场景。

StarlingX 提供了一个可部署、可扩展且高度可靠的边缘基础设施软件平台，用于构建关键任务边缘云。StarlingX 经过测试并作为一个完整的堆栈发布，可确保各种开源组件之间的兼容性。其独特的项目组件提供故障管理和服务管理等功能，以确保用户应用程序的高可用性。StarlingX 社区针对安全性、超低延迟、极高的服务正常运行时间和简化的操作优化了解决方案。StarlingX 的全栈产品能力如图 5-30 所示。

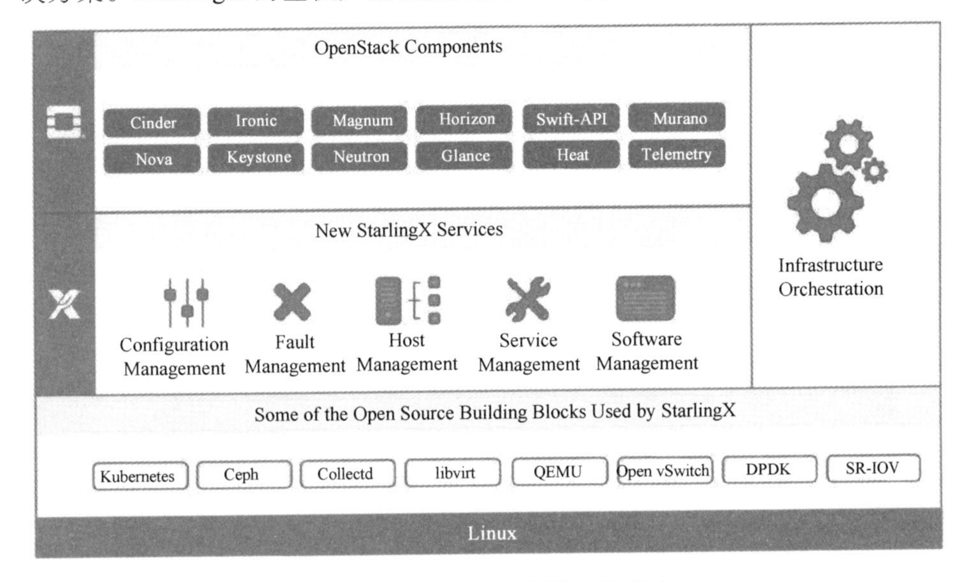

图 5-30　StarlingX 全栈产品能力

2021 年 5 月，StarlingX 社区宣布发布 R5.0 版本，包括引入了一个名为“edgeworker”节点的新功能，有利于工业物联网和工厂车间自动化程度的提高；增加了对 Nvidia GPU 的支持；加强编排 FPGA 映像更新的能力；将 Vault 集成到机密管理平台中，以提供安全存储和机密访问的能力。

（3）Baetyl

Baetyl 前身为“OpenEdge”，由百度发起，是中国首个开源边缘计算平台。Baetyl 作为第一阶段项目加入 LF Edge。2019 年 9 月，百度宣布将 Baetyl 捐赠给 Linux Foundation Edge 旗下社区。Baetyl 旨在打造一个轻量、安全、可靠、可扩展性强的边缘计算社区，为中国边缘计算技术的发展和不断推进营造一个良好的生态环境。

Baetyl 将云计算能力拓展至用户现场。提供临时离线、低延时的计算服务，包括设备接入、消息路由、数据遥传、函数计算、视频采集、AI 推断、状态上报、配置下发等功能，协议支持 MQTT 协议，GRPC 协议等。

Baetyl 提供了一个通用的边缘计算平台，将不同类型的硬件设施和设备功能整合到一个标准化的容器运行时环境和 API 中，从而通过云和本地的远程控制台对应用程序、服务和数据流进行有效管理。Baetyl 还为边缘操作系统配备了相应的工具链支持，通过一套内置服务和 API 降低开发边缘计算的难度，并将在未来提供图形 IDE。

Baetyl v2 提供了一个全新的边云融合平台，采用云端管理、边缘运行的方案，分成边缘计算框架和云端管理套件两部分，支持多种部署方式。可在云端管理所有资源，比如节点、应用、配置等，自动部署应用到边缘节点，满足各种边缘计算场景，特别适合新兴的强边缘设备，比如 AI 一体机、5G 路侧盒子等。

（4）EdgeGallery

EdgeGallery 要解决的是 5G MEC 边缘计算平台的标准不统一带来的生态碎片化、产业规模做不大的问题。EdgeGallery 社区聚焦 5G 边缘计算 MEC 场景，通过开源协作构建起 MEC 边缘的资源、应用、安全、管理的基础框架和网络开放服务的事实标准，并实现同公有云的互联互通。在兼容边缘基础设施异构差异化的基础上，构建起统一的 MEC 应用生态系统。

（5）K3s

K3s 是由 SUSE（原 Rancher Labs）完全通过 CNCF（云原生计算基金会）认证的兼容 Kubernetes 发行版，内核机制还是和 K8s 一样，但是剔除了很多外部依赖以及 K8s 的 alpha、beta 特性，同时改变了部署方式和运行方式，目的是轻量化 K8s，并将其应用于 IoT 设备（比如树莓派）。简单来说，K3s 就是轻量级 K8s，消耗资源极少。为了实现这一点，K3s 被设计成一个大约 45MB 的二进制文件，完全实现了 Kubernetes API。

K3s 适用于边缘计算、物联网、CI、Development、ARM 和嵌入 K8s 场景，其特性如下。

- 完美适配边缘环境：K3s 是一个高可用的、经过 CNCF 认证的 Kubernetes 发行版，专为无人值守、资源受限、偏远地区或物联网设备内部的生产工作负载而设计。
- 简单且安全：K3s 被打包成单个小于 60MB 的二进制文件，从而减少了运行安装、运行和自动更新生产 Kubernetes 集群所需的依赖性和步骤。

- 针对 ARM 进行优化：ARM64 和 ARMv7 都支持二进制文件和多源镜像。K3s 在小到树莓派或大到 AWS a1.4xlarge 32GiB 服务器的环境中均能出色工作。

（6）KubeEdge

KubeEdge 是一个开源系统，用于将容器化应用程序编排功能扩展到 Edge 的主机。它基于 Kubernetes 构建，并为网络应用程序提供基础架构支持。云和边缘之间的部署和元数据同步。KubeEdge 是业界第一个边缘容器平台项目。2019 年 3 月 18 日 KubeEdge 被 CNCF 收录，目前处于孵化级别。

KubeEdge 的目标是创建一个开放平台，使能边缘计算，将容器化应用编排功能扩展到边缘的节点和设备。KubeEdge 的优势主要包括。

- 边缘计算：通过在边缘运行业务逻辑，可以在生成数据的地方保护和处理大量数据。这降低了边缘和云之间的网络带宽要求和消耗，提高了响应能力，降低了成本，并保护了客户的数据隐私。
- 简化开发：开发人员可以编写常规的基于 HTTP 或 MQTT 的应用程序，将它们容器化，然后在任何地方运行它们——无论是在边缘还是在云端——以更合适的方式运行。
- Kubernetes 原生支持：使用 KubeEdge，用户可以在边缘节点上编排应用程序、管理设备以及监控应用程序和设备状态，就像云中的传统 Kubernetes 集群一样。
- 丰富的应用：很容易将现有的复杂机器学习、图像识别、事件处理和其他高级应用程序获取和部署到边缘。

KubeEdge 的组件在两个单独的位置运行——云上和边缘节点上。在云上运行的组件统称为 CloudCore，包括 Controller 和 Cloud Hub。Cloud Hub 作为接收边缘节点发送请求的网关，Controller 则作为编排器。在边缘节点上运行的组件统称为 EdgeCore，包括 EdgeHub、EdgeMesh、MetadataManager 和 DeviceTwin。

（7）OpenYurt

OpenYurt 是基于原生 Kubernetes 构建的，目标是对其进行扩展以无缝支持边缘计算。简而言之，OpenYurt 使用户能够管理在边缘基础架构中运行的应用程序，就像它们在云基础架构中运行一样。OpenYurt 是阿里云 2020 年 5 月份发布首个边缘计算云原生开源项目，是业界第一个以无侵入的方式将 Kubernetes 扩展到边缘计算领域的项目。2020 年 9 月份，OpenYurt 正式成为 CNCF 沙箱项目。

OpenYurt 是为满足典型边缘基础设施的各种 DevOps 需求而设计的。通过 OpenYurt 来管理边缘应用程序，用户可以获得与中心式云计算应用管理一致的用户体验。它解决了 Kubernetes 在云边一体化场景下的诸多挑战，如不可靠或断开的云边缘网络、边缘节点自治、边缘设备管理、跨地域业务部署等。OpenYurt 保持了完整的 Kubernetes API 兼容性，无厂商绑定，使用简单。

OpenYurt 现已广泛应用于物联网、边缘云、分布式云等典型边缘计算场景，并覆盖物流、能源、交通、制造、零售、医疗、CDN 等诸多行业。

（8）SuperEdge

2020 年 11 月，腾讯云联合英特尔、VMware、虎牙、寒武纪、美团、首都在线，共同发布了 SuperEdge 边缘容器开源项目。

SuperEdge 是基于 Kubernetes-native 的边缘容器管理系统。该系统把云原生能力扩展到边缘侧，很好地实现了云端对边缘端的管理和控制，极大简化了应用从云端部署到边缘端的过程。SuperEdge 为应用实现边缘原生化提供了强有力的支持。

相比 OpenYurt 以及 KubeEdge，SuperEdge 除了具备 Kubernetes 零侵入以及边缘自治特性，还支持独有的分布式健康检查以及边缘服务访问控制等高级特性，极大地消减了云边网络不稳定对服务的影响，同时也很大程度上方便了边缘集群服务的发布与治理。

目前，SuperEdge 已经得到广泛应用，覆盖物联网、工业互联网、交通、能源、零售、智慧城市、智慧建筑、云游戏和互动直播等应用场景。

2. 面向物联网端的边缘计算开源平台

（1）EdgeX Foundry

EdgeX Foundry 是 LF Edge 旗下开源的、供应商中立的 Edge IoT 中间件平台。它从边缘的传感器（即“事物”）收集数据，并充当双重转换引擎，向企业、云和本地应用程序发送和接收数据。EdgeX Foundry 是用于统一工业物联网边缘计算解决方案的生态系统。

EdgeX Foundry 利用云原生原则（例如松耦合的微服务、平台独立性），支持一个能够满足物联网边缘特定需求的架构。EdgeX 解决了分布式物联网边缘架构中“南北交汇”的边缘节点和数据规范化的关键互操作性挑战。

（2）Fledge

Fledge 是一个面向工业边缘的开源框架和社区，专注于关键操作、预测性维护、态势感知和安全。Fledge 的架构旨在将工业物联网（IioT）、传感器和现代机器与云和现有的基础系统集成，如 DCS（分布式控制系统）、PLC（程序逻辑控制器）和 SCADA（监督控制和数据）。所有这些都共享一组通用的管理和应用程序 API。

Fledge 的开发人员和运营商在构建 IIoT 应用程序时无须再面临复杂性和碎片化问题，通过收集和处理更多传感器数据以实现业务自动化和转型。Fledge 的可插拔架构消除了数据孤岛。通过使用一组一致的 RESTful API 来开发、管理和保护 IIoT 应用程序，Fledge 创建了一个统一的解决方案。

Fledge 与 Project EVE 密切合作，Project EVE 为 Fledge 应用程序和服务提供系统和编排服务以及容器 Runtime。Fledge 还与 Akraino 集成，支持 5G 和专用 LTE 网络。

（3）Kaa IoT Platform

Kaa IoT Platform 是功能丰富的开放和高效的物联网云平台，任何物联网公司、物联网系统集成商或个人都可以通过该平台免费实现其智能产品概念。通过提供服务器和端点 SDK 组件，Kaa 可以为连接的对象和后端基础架构提供数据管理。Kaa 的关键物联网功能包含：执行实时设备监控、建立跨设备互操作性、为智能产品创建云服务、收集并分析传感器数据、执行远程设备准备和配置、管理无限数量的连接设备、分析用户行为可提供有针对性的通知、执行 A/B 服务测试等。

（4）WSo2

WSo2 Build 允许公开 API 来为移动应用提供支持，允许用户监控和控制他们的设备，可以将其与现有的身份系统集成，或使用他们的身份系统。该物联网平台还支持几乎所有已知的开发板设备，如 Raspberry Pi，Arduino Uno 等。边缘计算由 WSo2 Siddhi 提供支持。

设备通信支持的协议包括 MQTT、HTTP、Websockets 和 XMPP 协议，以及用于添加更多协议和数据格式的 IoT Server Framework 扩展。

WSo2 开源的物联网平台主要特点包括：预制的普通传感器图；API 驱动的设备类型定义、分组；管理和监视连接的设备；分配和管理设备的应用程序/固件；通过 Stats-API 自行编写可视化文件；支持 MQTT、HTTP、Websockets 和 XMPP 协议；为多个注册设备配置/取消配置应用程序、查看单个或多个设备的即时可视化统计信息；基于位置的服务（地理围栏）和警报作为可重用的功能、为 iOS，Android 和 Windows 设备实施自助设备注册和管理；通过 WSO2 数据分析服务器（DAS）支持批量，交互式，实时和预测性分析。

（5）Thingsboard

Thingsboard 是 100%开源的 IoT 平台，可以作为 SaaS 或 PaaS 解决方案。

Thingsboard 主要特点是：支持多租户安装，即装即用；自定义仪表板的 30 个可定制小部件、可定制规则、传输协议；允许监视客户端和提供服务器端设备属性；实时数据可视化和远程设备控制；支持 MQTT 和 HTTP 协议的传输加密；失败的节点可以在没有停机的情况下进行更换。

5.2.2 边缘计算应用

1. EMQX

EMQX 是一款全球下载量超千万的大规模分布式物联网 MQTT 服务器，单集群支持 1 亿个物联网设备的连接，消息分发时延低于 1 毫秒，为高可靠、高性能的物联网实时数据移动、处理和集成提供动力，助力企业构建关键业务的 IoT 平台与应用。EMQX 可以高效可靠地连接海量物联网设备，实时处理分发消息与事件流数据，助力构建关键业务的物联网平台与应用。EMQX 的主要特性如下。

- 连接任何设备：通过开放标准物联网协议 MQTT、QUIC、LwM2M/CoAP，支持连接所有车联网、工业、能源电力等关键业务场景的异构终端设备。
- 实时数据处理：通过一个强大的基于 SQL 的规则引擎，以数百万条/秒的速度实时过滤、转换与处理设备与云端之间双向移动的

MQTT 消息数据。

- 轻松管理与监控：通过 CLI、HTTP API 和一个简洁实用的 Dashboard 轻松管理 EMQX 集群。支持使用 Datadog、Statsd、Prometheus 和 Granfana 进行监控和报警。

2. Neuron

Neuron 是可运行在各类物联网边缘网关硬件上的工业协议网关软件，旨在解决工业 4.0 背景下设备数据统一接入难的问题。通过将来自繁杂的工业设备的不同协议类型数据转换为统一标准的物联网 MQTT 消息，实现设备与工业物联网系统之间、设备彼此之间的互联互通，进行远程的直接控制和信息获取，为智能生产制造提供数据支撑。

Neuron 支持同时为多个不同通讯协议设备、数十种工业协议进行一站式接入及 MQTT 协议转换，仅占用超低资源，可通过原生或容器的方式部署在 X86、ARM、RISC-V 等架构的各类边缘硬件中。同时，用户可以通过基于 Web 的管理控制台实现在线的网关配置管理。

Neuron 可以通过 MQTT 和 REST 与各种云平台集成，包括 EMQX Cloud、AWS、Google Cloud Platform 和 Microsoft Azure，将实时工业数据直接无缝地引导至工业应用，如 MES、ERP、大数据分析软件等等。

3. eKuiper

LF Edge eKuiper 是 Golang 实现的轻量级物联网边缘分析、流式处理开源软件，可以运行在各类资源受限的边缘设备上。eKuiper 设计的一个主要目标就是将在云端运行的实时流式计算框架（比如 Apache Spark，Apache Storm 和 Apache Flink 等）迁移到边缘端。eKuiper 参考了上述云端流式处理项目的架构与实现，结合边缘流式数据处理的特点，采用了编写基于源（Source）、SQL（业务逻辑处理）、目标（Sink）的规则引擎来实现边缘端的流式数据处理。

eKuiper 可以运行在各类物联网的边缘使用场景中，比如工业物联网中对生产线数据进行实时处理；车联网中的车机对来自汽车总线数据的即时分析；智能城市场景中，对来自于各类城市设施数据的实时分析。通过 eKuiper 在边缘端的处理，可以提升系统响应速度，节省网络带宽费用和存储成本，提高系统安全性等。

5.2.3 边缘计算硬件

1. 边缘一体机

边缘一体机采用IT与OT融合架构设计，具备全要素数据采集、边缘实时分析、多协议转换、云边协同等能力，同时集成边缘云平台、边缘智能平台、物联网平台、边缘数据平台、5G MEC等。

如图5-31所示是华为FusionCube智能边缘一体机。边缘一体机主要解决边缘计算平台边缘场景多，IT需求灵活多变，建设周期长，边缘数据量大，应用类型多，业务更新频繁，边缘站点数量多，缺少专业IT人员，故障处理时间长等问题。

图5-31 边缘一体机

边缘一体机可以让边缘更便捷，灵活组合计算、存储、网络等能力，同时兼容x86、ARM、NPU、GPU等多类型算力；让边缘更智能，可以提供开箱即用的边缘代理、边缘数据计算、IoT网络等服务，同时支持各种混合负载，包含虚拟机、物理机、容器及函数服务；让边缘更简单，采用中心式管理，轻松实现超大规模站点管理，设备及应用监控，同时轻松实现智能运维，包括数据备份、应用备份，以及应用快速分发推送。

2. 边缘网关

边缘网关是部署在垂直行业现场的接入设备，主要实现网络接入、协议转换、数据采集与分析处理，并且可通过轻量级容器/虚拟化技术支持业务应用在用户现场的灵活部署和运行。边缘网关可以配合边缘服务器、边缘一体机等方案，融合 IT 领域敏捷灵活以及 OT 领域可靠稳定的双重特点，将网络连接、质量保证、管理运维及调度编排的能力应用于行业场景，提供实时、可靠、智能和泛在的端到端服务。在接入方式上，边缘网关可通过蜂窝网接入，也可通过固网接入。在管理方面，边缘网关和边缘数据中心同样受边缘 PaaS 管理平台管理，边缘网关和边缘数据中心之间也可能存在管理和业务协同。

如图 5-32 所示是一款边缘计算网关产品，可帮助用户快速接入高速互联网，实现安全可靠的数据传输；采用 ARM 架构高端处理器，标准的 Linux 系统支持用户二次开发；可实现对现场 PLC 设备进行编程、诊断、调试，提高服务响应速度；具备故障告警功能，提升偏远地区设备在线率；设备可实现远程监测、配置、升级，可以极大地提升管理效率。

图 5-32　边缘计算网关

第6章

边缘计算大家谈

身处在不同领域的人对边缘计算有着不一样的理解，本章内容为 ICT 领域的业内专家，包括周圣君（小枣君）、范桂飓、张云锋、宁宇对边缘计算前景、应用、趋势的看法与认识，可以让读者从不同的角度认识边缘计算。

6.1　边缘计算的发展前景与应用

作者：小枣君，原名周圣君，15 年通信行业工作经验。鲜枣课堂创始人，鲜枣课堂是一个面向 ICT 专业大学生和行业从业人员的知识服务和能力提升平台。目前，已有十余个通信、电子方面的技术课程，累计服务用户数千人，小枣君著有《通信简史》一书。本文为小枣君从通信技术的角度分享他对边缘计算应用前景的认识。

6.1.1　边缘计算的架构

图 6-1 所示是一个边缘计算的架构。左上角是 5G 核心网，核心网会通过接入网中的 UE（用户终端）把 UPF（用户端口）通过会话管理方式接入边缘计算节点，就是现在通常所说用户面下沉。底层是固网，通过用户端的相关接口把数据导入边缘计算节点。边缘计算节点的架构实际上就是一个云计算的架构。底层是基础设施，中间层是硬件层，再往上是操作系统，或者是虚拟化平台，甚至可以通过一些容器化的平台提供一些容器化的架构。在这个框架的基础上，再去安装相应的服务和进程。然后通过这些程序再提供一些功能，再对接到上一层的应用。比如车联网、内容分发网络、AR/VR、视频监控等。厂商会根据边缘计算的应用去开发自己的 APP 给用户使用。

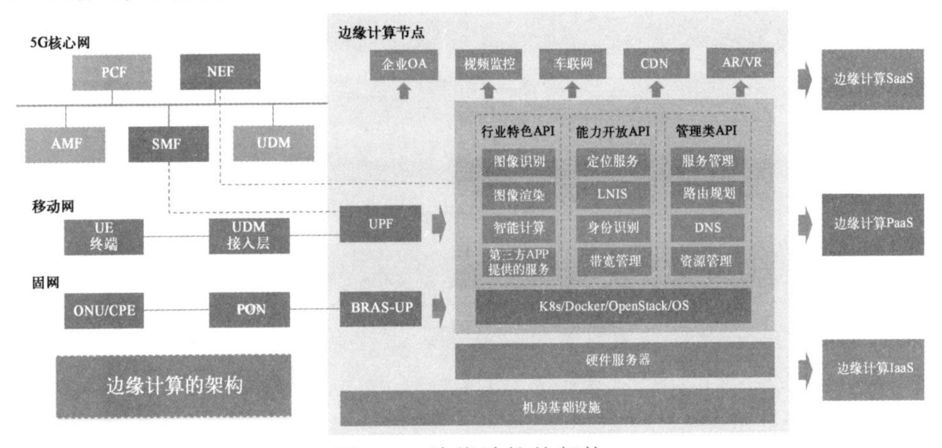

图 6-1　边缘计算的架构

需要说明的是，边缘计算跟云计算一样，强调“生态”的概念，它会把自己的相关的东西开放出来给所有人用，做成上下游的产业链，一个对第三方开放的平台。边缘计算所提供的一些能力也是开放的，任何一家企业都可以通过它开放的公共接口去开发自己的 APP，以后可能就跟手机上会有应用商店一样，边缘计算领域也会出现边缘计算的应用商店。

6.1.2 边缘计算的应用领域

边缘计算到底能做什么？边缘计算解决了数据量和时延的问题，所以跟这两方面有关的很多的应用都是边缘计算的应用领域。比如室内的定位、无线网络信息服务、视频优化、AR/VR 等大数据量的数据处理，以及车联网、智能制造等领域。如图 6-2 和图 6-3 所示。

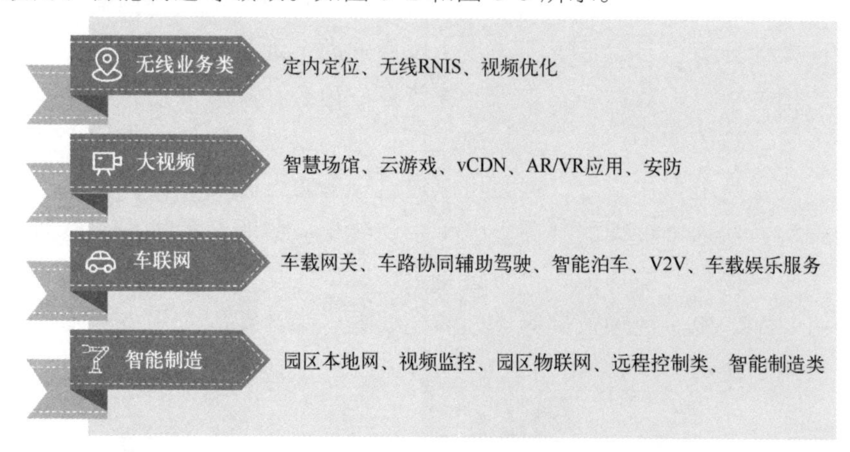

图 6-2 边缘计算的应用领域（1）

工业领域对时延的要求很高。工业互联网中的很多机器人以及园区的监控等对时延很敏感。在车联网应用方面，瞬间的时延可能造成的后果就是车辆制动不及时，多向前开了几米，然后发生事故，造成人车受到伤害。边缘计算在此类场景中有非常高的应用价值。

图 6-4 所示是工业互联网的架构图。工业互联网是 IT、CT 和 OT 全面演进的结果。IT 就是信息技术，CT 就是通信技术，OT 就是运维技术。图左侧中的云计算位于顶层互联网上，边缘计算可能就会放在车间里，或

者放到工厂的某个位置，相当于把计算能力下沉。

图 6-3　边缘计算的应用领域（2）

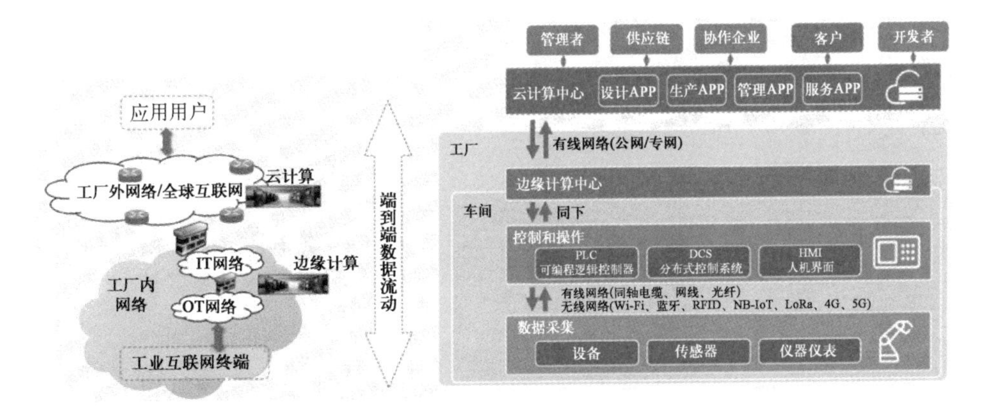

图 6-4　工业互联网架构

边缘计算还有一个案例是关于定位的（如图 6-5 所示）。定位也是一个对时延要求比较高、产生的数据量也非常多的应用，所以它也是边缘计算的一个强项。像 NB-LoT、eMTC 这样的网络都可以支持边缘计算，然后通过专用的物联网，在边缘计算服务器上面运行一些开发商开发的应用，就可以实现像室内导航、停车管理、井盖定位的功能。

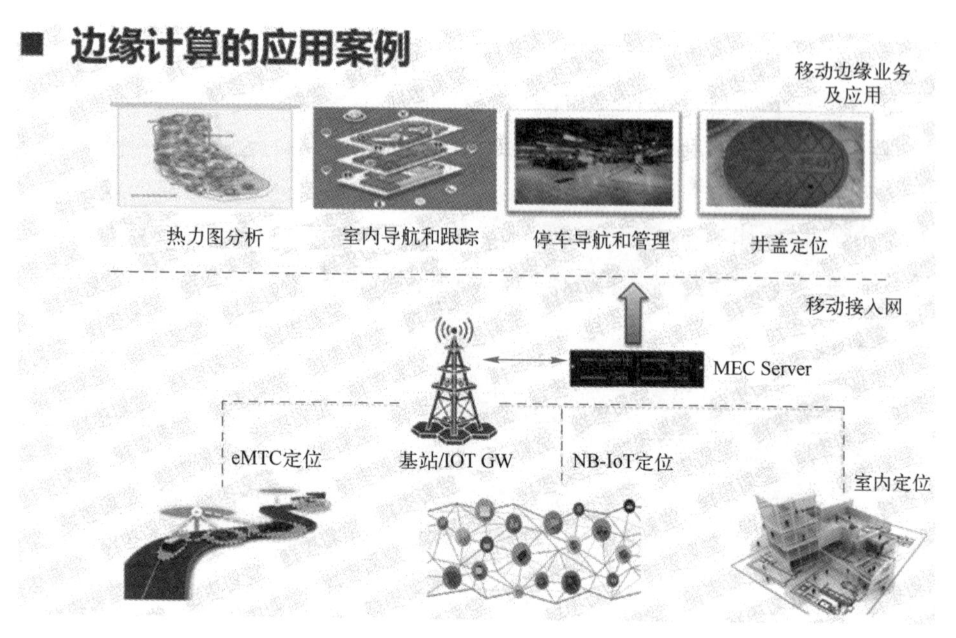

图 6-5 边缘计算应用于定位的案例

6.1.3 云网融合

提到边缘计算的时候都会提到“云网融合”（如图 6-6 所示）。这个词其实是边缘计算的本质。云其实就是IT，网就是通信，边缘计算是IT和CT进行融合的结果，二者缺一不可。MEC既具备云的特点，同时本身又是网的一个组成部分，它是云和网共同融合的产物。

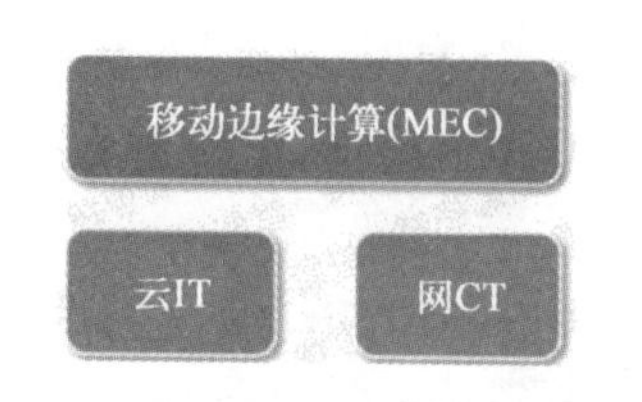

图 6-6 边缘计算的本质——云网融合

云和网对边缘计算都有利益关系。像传统的联想、戴尔、英特尔、浪潮这些典型的IT企业对MEC非常感兴趣，因为它们是传统的云计算厂商，突然间发现有一个新的蓝海，肯定会全力投入抢占市场。但是传统的通信厂商也会来抢这个蛋糕，华为和中兴这样的ICT硬件厂商也在边缘计算中能够发现机会。大家都觉得边缘计算跟自己有关系，都想去抢占这样的份额。这就是边缘计算在IT和通信两个领域都很受追捧的原因。

6.1.4　云边协同

除了云网融合之外，还有一个关键词是“云边协同”（如图 6-7 所示）。常有人问边缘计算和云计算之间到底什么关系？它们之间其实是有连接的，是协同关系。图中提到安全协同、数据协同、资源协同……两者之间有很多协同的关系，它们通过共同的协同来实现边缘服务、部署、弹性伸缩等相关的管理。

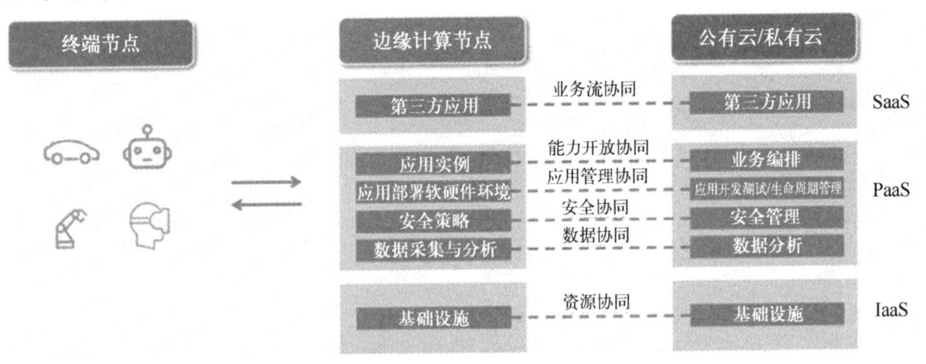

图 6-7　边缘计算和云边协同

现在边缘计算正处于风口，但是大家肯定会发现，其实边缘计算能做的事情并没有想象的那么多。边缘计算现在还在发展，可能从最开始的一提出来大家纷纷关注到逐渐恢复常态，然后再慢慢地进入上升态。确实有趋势显示，边缘计算会有一个很好的未来。有研究机构表示，未来的计算中 40%由边缘计算来完成，有 60%由云计算来完成，也就是说边缘计算和云计算之间是相互补充的关系（如图 6-8 所示）。

图 6-8　边缘计算与云计算相互补充

从云计算和边缘计算本身来说，现在还处于一个培育期。现在我们看得到的边缘计算的所有的应用要么是政府牵头的试点，要么是各个运营商的试点，目前为止还很少有纯商用的。这种试点特定业务的少量节点部署的边缘计算实际上根本不能体现出边缘计算本身的问题，很多问题都没有办法暴露出来。如果将来把边缘计算做成了海量节点全网部署，可以匹配大部分业务，而且跨厂商还可以互相操作的大型的网络，它到底还能不能胜任这样的工作其实还是要打一个问号的。

另外，传统的4G和5G都是由相关的标准组织先把标准定下来以后再去推动它的发展。边缘计算不一样，它只有一个简单的标准，也不太依赖于这样的标准。它依托于云计算的架构，有很大的自由度，是由业务来驱动的。大家可以根据需要先建设，用起来，再在使用过程中慢慢将其完善。

所以现在边缘计算就属于这样一种状态：大家都很关心，很火热，但是慢慢地发现它好像并不如想象中那么强，接着回归冷静再慢慢地进入一个长期的孵化状态。这就是整个边缘计算现在的进展状态。

6.2 电信运营商视角的边缘计算

作者：范桂飓，Juniper Networks资深架构师，EdgeGallery MEC开源社区架构组副主席及秘书处成员，《云物互联》专栏作者，专注于分享云计算、边缘计算、通信网络方向技术内容，专栏累计访问量超过470万。

6.2.1 时代背景

1. 电信运营商在4G时代被日趋管道化，只增量但不增收

在过去4G发展的10年中，整个信息世界发生了两个深刻的变化。

一方面是4G引领全球互联网进入了移动互联网时代，以BAT为代表的互联网企业开发了众多创新型移动终端应用。虽然随着移动互联网应用蓬勃发展，网络流量增速持续高速增长为电信运营商带来了丰厚的利润，但同时互联网企业也通过OTT等模式打破了电信运营商的封闭，挤压了电信运营商大部分的盈利空间。

另一方面，随着移动互联网的发展而持续增长的业务访问流量，促使互联网企业大力发展集约式的云计算数据中心。目前，全球前五大云计算厂商都是互联网巨头，而运营商在公有云生态中只能扮演着网络基础设施服务提供商的角色，沦为数据“管道”。

同时，在提速降费的政策大背景下，运营商却只能眼睁睁地看着流量指数级增长，自己的收入利润原地踏步，陷入了“只增量不增收”的管道化瓶颈——运营商依靠单一的流量收入，无法分享增值服务和运营环节的利润空间，营收增长面临着巨大的压力。

2．未来的收入增长主要来自于应用与服务

根据 Chetan Sharma 的预计（如图 6-9 所示），边缘计算产业能在 2030 年为全球带来超过 4 万亿美元的收入，未来在整个边缘计算产业链中，管道连接价值占比仅为 10%～15%，应用与服务占比为 45%～65%。运营商的连接收入份额少得可怜。

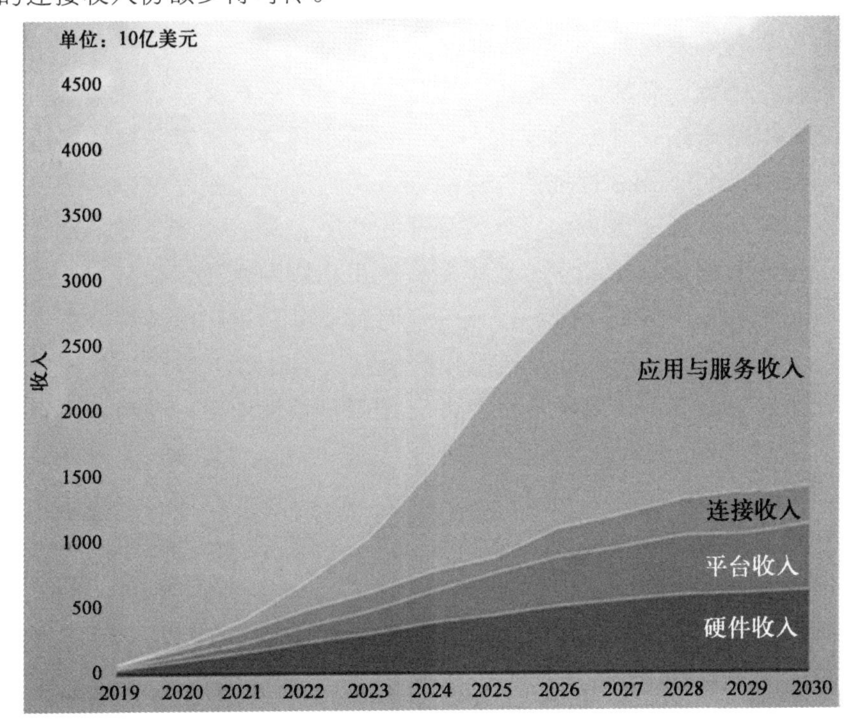

图 6-9　Chetan Sharma 预测收入

另一家咨询公司 Mobile Expert 则给出了更详细的预测：到 2025 年，低时延无线连接给美国运营商带来的增量收入大约只有 12 亿美元。与 2019 年美国运营商的无线连接收入大约为 250 亿美元相比，5 年 12 亿美元的增长实在是微乎其微。为此电信运营商纷纷“被迫”开始了网络重构与数字化转型进程。

6.2.2 电信运营商对边缘计算的诉求

1．边缘计算作为新型应用平台，有望帮助电信运营商摆脱管道化趋势

目前，边缘计算价值链的大部分收入和利润都集中在应用与服务层面。以往，这是互联网企业的优势领域，基于云计算中心，互联网企业可以实现集中运营模式，一点上线即可全网推广，效率很高。

但是，边缘计算作为云计算在边缘的拓展与延伸，虽然其产业结构、运营模式与云计算存在一定相似性，但边缘计算产业链更丰富，直接参与者远多于云计算，是 IT、CT、OT 企业直接竞争的前线。就目前而言，竞争者差异较小，行业巨头尚未出现。

同时，边缘计算区别于传统公有云，是一种分布式云计算架构，运营商丰富的网络管道及地市级数据中心资源是实现边缘计算的重要基础，同时边缘技术与 5G 网络性能的深度结合是运营商的又一大优势。

运营商有望通过 5G 边缘计算来开拓 2B 市场，发展工业自动控制、智慧交通、智能电网等众多行业应用，在用户侧向企业客户直接提供应用与服务（例如：车联网、远程控制等低时延业务，视频监控与分析等高带宽、高算力业务），从而提升自己在价值链上的地位。借此进入流量之外的增值服务领域，分享更大利润空间，摆脱日益管道化的趋势。更重要的是，可以借此建立合作伙伴关系和生态系统。可以说，5G 边缘计算对于运营商意义重大。

看到了不同业务领域的巨大的商业潜力差距，就不难理解 Analysys Mason 针对全球运营商的一项调研的结果了。该调研结果显示：63% 的电信运营商希望直接进入边缘计算的应用与服务这块巨大的蛋糕，70% 的运营商希望提供 PaaS 平台。

2．边缘计算是 5G 的使能技术

2020 年《政府工作报告》提出，加强新型基础设施建设，发展新一代信息网络，拓展 5G 应用等，5G 应用场景商用落地助推边缘计算发展进入快车道。

5G 的三大应用场景——eMBB（增强型移动宽带）、URLLC（低时延高可靠通信）和 mMTC（海量机器类通信），相应为满足高清视频、智慧城市、车联网等业务需求提供技术支持。但 5G 网络在应用中面临不少挑战，包括回传网络传输压力，投资扩容成本高，单纯依靠无线和固网物理层、传输层的技术无法满足超低时延要求等，边缘计算可有助于这些问题的解决。

（1）高带宽

eMBB（增强型移动宽带）KPI 要求 5G 网络具有 1000 倍（20Gbit/s）的带宽增长以及 100 倍（100Mbit/s）的用户体验传输速率。5G 高达 10～20Gbit/s 的峰值速率，一方面能让用户看到更清晰的视频，享受沉浸式的业务体验，但另一方面，也会给业务方传统的集中云部署方式带来可能翻数倍的流量成本，当然也给运营商整体的网络带宽建设（承载网和核心网）带来了极大的挑战。

通过 MEC 本地分流处理，通过业务的边缘部署，降低了（35%）回传链路的带宽消耗，降低成本的同时还降低了时延。

（2）低时延

很多新兴的业务快速发展，包括自动驾驶、AI、VR 等，都对时延有非常苛刻的要求。

URLLC（低时延高可靠通信）KPI 要求 5G NR 单向具有 1ms 量级空口低时延。最终用户关注的是端到端时延，端到端时延最简单的计算逻辑就是距离，距离产生的时延基本就是光纤传输时延，大概就是 100km/ms。

所以在 5G 时代，端到端时延的本质就是距离所产生的光传输时延，仅仅依赖无线与固网物理层与传输层技术进步，无法满足苛刻的时延需求。

5G 网络中，光纤传输时延在整体端到端占比是 60%，光纤传输也就是地理位置将会极大地影响端到端时延，进而影响到用户体验。只有通过边缘计算拉近端到端的物理距离才能够有效降低或者消除回传带来的物理时延（缩短 50%），满足时延敏感的用户场景，如图 6-10 所示。

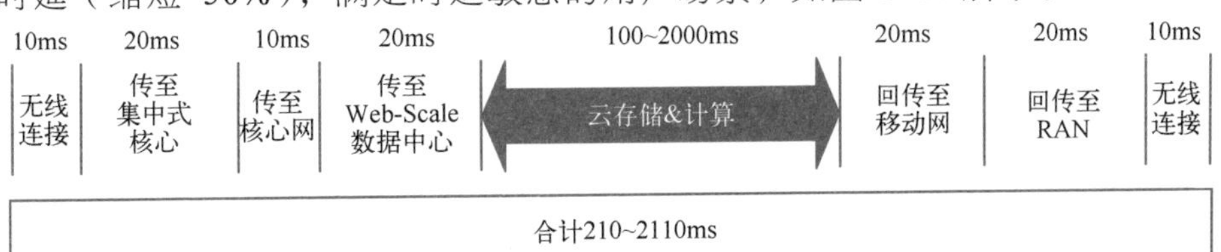

图 6-10　回传速度

因此，5G 低时延的特性如果需要得到更好的发挥，就必须通过更近的业务部署来降低传输在整体时延中的占比，MEC 就能很好地契合这样的需求，成为促进 MEC 发展的驱动力之一。

（3）海量连接

GSMA 智库预测，截至 2025 年年底，全球将有约 90 亿移动连接（手机和仅支持数据业务的终端）以及近 250 亿 IoT 连接（蜂窝和非蜂窝业务）。

mMTC（海量机器类通信）KPI 要求 5G 网络支持 100 万设备/km^2，导致运营管理的巨大挑战，仅仅由云端集中统一监控无法支撑如此复杂的物联系统。同时，随着接入到网络的设备数量大量增多，如果将大量连接设备产生的越来越多的数据传输到位置较为集中的云服务上，则需要超大带宽和回传容量。就带宽问题而言，远距离传输大量数据也会产生更多成本。

此外，很多设备产生的大量数据可能与业务无关，因此不需要传输到中央处理。通过处于边缘的计算资源来补充大量低成本移动终端设备有限的计算能力，可以降低设备的生产成本。如果在中间位置进行数据预处理，一方面可以尽快地进行下行反馈，形成物联网的系统闭环，另一方面可以实现上行的数据聚合，形成物联网的群体智能。

边缘计算设备将为新的和现有的边缘设备提供连接和保护。同时，边缘计算可以让更多应用程序在边缘运行，减短了由数据传输速度和带宽限制所带来的时延，并可对本地数据做初步分析，为云分担了一部分工作。

3. 云网融合、云边协同成为电信运营商最大优势

一直以来，庞大的云计算市场几乎完全由全球的云计算巨头主导，并基于云服务不断尝试向边缘计算、SD-WAN 等新的领域扩展。

但是，由于受限于网络基础设施，传统云服务商一般很难完全满足各类企业用户不同的云网需求，例如：

- 企业之间存在跨区域进行互联的需求。
- 企业从自身商业利益考虑，也不希望采用单一云服务商的服务，避免失去议价权。
- 随着 5G 的发展，企业对发展低时延业务的需求日益迫切，并更加注重产品和数据安全。

而这正是电信运营商的强项，面对 5G 时代企业发展低时延业务和数据安全的迫切需求，电信运营商可充分发挥优势，提供与传统云厂商不同的、具备高度差异化的云网融合服务。

运营商为行业企业提供了两方面资源，借此抢占千行百业数字化转型过程中的流量及价值高地，实现从 ICT 服务向 DICT 服务的转型。

一方面，电信运营商发展云网融合业务的优势在于其非常突出的网络连接能力，在提供数据中心的虚拟云化服务之外，还可以提供不同云数据中心之间的互联解决方案，实现边缘计算同云专线、VPN 等的相互协同。同时，电信运营商在网络安全方面也有丰富的经验积累，包括网络资源的保护和通信安全。运营商能够提供可信可靠的云服务，许多互联网云厂商会选择与运营商合作，企业用户无论使用哪家供应商的云都可以互联互通。运营商提供的差异化云专线服务，且云专线的价格并不影响现有企业互联的价格，能满足中小企业一站式 ICT 服务要求，同时提供接口给中小企业自助订购增值服务。

另一方面，运营商在 5G 边缘计算场景中可以充分发挥其属地化运营优势，把本地化基站或机房资源的计算和通信能力出租给应用与服务提供商，从而获得新的收入来源；运营商借助网络基础设施，将业务深入到二三线城市甚至乡村地区，成千上万的互联网业务都依托在电信运营商的网络上开展，而且云服务厂商想要进入边缘计算领域，需要获得运营商的许可，或与运营商合作。

与互联网企业相比，运营商丰富的网络管道及地市级数据中心资源是实现边缘计算的重要基础，同时边缘技术与 5G 网络性能的深度结合也是运营商的又一大优势。电信运营商拥有拥有丰富的光纤资源，可为企业用户提供不同的云间互联，更加靠近不同地理位置的用户。成熟的本地运维团队也可以快速地进行故障处理，提升企业用户服务体验。

运营商们显然面临着重大机遇，自身在网络侧的优势会得到充分发挥，同时，运营商们有大量的遍布各地的机房资源，非常可能利用部署速度和网络资源优势实现领先。理论上，边缘计算的部署节点会越来越多，技术复杂度会大大增加，技术体系的成熟度、生态建设的广度和深度将成为边缘计算取胜的重要筹码。

在很大程度上，从云到边缘的部分算力迁移可以被视为以运营商为中心的技术转变。如果对生态系统的期待得以实现，运营商将部署和管理最大数量的边缘硬件，并承担绝大多数边缘工作量，那么运营商将有机会在边缘价值链中发挥越来越大的作用。边缘计算还非常契合正在实施的网络云化战略，让电信运营商在云市场中的地位得以增强。

4．边缘计算是电信运营商5G时代战略转型的关键一环

运营商在边缘计算产业链中占据核心位置，借助边缘计算充分发挥其在网络连接、网络安全、网络运维等方面的优势，实施云网融合、云边协同战略。同时，在产业链上，运营商更看重合作生态，通过与边缘计算产品制造商、基础云服务商以及产业下游的应用与终端提供商共赢，将整个产业迅速做起来，让相关的应用更快更好地造福社会，运营商们也会获得最大的利益回报。

电信运营商基于5G边缘计算生态发力ToB行业市场，有望改变过去十年增量不增收的窘境。因此，国内将云网融合作为重要战略，而5G边缘计算是云网一体化布局的关键一环，是5G时代战略转型的关键。

另外，运营商并不只是作为网络服务提供商角色出现的。以中国电信为例，在推进网络重构和5G演进的同时，还在推进物联网、云计算、大数据、大视频等战略业务的发展，打造的是“网是基础、云为核心、网随云动、云网一体”的云网协同体系，运营商有望借此从传统的仅提供连接，拓展到提供从连接到存储再到计算更高的维度，进入流量之外的增值服务领域，实现网络与业务的协同、云和边缘的协同并且获取投资建设的最佳效益。

可以说，边缘计算是运营商实现数字化转型、走智能管道之路的一个重要方向。

6.2.3 电信运营商边缘计算业务的需求特征

1．由移动性带来的敏捷部署需求

边缘计算的业务需求随着5G时代的到来而爆发性增长，所以边缘计算的业务必然会具有5G网络的移动性特征，由此带来了业务敏捷部署的需求。

业务敏捷部署，包括：

- 快发布、快更新。
- 快扩缩容。
- 快迁移。

- 高可靠。

2. 异构计算需求

5G 赋能千行百业，5G 时代的业务类型必然会更加丰富多样，由此带来了异构计算的需求。

要求边缘计算能够统一兼容：

- 不同的硬件平台：X86 CPU、ARM CPU、GPU、FPGA 等。
- 不同的运算载体：裸机、VM、Container、Serverless 等。

开发者会依据不同的应用场景、技术堆栈以及技能习惯等因素来选择不同的基础架构。

3. 5G 应用创新需求（丰富的 5G 网络能力开放）

5G 网络能力的开放程度，直接关系到 5G 应用的创新程度。5G 创新应用通过集成 5G 网络能力来实现网络和计算能力的深度融合，才能发挥出 5G 的优势。

同时，网络能力需要以 API 或 SDK 等开发者熟悉的方式对外提供，使开发者更快速地开发出成熟产品。

4. 跨界业务融合创新需求（OICT 业务融合）

5G 网络激活了物联网和工业互联网的生命力，两者如何与互联网进行融合同样是业务创新的关键。

边缘计算平台通过提供基于微服务架构的 Producer/Consumer 业务模型来实现 OICT 业务融合的商业模型。

此外，为了使应用的开发和发布能更加便捷，需要边缘计算平台具备自动打包镜像、沙箱安全检测、一键式应用部署及完善的应用生态系统等，以提升企业或开发者的开发效率，降低开发复杂度和成本。

6.2.4 电信运营商在边缘计算面临的挑战

1. 与 OTT 厂商的角力

对于规模一般的 OTT 厂商而言，也许还能接受这个运营商 5G + MEC 的模式。但是现在有能力推动部署低时延业务（如：VR/AR 游戏、高精地图等）的公司都将是 BAT 级别的大公司，技术上，这些互联网公司可能完全无法接受自己的 IT 系统被一个新进入 IT 系统的电信公司管理，而且得和每一家运营商分别协调。

商业上，OTT 也不想被其他人控制住流量入口。互联网公司希望和移动互联网时代一样，经过 TCP/IP 的完美隔离，可以随意开发自己的业务，而无须和运营商进行任何协商，快速统一部署。电信运营商则希望通过 MEC 接入 5G 的入口，从互联网公司收入中切下一块蛋糕。巨大商业利益造成 OTT 和运营商在技术构架上互不相让的局面，必然会减缓 MEC 的普及速度和商业价值的实现。

2．边缘计算技术发展不及预期

据 Gartner 统计分析，2022 年，完成商用 5G 部署的通信服务提供商中将有半数会因系统无法完全满足 5G 用例的需求，而难以从后端技术基础架构的投资中获利。大部分通信服务提供商要等到 2025 年至 2030 年期间，才能在其公共网络上实现完整的端对端 5G 基础架构，因为它们首先把重心放在 5G 通信上，然后才是核心网络切片和边缘计算。

边缘计算的部署主要靠业务驱动，受时延和带宽限制，其中时延因素是刚性限制因素。虽然 5G 有望解决相关领域的一些问题，但边缘计算的发展仍然需要深入了解客户及业务需求，也需要整体产业链的成熟。

由此可见，由于 5G 与边缘计算相辅相成，在 5G 发展未达预期时，边缘计算也很难达到我们所期望的状态。两者发展密不可分，市场繁荣仍需时日。

3．运营商做好云并不容易

从国际经验来看，运营商要做好云计算这块业务还是很难的。运营商虽然手握资源优势，但软件和应用的研发能力却一直是其短板。在这一点上，全球运营商都不例外。

未来能否做好产品和服务的能力，对运营商而言是一个大的挑战。乐观的是，国内运营商在服务政府、国企等客户方面有显著的优势。以电信天翼云为例，在政企市场一直有非常稳定的客单来源。

6.3 面向物联网和边缘计算的云网演进

作者：张云锋，13 年 ICT 行业从业经验，7 年无线接入网的产研经

验，包括对 C-RAN，Radio Cloud 的一些探索和实践，对运营商的移动通信网有些了解。4 年云网融合的产研经验，包括对 SDN、SD-WAN、SASE 的一些探索和实践，对企业网市场也有一些了解。目前在华为做边缘计算网络相关的产品规划工作，方向与行业数字化转型有关。本文为张云锋在全球边缘计算大会•上海站演讲实录。

6.3.1 边缘计算与网络的强关联

1. 网络需要边缘计算

我们先来回顾一下，跟边缘计算强相关的网络领域近期发生了一些什么。

（1）SDN 产品社死

大概在今年 8 月份，朋友圈忽然被一条消息刷屏："Gartner 宣布放弃 SDN"。作为一个从业者，觉得有些莫名其妙：因为这其实不是新闻，Gartner 早在 2019 年就已经宣布过这个消息，但大家却一直憋到了 2021 年才情绪爆发，感觉像是一个寄托着全村希望的大小伙，在坚持了两年的委屈之后终于破防，号啕大哭了一场。那大家为什么非要憋着劲呢？因为 Gartner 给出的放弃 SDN 的理由有点奇怪："迟迟不被市场所接受"。

SDN 的核心理念是"转控分离，集中控制，按需调度"，主要的产品形态是软件定义的高速通道。运营商、云厂商天然有着大量的基础设施需要运维运营，不可能不用 SDN。那么问题出在那呢？答案可能是云计算。云计算兴起之后，时代就变了。绝大部分企业都开始租用 ICT 资源，只需要使用云厂商和运营商提供的 SDN 服务即可，不会再有直接的 SDN 建设需求。所以，SDN 更像是"产品社死，理念永生"。

（2）SD-WAN 拥挤窒息

SD-WAN 继承了 SDN 的"遗志"，把软件定义的范围从机房内和机房间的高速通道，扩展到了机房外的广域网络，客户更加广泛。不过，这里也有一个奇怪的现象：一方面，根据 Gartner、IDC 等知名机构的预测，2023 年 SD-WAN 的全球市场规模大致在 40 亿到 60 亿美元之间，不算太大，但是，这里却集中了几乎所有的设备商、运营商、云厂商、CDN 厂商，以及一大批细分领域的创业公司，挤得让人有点窒息。每个巨头都守着一个千亿甚至万亿级别的市场，为什么还不放过创业公司的这点蚊子肉？可能还是因为那个趋势，云计算兴起之后，巨头们忽然发现，原来的企业网慢慢不见了，SD-WAN 似乎是这个领域唯一的救命稻草，要是现在不去抓一抓，那么以后企业网侧的任何机会，可能就会变成“热闹是他们的，我什么都没有”。考虑到这一点，千军万马过独木桥，也就不奇怪了。

（3）NFV 叶公好龙

一方面，根据 Gartner 的市场调研，企业纷纷表示，NFV 是一个令人向往的趋势。不过当厂商开始提供 NFV 产品时，才发现企业原来只是叶公好龙，嘴上说说而已，实际上缺乏埋单意愿。为什么会这样？可能还是与云计算有关，NFV 徒有云的外表，却没有云的灵魂。网络功能是虚拟化了灵活了，但底层硬件的资产投入并没有啊。设备商说，老哥，这硬件你只用投资一次，以后就都可以复用了，十分灵活。企业却并不“傻”，认为现在还没有成熟的 NFV 生态买硬件不就是换种方式被绑定吗？性价比还更低。

（4）5G 风口浪尖

一方面，能感受到的是 5G 产业全球竞争十分激烈，海外运营商对部署 5G 的进度需求远超当年的 4G，国内 5G 项目进展也十分迅速，设备商压力巨大；另一方面，大众对 5G 却心存疑虑。究其原因是，5G 与 4G 的性质全然不同，它在设计之初就是以 2B 应用为主的，这意味着买方是极其理性的，要的是能解决实际问题的方案，而不关心单点技术的先进性。但从基础设施到行业应用，不是一个 5G 就能解决的，至少不是通信层面的 5G 能单独解决的，需要一系列的行业配套。

所以，如果单看网络，各有各的烦恼。幸好，边缘计算来了，这是一个难得的有广泛共识的领域，大家都可以在这里找到自己的存在感。网络对边缘计算的需求，就是通过边缘计算来实现 5G 的综合落地。

2. 边缘计算需要网络

为什么边缘计算可以让大家形成广泛共识呢？这与一个更大的时代趋势有关，就是行业的数智化转型。所谓数智化，可分为以下三方面。

- 数字化：通过对人、物、环境、过程等对象进行数字化，产生数据。根据 IDC 的预测，到 2023 年，会有70%的企业需要处理物联网数据；到 2024 年，会有 380 亿个物联网设备接入网络。
- 智能化：以数据为生产要素，通过 AI/ML为各个垂直行业创造经济价值和社会价值，这也正是数字化的最终目标。

- 网络化：数字化和智能化之间，存在着结构性矛盾。绝大部分的数字化发生在广袤的边缘；而绝大多数的算力又集中在计算中心。所以，需要通过网络化实现数据和算力的匹配流动。

数字化是基础，其核心是万物互联，即 IoT；智能化是目标，即 AI；这两者合在一起被称为 AIoT。而网络化则是 AIoT 的支撑。相对而言，作为支撑的网络，相对存在感较低，只是起了“管道”的作用。

边缘计算来了，网络这个所谓的管道在各个层级被打开来承载计算，这时也就出现了从运营商视角出发的算力网络、算网融合之类的概念。5G 来了，借助移动通信的泛在连接，凸显了从客户视角出发的概念——泛在智能。

6.3.2　边缘计算网络的时代背景

1. 云计算的启示

云计算从不被理解，到今天成为一个现象级的存在，是 IT 产业最大的时代背景。接下来就从商业的视角来回顾一下云计算，看看云计算可以带给边缘计算哪些启示。

第一个问题：云计算的产品本质是什么？这个问题已经是老生常谈了，是 IT 的外包服务。外包到基础设施层次，是 IaaS，比如阿里云的 ECS，提供的是一台带操作系统的计算机；外包到开发平台层次，是 PaaS，比如声网的 RTE，提供的是一整套实时音视频软件开发平台；外包到软件应用层次，是 SaaS，比如微软的 Office365，提供的是一个个具体的软件应用。

第二个问题：那为什么会有这么多 IT 外包需求呢？时代级的产品必定有时代级的需求来支撑。答案是第三次产业革命的核心——信息技术（简称 IT），带来了这些海量的 IT 外包需求。

第三个问题：即使有海量的 IT 需求，那为什么产品形态会是外包服务呢，而不是客户去自建自维？这意味着买卖双方之间，必定达成了某种强烈的商业契合。

先看买方。随着产业革命滚滚向前，各种业务创新越来越快，越来越复杂，承载业务的 IT 系统不再是几台计算机就够了，也是跟着越来越复杂，越来越庞大。比如，谁能快速说清像滴滴打车之类应用，需要哪些 IT 基础设施？谁能快速说在高铁上点外卖需要哪些 IT 基础设施？很多专注于业务创新的客户只负责天马行空，寄希望于供应商能够提供相关的参考方案，这也进一步强化了云计算的服务本质，就是云计算特别重视解决方案，而不局限于单个产品。

再看卖方。在提供外包服务时，供应商会表现出两个核心优势：资源规模的优势，供应商比客户自己单独去购买资源更有优势，这主要体现在全球的供应链积累以及价格谈判能力上；运维的效率优势，供应商比客户自己单独去运维基础设施更有效率，这主要体现在其拥有一个庞大且专业的 IT 团队。

如此一来，在买方诉求和卖方优势的共同作用下，外包成为一种理性的商业选择。同时，云计算产品的核心价值也就推导出来了：敏捷，客户可以无须关心基础设施，可以在分钟级别内完成全球部署，从而专注到自己的业务创新；弹性，客户不需要再去规划容量，预留资源，可以随时进行伸缩；按量付费，客户可以将一次性的 CAPEX 投入变成细水长流的 OPEX 支出，不使用时不付费。也就是说：不求天长地久，但求要时能有，随时要随时有。

2．云网演进

既然云计算的本质是一种 IT 外包服务。那么网络作为支撑，自然也需要跟着云计算转起来。网络发生了哪些变化。

机房内，集中了海量的用户服务器，网络需要在超大租户规模的情况下，依然具备超高带宽，超低时延的能力，从而发生了一系列变化：首先，网络的架构变了，传统的“接入-汇聚-核心”三层架构，更多关注的是南北向流量，不适合以东西向流量为主的云机房，Spine-Leaf 架构开始大流行；接着，网络的设备变了，传统设备在接口和性能等规格方面不再匹配，设备商开始研发新的款型；然后，网络的协议也变了，比如出现了 GENEVE 之类的更为灵活的 Overlay 协议。并且，云计算在一定程度上引爆了人工智能，人工智能要求云计算机房提供大量的异构算力，进一步要求网络既要具备硬件上的性能，又要有软件上的灵活性，各类智能网卡、DPU 开始流行起来。

机房间，传统的自组织的网络架构和网络协议显然无法满足互联网众多的新业务 SDN 开始流行起来。

机房外，SD-WAN，尤其是广义的 SD-WAN，席卷了设备商、运营商、云厂商、CDN 厂商，以及众多像声网之类的新兴厂商。他们的目的只有一个，就是要让更多内容以更为便捷的方式组成更为灵活的逻辑关系。

经过这些变化，网络看起来就有点怪怪的了。为什么会产生这种感觉？可以回到 ENAIC（如图 6-11 所示）上去得到一些启发。

图 6-11　ENAIC 计算机

ENAIC 是世界上第一台通用计算机，作为一个单体机，它总不需要网络吧？那它身上那些看着像网线的东西又是什么呢？答案是总线。既然总线可以像网络，那么网络为什么不能像总线呢？

云化的网络在某种程度上可以看成是计算机总线的外延：机房内和机房间的 Fabric 网络可以看成是靠近核心计算层的总线；机房外的接入网络，可以看成是靠近外设层的总线。只不过，计算机内部总线的承载内容是指令和数据；计算机外延总线的承载内容，演变成了算力和算料。

这一演变，让网络拥有了前所未有的智能可能性。因为网络在历史上第一次集齐了算力、算法和算料三要素。它甚至还能进一步演变成为这个星球上最大的生命体。

因为云有遍布全球的基础设施，借助 IoT 技术和机器人技术，可以进一步为网络加上感知能力和响应能力，也就是进一步凑齐了所谓的 sense-think-act（感知-思考-响应）智慧模型，到时候就分不清哪里是端，哪里是网，哪里是云，能感受到的整个基础设施具有灵性“活”起来了。事实上，这不是科幻，而是正在润物细无声地发生着。今天，我们已经能在商场、酒店、餐厅等各处看到有服务机器人在游走，虽然目前它们看上去还挺傻，会被大多数人无视，但它们的“感知-思考-响应”模式，绝非仅靠本体发展就能得到突破，而是必须连着边缘连着云。

3．边缘计算网络

边缘计算网络是云网络的自然延伸。逻辑上，它由三部分组成，如图6-12所示。

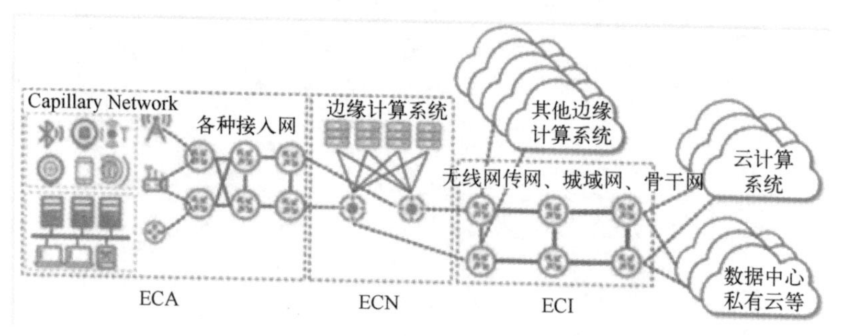

图6-12 边缘计算网络的架构

- ECA（Edge Computing Access），边缘计算接入网络，负责将本地网络接入到边缘计算系统。在短距离无线物联网场景中，本地网络也常被称为毛细血管网络（Capillary Network），这个名称可能更为形象，因为更能反映出在网络末梢进行算力和数据交换的本质。
- ECN（Edge Computing Network），边缘计算内部网络，负责边缘计算系统的内部互联。
- ECI（Edge Computing Interconnect），边缘计算互联网络，负责边缘计算系统之间，以及与各公有云、私有云之间的互联。

可以看到，与云网络相比，边缘计算网络最大的变化就是：网络这个所谓的管道，可能会在接入网、回传网、城域网、骨干网等各个层级被打开。这种打开，对网络而言直接意味着网络的连接复杂度以 $O(N^2)$级爆炸式增长。

根据 Statista 的预测，到 2025 年，每人每天将会产生 4700 多次连接互动，是 2020 年的近 8 倍。这让传统网络的建联方式和安全方式都面临着巨大的挑战。这也基本上意味着，网络遇到的问题，想延续老路在本领域内解决，已经变得几乎不可能了。

6.3.3　边缘计算网络的挑战及应对

1. 网络面临的挑战

接下来系统梳理一下边缘计算网络将会面临的挑战。

- 全球化：扩大协作规模是人类社会发展的基本规律，无论是原材料，劳动力，还是市场的全球化，都是企业发展或者说资本扩张的原始冲动。这些都是客观规律，不以人的主观意志为转移。
- 移动化：网络的连接主体，包括人、物，甚至包括基础设施和应用本身，都在主动或被动地动起来。更为挑战的是，因为偏向 2B 和生产，很多场景在移动的同时，还要求保持极高的可靠性。
- 碎片化：出于投资规模、国家主权或者法律法规等限制，网络还不得不跨越多个域，多张网，多朵云。
- 异构化：ECA 面临 ICT 与 OT 的大量融合；ECN 面临 x86、GPU、FPGA 等多种异构算力的长期并存；ECI 面临着大量基础设施历史投资的长期复用。所有这些领域，都需要处理大量的设备和协议异构问题。

为了简化，把所有这些挑战抽象成两个。

- 性能：网络的连接主体，逐步从人过渡到了机器，机器之间的连接对速度的需求极高。边缘计算网络（尤其在近场侧）的连接需求逐步演变为对智慧应用内部总线的需求，这也正在得到整个生态的支持。诸如鸿蒙在设计之初就定位为万物互联的下一代操作系统，其特点之一就是可以将近场网络作为物物协同的分布式软总线。
- 安全：这些外延的软总线还不得不暴露在四化（泛在化、宽带化、个人化、智能化）的基础设施之上，如何确保安全是一个十分重要的问题。

2. 安全接入服务边缘 SASE

面对性能和安全的综合挑战，近年来 SASE 开始被寄予厚望。SASE 的全称是安全接入服务边缘，它是 Gartner 在 2019 年提出的一个网络安全概念，并且在 Gartner 的安全框架演进中扮演着重要角色。图 6-13 所示为安全接入服务边缘架构。

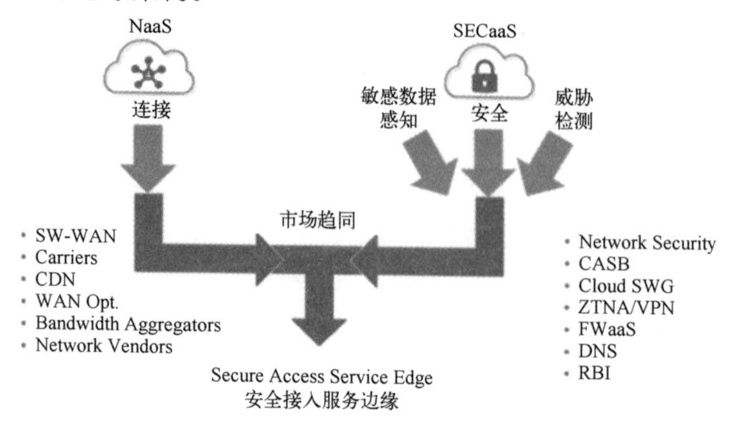

图 6-13 安全接入服务边缘架构

简单地说，SASE 就是把网络功能云化，把安全功能云化，面对趋同的市场，在架构层面统一编排，并以云服务方式提供给最终用户。

听上去这似乎毫无新意，因为并没有看到任何单点技术上的任何突破。这更像是一种范式层面的变化，或者说世界观的变化。但恰恰是学技术易，改世界观难。

来挑几个比较典型的范式变化来看一下。可以发现，网络为了解决自身的问题，变得越来越像云了。

3. 软件定义边界 SDP

传统的网络安全模型基于边界来构建（如图 6-14 所示），大致分为两步。

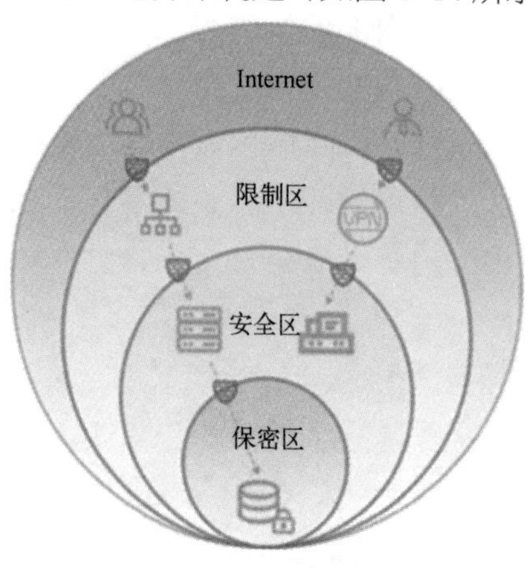

图 6-14 传统的网络安全模型

第一步，通过边界将整个网络划分成为多个区域，比较典型的有：非安全区，比如客户和出差员工所在的互联网区域；隔离区，比如负载均衡器和 VPN 服务器所在的区域；安全区，比如应用服务器和内网服务器所在的区域；限制区，比如核心数据库所在的区域。

第二步，在各个区域的边界上，部署防火墙等设备进行边界访问控制，以此来构建一个纵深防御体系。

这看似没有问题，但时代变了，边缘计算面临的是一个高度碎片化的网络，不再有清晰的边界；既然不再有清晰的边界，那么又凭什么认为所谓的“内部区域”会比“外部区域”更加安全更加值得信任呢？不清晰的边界在结构上存在严重隐患，因为只要能跨越所谓的边界，之后就是一马平川，畅行无阻了。对此，SDP 的想法就很直接：既然不再有清晰的边界，那就不再费劲去寻找并设置边界了，干脆就一不做二不休，把全世界都作为“黑暗森林”，把信任边界缩小到自己本身。这个想法经受住了实践的考验。2014 年，CSA（云安全联盟）把 SDP 原型推向了全球黑客大会做公开测试，未被攻破；随后数年，CSA 不断降低挑战难度，SDP 还是未被攻破。

SDP 为什么能这么牛？原理还得从撬锁说起。不知道大家有没有忘带钥匙被锁家门外请开锁师傅来开锁的经历，开锁师傅到达现场后，不到 5 分钟就把门打开了，不留痕迹不破坏锁。看似无法攻破的、保障安全的门锁，在掌握特殊技能的职业玩家——开锁师傅面前，不过是高级一点的玩具而已。网络安全也是如此，看上去在各种边界装着各种精美的门锁，但在职业玩家面前，就是可以轻易撬开的门锁。所以，不要想着去发明一把撬不开的锁，可能需要换种思路，比如让人摸不到锁。SDP 未被攻破，就是因为黑客连 SDP 的门在哪都没找到。

这又是如何做到的呢？SDP 主要是基于云的方式，由 SDP 控制器来动态调整网络对于特定事件的闭合，从而将整个网络隐藏起来，构建了一朵外界无法看到的黑云（Dark Cloud）。

可以把 SDP 想象成《奇异博士》中的传送门：两者都是一种按业务需要动态开启的隧道，它是动态的临时的，在它开启之前或者关闭之后，外界完全无法感知到基础设施的存在，也就谈不上攻击和破坏。SDP 比传送门更为强大的地方在于：传送门开启的空间隧道，任何人都可以看到都可以进入，包括敌人；SDP 开启的网络隧道，只有特定身份的人在特定时间持有特定令牌才能看到并进入。这又有点像什么呢？它又有点像《哈利波特》中的九又四分之三月台，只有魔法师在霍格沃兹开学期间持有入学通知书才能进入，对于普通麻瓜而言，也就是普罗大众，只能看到你凭空消失了，除此之外，一无所知，所以就更谈不上去攻击和破坏了。

小结一下，SDP 把基于边界的静态模型，通过架构层面的改造，变成了基于身份的动态模型。

4．以身份为中心

再来看一下身份层面的范式变化。传统的网络安全模型，通常还会用网络地址来作为用户身份的隐式推断，比如，可能会在安全策略中，用某个 IP 地址来指代某个特殊人员。但问题是，世界是丰富多彩的，场景是千变万化的，用某一个 IP 地址，显然无法描绘一个内心很复杂，行为也会很复杂的人（用户）。

与之相对的是，在 SASE 中身份成了一个独立的核心业务元素。所有的人、应用、设备都拥有一个独立的身份。以身份为中心，结合不同业务的动态上下文，例如登录时所使用的角色和凭证，登录时所处的时间和位置，登录时所用的设备类型和接入方式等，越详细越好，越立体越好，以此动态编排出所需的网络功能和安全功能如图 6-15 所示，并将它们部署到身份的周围，由近到远包括。

1）分布式边缘，通常由物联网网关组合成，比如 AWS 的 Greengrass。

2）互联网边缘，通常由 CDN 节点改造而成，比如阿里云的 ENS。

3）互联网骨干，通常由运营商机房或云机房组成，比如各公有云的 region。

以身份为中心，结合不同业务的动态上下文，必然会编排出非常多的网络功能和安全功能。这么多功能，难道都要客户全部买下来吗？用户肯定不乐意，他们肯定希望：不求天长地久，但求要时能有，随时要随时有。这实际就是开篇所说的云计算的特性。所以，SASE 特别强调云原生。

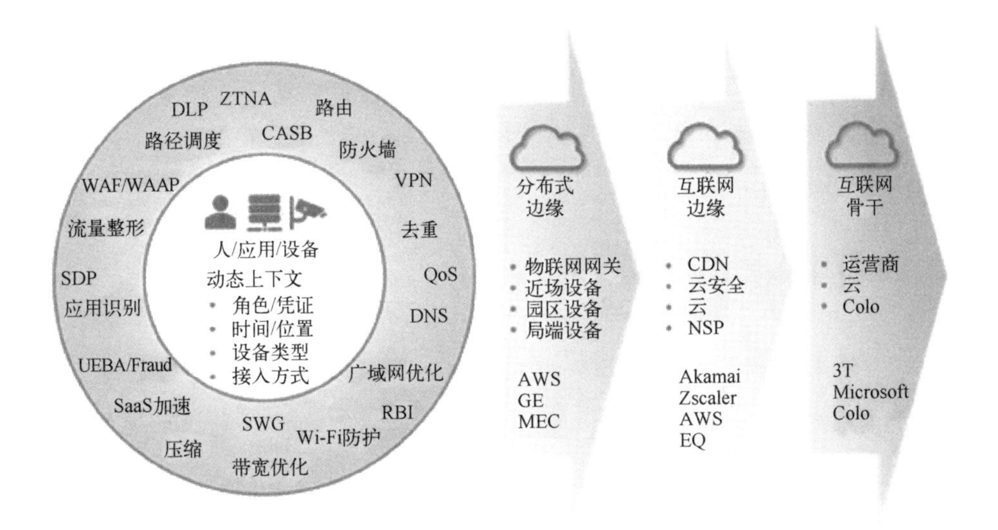

图 6-15　SASE 中的身份

1）SASE 的技术栈非常宽广，包含了大量的网络功能和安全功能（如图 6-16 所示），这意味着绝大部分用户都无力以传统设备的方式来自建自维，所以 SASE 主要会以云计算服务的产品形态存在。

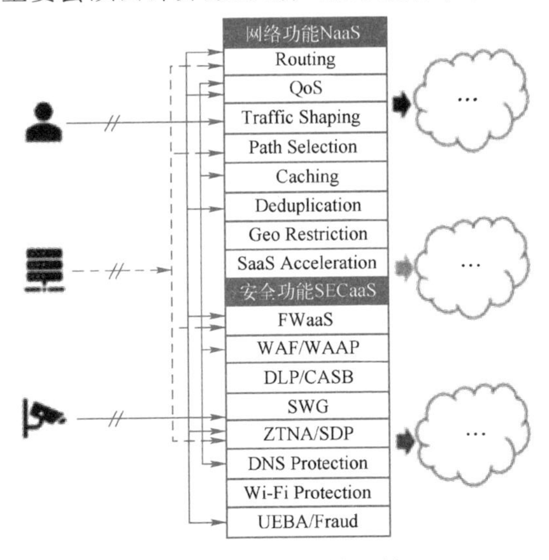

图 6-16　SASE 技术栈

2）因为 SASE 主要以云计算服务的产品形态存在，为了维持云产品的核心价值，也就是敏捷、弹性、按量付费，就必然会出现所谓的轻分支重云端的趋势，也就是说，越来越多的基础设施，会从用户侧迁移到运营侧（如图 6-17 所示）。所以，SASE 不是像云，而就是一朵伪装起来的云。

图 6-17 网络产品云化发展方向

原本是在聊网络，但不知不觉又聊起了云计算。因为面向物联网和边缘计算的云网演进，让网络自己也逐渐演变成了云。

云计算，首先是一种商业模式，各种资源和技术的演进只是在提升这种商业模式的竞争壁垒而已。

6.3.4 边缘计算网络、MEC 与新生态

1. 多接入边缘计算 MEC

还有一个问题，轻分支重云端，那云真的够用吗？够多吗？够近吗？显然，光靠中心云是不够的，最好是能靠近企业侧。这就又回到了 NFV 在企业侧遇冷的问题。客户、供应商都在那盼望着能有这么一套分布式基础设施，但它就是在那若隐若现，若即若离。好像有又好像没有；有时候觉得像是物联网网关，有时候觉得像是 CDN 节点。这种基础设施就是 MEC（如图 6-18 所示）。

在云网融合的大背景下，MEC 有着几个不可替代的优势：最广的覆盖区域，最强的移动性，全新生态。

当前的 MEC 产品形态基本都还停留在 OP 模式，也就是非常有限的私有化部署形式，还远未成熟。

2. EdgeGallery

最后，既然提到了 MEC，有个组织就不得不提，它就是 EdgeGallery。

为什么认为 MEC 可以拉动投资？因为要建 MEC 这样的基础设施费用可不低。但价格高低这个问题可以转换为：是花 6000 块钱买个 iPhone 贵，还是花 3000 块钱买个诺基亚贵？消费者们已经给出了答案：6000 块钱的 iPhone 有人连夜排队购买，3000 块钱的诺基亚却无人问津。为什么？并不是因为诺基亚的硬件不行，而是因为苹果卖的就不是硬件，而是 AppStore 的使用权，硬件只是一个入口。能让 iPhone 显得物有所值的是 AppStore，能让 MEC 显得物有所值的可能就是 EdgeGallery。

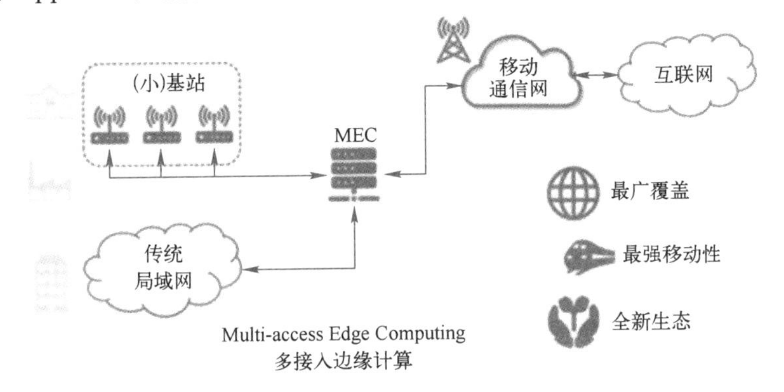

图 6-18 MEC——多接入边缘计算

MEC 要面对的是千行百业，各个垂直行业的差别极大，到哪去找这么多懂行的开发者？传统程序员不可能了解那么多行业，千行百业的问题，还是需要靠发动千行百业的人自己来解决，这就需要一个统一的开发平台，最好还是低代码的，以及一个生态共赢的应用商店。EdgeGallery 就在做这些事，在构建一个全新的 MEC 生态，这是非常有意义的。那种高兴，溢于言表。

6.4 漫谈边缘计算

作者：宁宇，前中国移动通信集团公司业务支撑系统部经理。有超过 20 年的中国移动从业经验，期间一直主持中国移动 IT 支撑的整体规划设计和建设，对中国移动的各类业务尤其是支撑系统有深入的了解。本文为宁宇对边缘计算认识的一篇随笔。

6.4.1 边缘计算弥补传统云计算的不足

对于 IT 领域来说，云计算技术的出现和成长既属于意料之外，又似乎在情理之中。21 世纪初，一些互联网性质的企业提出“云计算”这一理念后，当时恐怕没有人想到，云计算经过近十年的狂飙突进，会把那些 IT 领域的巨无霸硬件厂商打得一败涂地。云计算以通信和互联网等技术为基础，改变了基础设施、平台及应用等服务的增加、使用和交互模式。从使用者角度来说，云计算能够提供成本更低、效率更高的服务，大大加速了数字化的进程。

相对于各自独立的传统硬件平台，云计算通过资源共享和灵活调度，能够降低基础设施的供应成本。如今，没有人再否认云计算是 IT 的一种形态，越来越多的客户和企业基于云计算进行 IT 建设。

在传统的云计算技术架构中，主要采用全集中的方式进行云计算中心的建设和运营，资源都集中在总部，或者全球分别部署几个节点，客户通过互联网来使用云计算资源。随着云计算技术的发展和应用的普及，人们渐渐发现，这种全部集中模式的云计算对于下述的几类场景未必是最优的解决方案。

第一类是前端采集的数据量过大的场景。如果按照传统模式全部上传到云计算中心的话，成本高、效率低，典型的就是影像数据的采集和处理。

第二类是需要即时交互的场景。如果数据全部上传，在中央节点处理再下发，往往传输成本高、时延长，典型的就是无人驾驶场景。

第三类是对业务连续性要求比较高的场景。如果遇到网络问题或者中央节点故障，即便是短时间的云服务中断都会带来严重影响，典型的就是远程医疗场景。

除此之外还有安全信任的问题。有些客户不允许数据脱离自己的控制，更不能离开自己的系统，要让这样的系统上云，集中式的云计算中心就搞不定了。

那么云计算有没有可能进一步演化，提高对需求和场景的适应力呢？在这样的背景下，边缘计算技术作为云计算技术的延伸和补充，进入了人们的视野。

6.4.2　边缘计算与云计算中心的关系

为了便于表述，我把传统的、集中化的云计算系统（包括计算和存储）称为云计算中心，相对而言，边缘计算节点并非一定部署在客户侧或者终端。从概念上讲，将数据的存储和计算部署在云计算中央节点之外的，都是边缘计算的范畴，因此数据采集点（如探头）、集成处理设备（如自动驾驶汽车）、属地部署的系统（如企业的内部 IT 系统）或数据中心（如根据安全要求建立的本地数据存储系统）等，都可以作为边缘计算的节点。

边缘计算节点与云计算中心是一个逻辑的整体。边缘计算节点可以在云计算中心的统一管控下，对数据或者部分数据进行处理和存储，用以节约资源，降低成本，以及提高效率和业务连续性，满足数据本地存储与处理等安全合规的要求。

云计算中心和边缘计算节点之间可以有这样几种关系。

一是边缘计算节点进行数据的初步处理，处理程序相对固定，主要目的是降低数据传输成本，提高运营效率。在本地将图像等非结构化数据转化为结构化信息，甚至引入人工智能等技术，将很多工作都部署在本地，既可以大大减少对传输资源的依赖和消耗，还能大幅提高本地的数据响应速度。

二是由云计算中心将算法下发到边缘计算节点，由边缘技术节点提供算力对本地的数据进行处理，结果也存放在本地。这样主要是满足安全管控隐私保护方面的要求，同时又能够发挥云服务快速迭代刷新的优势，确保数据处理的规则可以及时更新。

三是将边缘计算节点作为云计算中心系统的延伸，通过分布式计算技术和合理的资源调度管理，把边缘计算节点的算力、存储等资源和云计算中心统一管起来，形成逻辑集中、物理分散的高效运转的云计算平台。

如今边缘计算还处于迅速发展和成长的阶段，不同的应用场景中，边缘计算节点和云计算中心的分工不同，协作模式不同；甚至同样业务场景、同样概念下，技术实现方案也可能大相径庭。云计算中心与边缘计算节点的分工并没有一定之规，协作模式也有很多组合，有的时候边缘计算需要云计算中心强大的计算能力和海量存储的支持，有的时候云计算中心需要边缘计算节点对海量数据及隐私数据进行处理，不同的技术组合衍生出很多新的解决方案，推动云计算的技术发展和应用拓展。

如果说前十年云计算的发展主要是技术驱动的话，那么当越来越多的IT人士接受云计算的理念，希望让这一技术理念更加符合实际场景的时候，应用逐渐成为云计算的发展驱动力，而云计算中心化的不足之处，则成为边缘计算发展的重要机会。

要实现边缘计算节点与云计算中心的互联和互动，在技术方面有很多问题需要解决，而不同的边缘计算玩家正在利用各自的优势，在边缘计算这条赛道上飞驰向前。

参 考 文 献

[1] 艾瑞咨询. 2021 年中国边缘云计算行业展望报告[R]. 上海：艾瑞咨询，2021.

[2] 华为技术有限公司. 点亮边缘网络，引领第一波 5G 应用[R]. 深圳：华为技术有限公司，2019.

[3] 施巍松，张星洲，王一帆，等. 边缘计算：现状与展望[J]. 计算机研究与发展，2019，56(1):21.

[4] 洪学海，汪洋. 边缘计算技术发展与对策研究[J]. 中国工程科学，2018，20(2):7.

[5] 王庆. 从云计算跨越到边缘计算[J]. 信息通信技术，2018，12(5):5.

[6] 中国移动通信集团有限公司. 中国移动云网一体化产品白皮书[R]. 北京：中国移动通信集团有限公司，2021.

[7] 中国互联网络信息中心. 第 49 次中国互联网络发展状况统计报告[R]. 北京：中国互联网络信息中心，2022.

[8] 高聪，陈煜喆，张擎，等. 边缘计算：发展与挑战[J]. 西安邮电大学学报，2021，26(4):13.

[9] 云边协同产业方阵. 云边端一体化发展报告[R]. 北京：中国信息通信研究院，2022.

[10] 刘云新. 智能边缘计算：让智能无处不在[Z]. 2022.

[11] 张佳乐，赵彦超，陈兵，等. 边缘计算数据安全与隐私保护研究综述[J]. 中国科技纵横，2022(5):3.

[12] 余韵，连晓灿，朱宇航，等. 增强现实场景下移动边缘计算资源分配优化方法[J]. 计算机应用，2019，39(1):4.

[13] 林晓鹏. 移动边缘计算网络中基于资源联合配置的计算任务卸载策略[D]. 北京: 北京邮电大学，2017.

[14] 程永涛. 移动边缘计算环境中计算服务迁移策略优化设计与实现[D]. 北京：北京交通大学，2021.

[15] 李治. 雾计算环境下数据安全关键技术研究[D]. 北京: 北京科技大学，2017.

[16] 叶东东. 移动边缘计算环境下的资源优化研究[D]. 广州：广东工业大学，2018.

[17] 俞一帆，任春明，阮磊峰，等. 5G 移动边缘计算[M]. 北京：人民邮电出版

社，2017.

[18] 谢人超，黄韬，杨帆，等. 边缘计算原理与实践[M]. 北京：人民邮电出版社，2019.

[19] 张建敏，杨峰义，武洲云，等. 多接入边缘计算（MEC）及关键技术[M]. 北京：人民邮电出版社，2019.

[20] Red Hat. Edge computing with Red Hat OpenShift[R]. Raleigh: RedHat，2021.

[21] POLENCIC D. Allocatable memory and CPU in Kubernetes nodes[R]. 2020.

[22] OpenYurt. OpenYurt 官方文档[Z]. 2022.

[23] 边缘计算社区. 2020 十大边缘计算开源项目[Z]. 2021.

[24] 边缘计算产业联盟，网络 5.0 产业和技术创新联盟. 运营商边缘计算网络技术白皮书[R]. 北京：边缘计算产业联盟，2019.

[25] 边缘计算产业联盟，工业互联网产业联盟. 边缘计算参考架构 3.0[R]. 北京：边缘计算产业联盟，2018.

[26] 刘铎，杨涓，谭玉娟. 边缘存储的发展现状与挑战[J]. 中兴通讯技术，2019，25(3):8.

[27] 边缘计算产业联盟，工业互联网产业联盟. 边缘计算与云计算协同白皮书[R]. 北京：边缘计算产业联盟，2018.

[28] 宋晓诗，闫岩，王梦源. 面向 5G 的 MEC 系统关键技术[J]. 中兴通讯技术，2018，24(1):5.

[29] 林小新. 云计算、边缘计算和雾计算：了解每种计算的实际应用[J]. 计算机与网络，2018,44(23):2.

[30] 邓晓衡，关培源，万志文，等. 基于综合信任的边缘计算资源协同研究[J]. 计算机研究与发展，2018，55(3):449-477.

[31] 项弘禹，肖扬文，张贤，等. 5G 边缘计算和网络切片技术[J]. 电信科学，2017，33(6):10.

[32] 井然，牟超宇，魏佳莉，等. 基于移动边缘计算技术的 MEC 网络部署和应用[J]. 电信技术，2019(5):3.

[33] 李子姝，谢人超，孙礼，等. 移动边缘计算综述[J]. 电信科学，2018(1):87-101.

[34] 汪海霞，赵志峰，张宏纲. 移动边缘计算中数据缓存和计算迁移的智能优化技术[J]. 中兴通讯技术，2018，24(2):4.

[35] 柴瑶琳，穆域博，马军锋. SD-WAN 关键技术[J]. 中兴通讯技术，2019，25(2):5.

[36] 边缘计算产业联盟，绿色计算产业联盟. 边缘计算 IT 基础设施白皮书 1.0[R].

北京：边缘计算产业联盟，2019.

[37] 边缘计算产业联盟，工业互联网产业联盟. 边缘计算安全白皮书[R]. 北京：边缘计算产业联盟，2019.

[38] 边缘计算产业联盟，工业互联网边缘计算节点白皮书 1.0[R]. 北京：边缘计算产业联盟，2020.

[39] 边缘计算产业联盟，工业互联网产业联盟. 边缘计算与云计算协同白皮书[R]. 北京：边缘计算产业联盟，2020.

[40] 刘通，方璐，高洪皓. 边缘计算中任务卸载研究综述[J]. 计算机科学，2021，48(1):5.

[41] 边缘计算产业联盟，工业互联网产业联盟，网络 5.0 产业和技术创新联盟. 5G 时代工业互联网边缘计算网络[R]. 北京：边缘计算产业联盟，2021.

[42] 5G 确定性网络产业联盟，工业互联网产业联盟，边缘计算产业联盟，Edge Gallery. Edge Native 技术架构白皮书 1.0[R]. 北京：5G 确定性网络产业联盟，2021.

[43] 曾德泽，陈律昊，顾琳，等. 云原生边缘计算：探索与展望[J]. 物联网学报，2021，5(2):7-12.

[44] 云边协同产业方阵，云计算开源产业联盟. 云边协同关键技术态势研究报告[R]. 北京：中国信息通信研究院，2021.

[45] 万里勇. 移动边缘计算的计算卸载技术分析研究[J]. 江西通信科技，2021(1):4.

[46] 梁广俊，王群，辛建芳，等. 移动边缘计算资源分配综述[J]. 信息安全学报，2021，6(3):30.

[47] 中国移动通信集团有限公司. 算力网络白皮书[R]. 北京：中国移动通信集团有限公司，2021.

[48] 贾芝婷，朱蔓莉，王文礼. 边缘计算迁移策略研究[J]. 河北省科学院学报，2021，38(2):8.

[49] 才振功. 边缘云原生与中间件轻量化[Z]. 2022.

[50] 边缘计算产业联盟安全工作组. 边缘学习：隐私计算白皮书[R]. 北京：边缘计算产业联盟，2022.

[51] 边缘计算产业联盟，C-V2X 工作组. 城市场景：车路协同网络需求研究[R]. 北京：边缘计算产业联盟，2022.

[52] 边缘计算产业联盟，C-V2X 工作组. 高速公路：车路协同网络需求研究[R]. 北京：边缘计算产业联盟，2022.